中国科学院数学与系统科学研究院
中国科学院华罗庚数学重点实验室

数学所讲座 2016

张　晓　付保华　王友德　席南华　主编

科学出版社

北　京

内 容 简 介

中国科学院数学研究所一批中青年学者发起组织了数学所讲座，介绍现代数学的重要内容及其思想、方法，旨在开阔视野，增进交流，提高数学修养. 本书的文章系根据 2016 年数学所讲座 8 个报告的讲稿整理而成，按报告的时间顺序编排. 具体内容包括：K-等价与代数闭链、泰希米勒空间、高维仿真李代数、特殊拉格朗日方程、从太阳系的稳定性谈起、典型李群及其表示、随机分析与几何、引力的全息性质及其应用等.

本书可供数学专业的高年级本科生、研究生、教师和科研人员阅读参考，也可作为数学爱好者提高数学修养的学习读物.

图书在版编目(CIP)数据

数学所讲座. 2016/张晓等主编. —北京: 科学出版社, 2020. 5
ISBN 978-7-03-064651-4

I. ①数… II. ①张… III. ①数学–普及读物 IV. ①O1-49

中国版本图书馆 CIP 数据核字 (2020) 第 038792 号

责任编辑: 李 欣 李香叶／责任校对: 彭珍珍
责任印制: 赵 博／封面设计: 王 浩

科 学 出 版 社 出版
北京东黄城根北街 16 号
邮政编码: 100717
http://www.sciencep.com

北京中石油彩色印刷有限责任公司印刷
科学出版社发行 各地新华书店经销
*
2020 年 5 月第 一 版 开本: 720×1000 1/16
2025 年 1 月第三次印刷 印张: 13 插页: 1
字数: 262 000
定价: 78. 00 元
(如有印装质量问题, 我社负责调换)

序

学术交流对促进研究工作、培养人才有着十分重要的作用, 尤其对以学者个人思维为主要研究方式的数学研究, 作用更显突出. 国际上, 学术水平很高、人才辈出的研究机构与大学, 也总是学术交流活动 (Seminar, Colloquium, Workshop) 十分活跃的地方.

国内现代科学的发展已有百年历史, 学术交流也伴随着产生和发展. 近三十多年改革开放的进程, 大大加速了学术交流与科学的发展. 从数学学科来说, 许多研究机构与大学涉及专门领域的讲座或专题讨论班(Seminar) 一般进行得比较好, 对参加者尤其是青年学者帮助较大, 从而参加者的积极性也比较高. 然而综合性的讨论班 (Colloquium) 情况就有显著的不同, 听众常常感到完全听不懂, 没有什么收获, 不感兴趣. 综合讨论班进行得不理想, 原因可能是多方面的, 例如, 从大学到研究生阶段, 基础就打得比较专门与单一; 研究工作长期局限于自己的专业领域, 对其他方面缺少了解与兴趣; 演讲人讲得过于专业, 没有深入浅出的本领; 听讲人有实用主义的观点, 如果演讲内容与自己的研究工作没有联系, 报告对自己没有直接帮助, 就对演讲不感兴趣, 如此等等. 长期下去, 我们仅仅熟悉自己的研究领域, 对数学的全貌与日新月异的发展缺乏了解. 不同的领域之间, 相当隔膜, 甚至缺乏共同的语言.

这些情况, 与出高质量的研究成果和高水平人才的目标是难以符合的, 也难以形成国际上有吸引力与影响力的数学研究中心. 为此, 中国科学院数学研究所席南华院士与一批出色的中青年学者发起, 组织了数学所讲座, 正是一种适合我国当前情况的综合讨论班. 进行了近两年, 效果是很好的. 演讲人虽然都是各领域的专家, 却做了认真与精心的准备, 将该领域的主要思想、成果、方法, 用深入浅出、通俗易懂的方式介绍给大家. 听众从白发苍苍的老教授到许多中青年学者以及广大的博士后、研究生, 都十分踊跃参加, 普遍感到开拓了视野, 增进了交流, 使学术气氛更为浓郁.

现在, 演讲的学者花费了许多时间与精力, 将演讲正式整理成文, 由科学出版社出版, 这是对我国数学发展很有意义的工作. 认真阅读这些文章, 将使我们对数学的有关领域有扼要的了解, 对数学里的 "真" 与 "美" 有更多的感悟, 提高数学修养, 促进数学研究与人才培养工作.

杨 乐

2011 年 12 月 10 日

前　言

　　"数学所讲座"始于 2010 年, 宗旨是介绍现代数学的重要内容及其思想、方法和影响, 拓展科研人员和研究生的视野, 提高数学修养和加强相互交流、增强学术气氛. 那一年的 8 个报告整理成文后集成《数学所讲座 2010》, 杨乐先生作序, 于 2012 年由科学出版社出版发行. 2011 年和 2012 年数学所讲座 16 个报告整理成文后集成《数学所讲座 2011—2012》, 于 2014 年出版发行. 2013 年数学所讲座 8 个报告整理成文后集成《数学所讲座 2013》, 于 2015 年出版发行. 2014 年数学所讲座的 8 个报告中的 7 个整理成文后集成《数学所讲座 2014》, 于 2017 年出版发行. 2015 年数学所讲座的 9 个报告整理成文后集成《数学所讲座 2015》, 于 2018 年出版发行. 这些文集均受到业内人士的欢迎. 这对报告人和编者都是很大的鼓励.

　　本书的文章系根据 2016 年数学所讲座的 8 个报告整理而成, 按报告的时间顺序编排. 如同前面的文集, 在整理过程中力求文章容易读, 平易近人, 流畅, 取舍得当. 文章要求数学上准确, 但对严格性的追求适度, 不以牺牲易读性和流畅性为代价.

　　文章的选题, 也就是报告的主题, 有 K-等价与代数闭链、泰希米勒空间、高维仿真李代数、特殊拉格朗日方程、从太阳系的稳定性谈起、典型李群及其表示、随机分析与几何、引力的全息性质及其应用等. 数学的应用是极其广泛的, 其他学科不断产生很好的数学问题, 这些对数学的发展都是极其重要的推动力量. 报告内容的选取反映了作者对数学和应用的认识与偏好, 但有一点是共同的, 它们都是主流, 有其深刻性. 希望这些文章能对读者认识现代数学及其应用有益处.

编　者

2019 年 10 月

目　　录

1 K-等价与代数闭链

王金龙

"K-等价"是从双有理几何学极小模型的不唯一性所自然引发的一个基本概念. 这个等价关系是如此自然而简单, 使得它与许多不同的几何分支都有密切联系.

这个报告将先简单回顾二十年来一些基于各种积分理论的初步数值结果, 然后谈到我在 ICCM-2001 提出的 K-等价猜想, 以及近年来关于量子上同调环解析延拓的进展.

最后将谈到最近利用反常层 (perverse sheaves) 的分解定理以及弧线空间 (arc space) 的几何所得到的一些新的几何进展, 包含周–母题 (chow motive) 等价性与代数闭链的存在性问题.

如果没有特别注明, 本文所讨论的几何对象都是定义在复数域 **C** 上的复射影簇 (complex projective variety). 本文着重于观念与问题的陈述, 而非完整的定义或定理的讨论. 更细致的技术性内容请参阅所引的文献.

本文原来是以繁体中文书写. 我特别感谢席南华院士、付保华以及数学所的编辑人员将它转换为简体字, 并且提供许多数学专有名词的标准中文用语, 让这篇文章对于使用中文的读者更具有参考价值. 文中 flip(复理), flop(复络) 的翻译来自许晨阳的一个建议, 而 motive(母题) 的翻译则来自徐克舰教授的文章《格罗登迪克的 Motive 与塞尚的母题》(数学文化, 2012, 3(2): 12–32). 词语 abundance(丰度) 的翻译来自化学名词: 元素丰度 (abundance of element).

1.1 双有理几何与极小模型

两个不可约 (irreducible) 的代数簇, 如果共有一个同构的 Zariski 开集, 则称它们为双有理同构 (或等价, birational). 这等同于它们有同构的有理函数域. 双有理几何学的首要任务是在双有理等价类中挑选具有 "好的性质" 的代表, 进而将之运用在代数几何的分类理论或其他需要代数几何的问题中.

1.1.1　代数曲面的极小模型[4]

双有理映射的构造始于 Castelnuovo 在代数曲面上的经典定理: 令 X 为光滑代数曲面, $C \subset X$ 为一不可约曲线. 则存在一个双有理态射 $\phi : X \to \bar{X}$ 将 (且仅将) 曲线 C 收缩到一个点而得到一个光滑曲面 $\bar{X}$ 的充分必要条件为 C 是一个 (-1) 有理曲线, 即

$$C \cong \mathbf{P}^1 \quad \text{且} \quad C^2 = -1.$$

有鉴于此, 我们称一个光滑曲面 X 为极小 (minimal) 曲面, 如果 X 不包含任何 (-1) 有理曲线. 由于 Picard 群的秩在 (-1) 曲线收缩之下会降 1, 因此反复运用 Castelnuovo 定理可以构造出 X 的极小模型. 很自然会问, 不同的 (-1) 曲线收缩过程是否会导致相异的极小模型? 对于代数曲面, 完整的答案可以通过 Kodaira 维数给出:

对于一个紧致光滑代数流形 X, 其 Kodaira 维数 $\kappa(X)$ 定义为

$$\kappa(X) = \lim_{m \to \infty} \dim \mathrm{Im} \left(|mK_X| : X \dashrightarrow \mathbf{P}^{P_m(X)-1} \right),$$

其中 $K_X = \Omega_X^{\dim X}$ 代表 X 的典范线丛或其对应的除子类 (canonical divisor class), $P_m(X) := h^0(X, mK_X)$. 如果 $P_m(X) = 0, \forall m \in \mathbb{N}$, 则定义 $\kappa(X) = -\infty$ (显然, 对于任意除子 D 可以用 $|mD|$ 类似地定义 $\kappa(D) = \kappa(X, D)$).

Enriques 证明了以下的基本定理: 如果曲面 X 具有非负 $\kappa(X)$, 则极小模型具有唯一性. 更进一步地, $\kappa(X) = -\infty$ 的充分必要条件是 X 双有理同构于某一个直纹面 (ruled surface), 即存在一个光滑代数曲线 C 使得

$$X \dashrightarrow C \times \mathbf{P}^1$$

(事实上 Enriques 证明 $\kappa = -\infty \iff P_{24} = 0$). 对于 $\kappa(X) = 0, 1, 2$ 的情形, X 的极小模型也有进一步的分类.

Kodaira 将 Enriques 分类扩展到所有的紧致 (未必有代数结构的) 复曲面[3], 而 Bombieri-Mumford 将它推广到所有特征 $p > 0$ 的代数曲面[1].

1.1.2　极小模型纲领 MMP[19, 22]

Mori 在 1980 年前后首先发现了 Castelnuovo 定理在 3 维空间的推广. 给定代数簇 X, 他考虑在 1 维代数闭链的数值等价类有限维实向量空间中由曲线所生成的锥 $NE(X) \subset Z_1(X)_{\mathbf{R}}/\equiv$, 即所谓的 Mori 锥 (Mori cone). 关键的新概念是用 $NE(X)$ 的 "端射线"(extremal ray) 取代 (-1) 曲线, 而一个与曲面情况的本质差异是必须考虑具有奇点的代数簇.

这类奇点最先在 20 世纪 70 年代末期为 Reid 所提出. 很快代数几何学家们就发现必须在对数范畴 (log category) 之下研究这些概念, 才能对高维数的极小模型理论进行系统性的探索. 这时研究的对象为对数偶 (log pair) (X, B), 其中 X 为一个正规 (normal) 代数簇, 而"边界"除子 $B = \sum b_i B_i$ 是 X 上的一个 **Q**-除子: $b_i \in \mathbf{Q}$, B_i 为素除子 (prime divisor).

令 $\iota : X_{\mathrm{reg}} \hookrightarrow X$ 为光滑点构成的子流形, 这时 $K_X := \iota_* K_{X_{\mathrm{reg}}}$ 为 $K_{X_{\mathrm{reg}}}$ 在 X 的闭包. 由于 $K_{X_{\mathrm{reg}}}$ 不一定能拓展成 X 上的线丛, 一般而言 K_X 只是一个 Weil 除子. 对于 Weil 除子 D, 假如存在 $m \in \mathbf{N}$ 使得 mD 是 Cartier (即 $\mathscr{O}_X(mD)$ 为线丛), 则称 D 为 **Q**-Cartier. 这个观念的重要性在于在代数态射 $\phi : Y \to X$ 之下我们只能拉回 (pull back) **Q**-Cartier 除子.

如果一个对数偶 (X, B) 满足以下 **"有限体积"** 的条件, 则称它仅有 KLT (Kawamata log-terminal) 奇点:

(i) $K_X + B$ 是 **Q**-Cartier 并且 $\lfloor B \rfloor = 0$.

(ii) 存在一个奇点的对数解消 (log resolution) $\phi : (Y, B') \to (X, B)$ 使得在变量替换公式中

$$K_Y + B' =_{\mathbf{Q}} \phi^*(K_X + B) + \sum a_i E_i.$$

我们有 $a_i > -1$. 其中 $\{E_i\}$ 是所有的 ϕ-例外除子, $B' = \phi_*^{-1} B$.

记 $E = \sum a_i E_i$ 为 ϕ 的差异除子. 则 ϕ 为对数解消的意思是 Y 为代数流形, $(B' \cup E)_{\mathrm{red}} \subset Y$ 是一个正常交除子 (normal crossing divisor). 根据 Hironaka 的定理, 对数解消总是存在, 并且不难证明 (ii) 对于所有的对数解消也成立.

当边界 $B = 0$, 差异除子

$$E = \sum a_i E_i = K_{Y/X} = K_\phi = \operatorname{div} J(\phi),$$

亦称为 ϕ 的 Jacobi 除子. 在一般情形下, 它是对数 Jacobi 除子.

20 世纪 80 年代初, 任意维数的收缩定理在 Mori, Kawamata, Shokurov, Kollár 等的努力之下被发现并证明:

给定 KLT 代数簇对 (X, B). 如果 $K_X + B$ 非数值有效 (numerically effective, NEF), 即其与某曲线相交数为负, 则每一个非 NEF 的端射线

$$R \subset \overline{NE(X)}_{(K+B)<0}$$

都由一个有理曲线 $C \cong \mathbf{P}^1$ 生成, 并且 R 的支撑除子 (supporting divisor) D 定义了一个**端态射**(extremal morphism)

$$\psi_R = |mD| : X \to \bar{X}$$

(对于足够大的 $m \in \mathbf{N}$), 使得 X 里的任何一条曲线 C' 都满足

$$\psi_R(C') = \mathrm{pt} \Longleftrightarrow [C'] \in R.$$

这个定理自然地诱导出极小模型纲领 MMP (minimal model program). 记 $n = \dim X$, $\mathscr{E} \subset X$ 为上述所有 C' 构成的子集, 则 $\bar{X}$ 具有三种可能:

$$\mathscr{E} := \mathrm{Exc}(\psi_R) \hookrightarrow X$$
$$\downarrow \psi_R$$
$$\bar{X}$$

(1) $\dim \mathscr{E} = n$, 即 ψ_R 为 Mori 纤维簇 (fiber space). MMP 结束.

(2) $\dim \mathscr{E} = n-1$: ψ_R 为除子端射 (divisorial extremal morphism). 这时 $(\bar{X}, \bar{B})$ 仍为 KLT, 其中 $\bar{B} := (\psi_R)_* B$, MMP 可以在 $(\bar{X}, \bar{B})$ 上继续.

(3) $\dim \mathscr{E} < n-1$: ψ_R 为小端射 (small extremal morphism). 这时 $(\bar{X}, \bar{B})$ 的奇点过于复杂; $K_{\bar{X}} + \bar{B}$ 甚至并非 **Q**-Cartier, 否则

$$0 > (K_X + B) \cdot C = \psi_R^*(K_{\bar{X}} + \bar{B}) \cdot C = (K_{\bar{X}} + \bar{B}) \cdot \psi_R(C) = 0,$$

导致矛盾. 因此 MMP 无法继续!

定义 1.1(极小模型 (minimal model))　我们称 (X, B) 为极小模型, 倘若 (X, B) 是 KLT, 并且 $K_X + B$ 是 NEF.

1.1.3　几何空间翻转手术: 复理/复络

定义 1.2 (对数复理 (log-flip)、复理以及复络)　给定一个 $K_X + B$ 的小端射 $\psi : X \to \bar{X}$. 则 $(K_X + B)$-**复理** (或对数复理) 代表一个交换图表

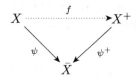

其中 f 在某个余维 $\geqslant 2$ 的 Zariski 闭集之外同构, 并且

$$K_{X^+} + B^+ \text{ 是 } \psi^+\text{- 丰沛的 (ample)},$$

其中 $B^+ = f_* B$ 为除子 B 在 X^+ 的双有理映象 (birational transform).

当边界除子 $B = 0$ 时, 称 f 为**复理**.

若 K_X 是 ψ- 平凡的, 则 K_{X^+} 也会是 ψ^+- 平凡. 此时 f 亦称为 B-**复络**.

对于小端射 ψ_R, 直接用 (X^+, B^+) 取代 (X, B) 后继续执行 MMP. 因此 MMP 化约为 (对数) 复理的存在性与终结性 (termination) 两个问题.

Shokurov 在 1984 年证明 3 维对数复理只能发生有限次. 稍后 Mori 在 1988 年证明 3 维复理的存在性. Mori 的方法基本上是几何的, 并且依赖于他与 Reid 对于 3 维奇点的分类理论. (见 1.1.4 节)

Shokurov[32] 约在同时系统性地发展了对数偶 (log pair) 的理论与对于维数归纳的方法, 包含缩放 MMP(MMP with scaling), 从而证明 3 维对数复理的存在性. 加上 Miyaoka 与 Kawamata 的丰度定理 (abundance theorem), 3 维 MMP 被成功地建立起来了. 3 维 MMP 成功地输出极小模型 ($\kappa \geqslant 0$) 或 Mori 纤维簇 ($\kappa = -\infty$), 但都**没有唯一性**.

一般维数下对数复理的存在性到 2006 年才被 Birkar–Cascini–Hacon–McKernan 所证明 [6]. 这用到 Shokurov 的方法以及萧荫堂在 1996 年对 $\Gamma(X, mK_X)$ 在一般型代数簇 "形变不变性" 证明的代数化. 对数复理的终结性目前仍是令人困惑的问题. 但是当 (X, B) 为对数一般型时 (即 $\kappa(K + B) = \dim X$), 他们也证明了所需的特殊终结性而得到极小模型的存在性.

关于极小模型的不唯一性, 奠基于 3 维奇点的分类, Kollár 在 1998 年证明了 3 维双有理极小模型均可透过复络连接[20]. Kawamata 于 2007 年利用上述 BCHM 的结果将这个叙述推广到任意维数[18].

1.1.4 3 维的特殊性

Reid 与 Mori 证明了以下的奇点分类[31]:

3 维终极奇点 (terminal singularity, $B = 0$, $E > 0$) 的局部解析结构均为形如 cDV$/\mu_r$ 的孤立奇点. 其中 cDV 代表

$$\{(x, y, z, t) \in \mathbf{C}^4 \mid f(x, y, z) + tg(x, y, z, t) = 0\},$$

而 f 是一个 A-D-E 多项式. r 代表奇点的 Gorenstein 指标, 即最小非零自然数使得 $K^{\otimes r}$ 得以扩张为一线丛. 并且 (f, g, r) 具有完整的分类. 特别注意到它们都是 2 重点.

基于此, Kollár–Mori 于 1992 年进而证明 3 维几何空间手术复理以及复络可以被有效分类, 并且在代数族 (algebraic families) 之下一致地进行[21]. 在更高维数, 终极奇点无法被分类, 这些结果也都是未知的.

我们把 3 维 MMP 的结论摘要如下[20, 21]:

MMP 成功运作, 并输出有理可除化的 (**Q**-factorial) 终极极小模型或 Mori 纤维簇.

3. 极小模型不唯一, 但是 $X \dashrightarrow X'$ 可分解为一个有限的复络序列.

2. 复结构的局部模空间及其 Kuranishi 族 $\mathfrak{x}$ 具有典范的同构:

$$\begin{array}{ccc} \mathfrak{x} & \dashrightarrow\!\!{}^{\sim}\!\!\dashrightarrow & \mathfrak{x}' \\ \downarrow & & \downarrow \\ \mathrm{Def}(X) & \xrightarrow{\ \sim\ } & \mathrm{Def}(X'). \end{array}$$

1. 上同调及相交上同调具有保持混合/纯 Hodge 结构的典范同构:

$$\mathscr{F} : H^*(X) \cong H^*(X'), \quad IH^*(X) \cong IH^*(X').$$

0. X' 与 X 拥有相同的奇点结构.

注意到, **1** 里的同构 $\mathscr{F}$ 是由 $X \times X'$ 里的一个代数闭链 (algebraic cycle) 所诱导出来的. 但即使 $X \dashrightarrow X'$ 为一个光滑的复络, T 也不保持拓扑乘法结构:

$$\mathscr{F}(a) \cup \mathscr{F}(b) \neq \mathscr{F}(a \cup b).$$

Mori 锥 $NE(X) \subset H_2(X; \mathbf{R})$ 也不被保持: 对于极端曲线 $C \subset X$ 与 $C' \subset X'$, 有

$$\mathscr{F}(C) = -C'.$$

事实上, 除子的 3 次乘积具有拓扑差项

$$(\mathscr{F}(D_1) \cdot \mathscr{F}(D_2) \cdot \mathscr{F}(D_3))^{X'} = (D_1 \cdot D_2 \cdot D_3)^X - \prod_{i=1}^{3} (D_i \cdot C)^X.$$

对于 4 维或以上, **0** 本质上就是错的 (很容易从 4 维环簇复络 (toric flop) 造出反例[19]), 奇点也无法分类. ∞ 似乎是无穷的困难. 但是**1**, **2**, **3** 并不依赖于它. 这些因素催化了 K-等价的研究.

1.2 K-等价与上同调

1.2.1 K-等价关系[35, 36]

定义 2.1   两个 **Q**-Gorenstein (即典范因子 K 为 **Q**-Cartier 的) 代数簇 X 与 X' 被称作 K-等价, 并记为 $X =_K X'$: 如果存在代数流形 Y 以及双有理态射 ϕ, ϕ':

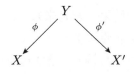

使得 $\phi^* K_X = \phi'^* K_{X'}$. 换言之, 在

$$K_Y = \phi^* K_X + E = \phi'^* K_{X'} + E'$$

中我们有相同的 Jacobi 除子 $\operatorname{div} J(\phi) = E = E' = \operatorname{div} J(\phi')$.

定理 2.2 [34]　　如果 X 与 X' 是仅具终极奇点的双有理代数簇, 并且 K_X 与 $K_{X'}$ 沿着它们的差异轨迹均为 NEF, 则 $X =_K X'$. 特别地, 双有理极小模型均为 K-等价.

问题 2.3 (核心的 "母题 (motivic)" 问题)　　将 3 维的 "**典范同构**"

$$\mathscr{F} : H(X) \to H(X')$$

推广到任意维数的 K-等价类, 并且解释 "**乘法拓扑差项**" 的真实意义.

1.2.2　一个启发性的几何论点

在 1995 年最初构思这个问题时, 我的出发点是以下的微分几何构造: 对于光滑流形, K-等价等同于 c_1 (第一个陈省身示性类) 等价. 给定 X 与 X' 上的 Kähler 形式 ω 与 ω', 这表示存在 $f \in C^\infty(Y)$ 使得

$$-\partial\bar{\partial}\log(\phi^*\omega)^n = -\partial\bar{\partial}\log(\phi'^*\omega')^n + \partial\bar{\partial}f.$$

即 $\phi^*\omega$ 与 $\phi'^*\omega'$ 这两个 Y 上的退化度量具有 "拟等价" 的体积元

$$\phi'^*\omega'^n = e^f \times \phi^*\omega^n.$$

注意到 $\phi^*\omega$ 与 $\phi'^*\omega'$ 的退化方向并不相同.

问题 2.4 (L^2 上同调的解析对应)　　在保持退化体积元的拟等价类不变之下, 是否能够通过一族退化的黎曼或 Kähler 度量将 $\phi^*\omega$ 旋转至 $\phi'^*\omega'$? 例如, 从丘成桐关于退化的 Monge–Ampère 方程的结果出发 [39]:

$$\omega_t^n := (\phi^*\omega + \partial\bar{\partial}\psi_t)^n = e^{tf+c(t)}(\phi^*\omega)^n,$$

其中 $t \in [0,1]$, 而 $c(t)$ 是一个仅依赖于 t 的常数以保持整体体积不变.

需要克服的技术性问题包括解的唯一性, 对于 t 的连续性以及当 $t = 1$ 时可能发生的跳跃现象 (jumping phenomenon).

1.2.3　*p*-进制积分与 Betti/Hodge 数

K-等价既然是一种体积等价性, 我们当然也可以考虑非阿基米德的体积概念, 最简易的就是 p-进制积分.

以下我们假设 X 与 X' 都是射影流形 (projective manifolds). 如同在算术几何里, 可以取得整个 K-等价定义中所涉及的每个对象的整数模型. 例如,

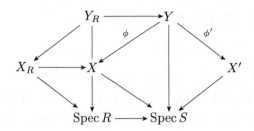

其中 $S \subset \mathbf{C}$ 可以取为由所有出现的多项式映像的系数 a_i, $i \in I$, 所构成的有限生成环 $S = \mathbf{Z}[a_i; i \in I]$.

在 S 里, 对于几乎所有的极大理想 (maximal ideal) $P \lhd S$, 我们都会取得模 P 下 $K-$等价图表的 "良约化" (good reduction). 这时取 S 在 P 的非阿基米德 (non-Archimedean) 完备化 $R = \hat{S}_P$. 则有 $R/P \cong \mathbf{F}_q$ 为一有限域, $q = p^r$, $r \in \mathbf{N}$.

取 X_R 的 Zariski 开覆盖 $\{U_i\}$ 使得 $K_{X_R}|_{U_i} \cong \mathcal{O}_{U_i}\Omega_i$. 则对于每一个紧致开集 $S \subset U_i(R) \subset X(R)$ 定义 S 的测度为

$$m(S) \equiv \int_S d\mu_{X_R} := \int_S |\Omega_i|_p,$$

其中我们调整 $\mathbf{A}^n(\mathbf{Z}_p)$ 的总测度为 1. 这个定义与 $\{(U_i, \Omega_i)\}$ 的选择无关.

根据 $p-$进制积分的变量替换公式以及 $X =_K X'$, 立刻就推得

$$m(X(R)) = \int_{Y(R)} |J(\phi)|_p \, d\mu_{Y_R}$$
$$= \int_{Y(R)} |J(\phi')|_p \, d\mu_{Y_R} = m(X'(R)).$$

再根据 Weil 的基本公式

$$m(X(R)) = \frac{|\bar{X}(\mathbf{F}_q)|}{q^n},$$

得到 $|\bar{X}(\mathbf{F}_q)| = |\bar{X}'(\mathbf{F}_q)|$. 由于这在域扩张之下也成立, 因此 X 与 X' 具有相同的 zeta 因子. 根据 Weil 猜想 (Deligne 的定理[10]) 这就得到[2, 35]

$$h^i(X) = h^i(X').$$

根据算术几何里的一个基本技巧, 我们可以假设 $K-$等价是定义在一个数域 (number field) 上. 如果进一步考虑几乎所有的 $P \lhd S$, 则根据 Galois 表示论的 Chebotarov 密度理论以及 $p-$进制 Hodge 理论 (Fontaine–Messing, Faltings) 我们就推出 Hodge 数的等价性[16, 38]:

$$h^{p,q}(X) = h^{p,q}(X').$$

1.3　变量替换公式与复椭圆亏格

1.3.1　曲率积分 (陈－示性数)、复亏格与共边理论[37]

考虑紧致近复流形 (almost complex manifolds) 以及之间的复配边 (complex cobordism) 等价关系. 其等价类 Ω^U 形成复配边环. 给定交换环 R, 称一个环同态 $g : \Omega^U \to R$ 为一个 R-亏格 (genus).

Hirzebruch 著名的乘积序列告诉我们 g 可以通过一个首 1 幂级数 $Q(x) \in R[\![x]\!]$ 决定. 令 $c(T_X) = \prod_i (1 + x_i)$ 为形式上的陈类根式分解. 则

$$g(X) := \int_X K_Q(c(T_X)) \equiv \int_X \prod_i Q(x_i)$$

(重新写回对称多项式 c_i 的多项式).

陈 –Weil 理论说明了 $K_Q(c(T_X))$ 是曲率微分形式的等价写法, 其积分所得到的几何量 (**Q**-亏格) 正是所对应的陈–示性数.

记 $f(x) = x/Q(x) = x + \cdots$ 为可逆的幂级数.

著名的复椭圆亏格 g_E 对应于 4 个参数 $(k, z, g_2(\tau), g_3(\tau))$ 的

$$f(x) = f_E(x) := e^{(k+\zeta(z))x} \frac{\sigma(x)\sigma(z)}{\sigma(x+z)},$$

其中 σ, ζ 为对应于某一个椭圆曲线的 Weierstrass 椭圆函数. 此为 Hermite–Halphen 的 "根形式" (primitive form Halphen, 1888)[14].

我们很自然会问, 何时可以将微分式

$$d\mu_X := K_Q(c(T_X))$$

视为一种测度 (满足变量替换公式)? 显然这样的 g 在 K-等价之下具有不变性.

定理 3.1[37]　(i) 令 $g = g_E$. 对于 X 里的任何代数闭链 D 以及双有理态射 $\phi : Y \to X$, $K_Y = \phi^* K_X + \sum e_i E_i$, 有

$$\int_D K_{Q_E}(c(T_X)) = \int_{\phi^* D} \prod_i A(E_i, e_i + 1) \, K_{Q_E}(c(T_Y)),$$

其中的 Jacobi 因子 $A(E_i, e_i + 1)$ 定义为

$$A(t, r) = e^{-(r-1)(k+\zeta(z))t} \frac{\sigma(t + rz)\sigma(z)}{\sigma(t+z)\sigma(rz)}.$$

(ii) g_E 给出所有存在变量替换公式的亏格 (陈–示性数).

对于实椭圆亏格 ($k = 0$), Borisov–Libgober[7] 也证明了 (i).

1.3.2 证明的想法: 留数定理

给定光滑胀开 (blow-up) $\phi : Y = \mathrm{Bl}_Z X \to X$, 其中 $Z \hookrightarrow X$ 为余维 r 的光滑代数子流形. 令 $E \hookrightarrow Y$ 为 ϕ-例外除子. 则对于 X 里的代数闭链 D, 以及幂级数 $A(t) = 1 + \cdots \in R[\![t]\!]$, 都有

$$\int_{\phi^* D} A(E)\, K_Q(c(T_Y)) = \int_D K_Q(c(T_X))$$

$$+ \int_{Z.D} \mathrm{Res}_{t=0} \left(\frac{A(t)}{f(t) \displaystyle\prod_{i=1}^{r} f(n_i - t)} \right) K_Q(c(T_Z)),$$

其中 $c(N_{Z/X}) = \displaystyle\prod_{i=1}^{r} (1 + n_i)$.

证明的第一个主要步骤是利用 "形变到法丛锥" (deformations to the normal cone) 将问题约化到局部模型的情形[13]. 剩余的证明就是细致的相交理论的计算.

因此, 变量替换公式等同于留数的积分项必须是 0. 这给出了 (f, A) 代数形式的函数方程式 (functional equation):

$$\frac{1}{f(x)f(y)} = \frac{A(x)}{f(x)f(y-x)} + \frac{A(y)}{f(y)f(x-y)}.$$

这最后可以约化为常微分方程式, 并以椭圆函数求解. 事实上,

$$P(x) := \frac{1}{f(x)f(-x)} + 2f_3,$$

满足 $P''(x) - 6P(x)^2 = 12a_1 f_4 - 24 f_3^2$ (其中 $f(t) = \displaystyle\sum_{j=1}^{\infty} f_j\, t^j$). 而这正是以下熟知的 Weierstrass 方程的微分:

$$\wp'(z)^2 = 4\wp(z)^3 - g_2(\tau)\wp(z) - g_3(\tau).$$

1.4 *K*-等价猜想与初步证据

1.4.1 *K*-等价猜想[36, 37]

给定 *K*-等价映射 $f : X \dashrightarrow X'$, 令 $\pi : X \times X' \to X$, $\pi' : X \times X' \to X'$ 为分量的投影.

I (自然同构) 存在代数闭链 $\mathscr{F} = [\bar{\Gamma}_f] + \sum_i T_i \in A^n(X \times X')$ 使得

$$\mathscr{F} : H(X) \cong H(X'),$$

其中 $\pi_* T_i = 0 = \pi'_* T_i$, H 代表周–母题.

II (A 模型同构) $\mathscr{F}$ 诱导出 Gromov–Witten 理论在 Kähler 模空间下的解析延拓不变性 (最早由阮勇斌提出).

III (B 模型同构) $\mathscr{F}$ 诱导出复代数结构模空间的 (至少局部) 同构.

IV (弱分解)* 在维持辛结构的"适当"近复结构扰动之下, f 可以分解成"普通复络 (ordinary flop)"的合成.

3 维时, Kollár–Mori[21] 在 1992 年证明了 I, III, IV, 而李安民–阮勇斌[28] 在 2000 年的工作证明了 II. 如之前所提, 这些结果本质上依赖于 3 维奇点的分类理论. 因此对于一般情形我们必须寻找新的办法.

显然, 猜想 I, 或称为母题猜想, 是最为根本的. 只有当代数闭链 T 存在时, II, III 才有意义. 弱分解猜想 IV 是一个实验性质的叙述. 正确的说法是去找出 K-等价在扰动之后所有的砌块 (building blocks).

1.4.2 具有局部结构 (S, F, F') 的普通 $\mathbf{P}^r$ 复络的定义

给定 K_X-平凡端收缩 $(\psi, \bar{\psi}') : (X, Z) \to (\bar{X}, S)$, 假定

(i) $\bar{\psi} : Z = P(F) \to S$, 其中 $F \to S$ 是秩为 $(r+1)$ 的向量丛,

(ii) $N_{Z/X}|_{Z_s} \cong \mathscr{O}_{P^r}(-1)^{\oplus(r+1)}$, $s \in S$,

则有秩 $(r+1)$ 的向量丛 $F' \to S$ 使得

$$N_{Z/X} \cong \mathscr{O}_{P(F)}(-1) \otimes \bar{\psi}^* F',$$

且 $\phi : Y := \mathrm{Bl}_Z X \to X$ 的例外除子为

$$E = P(F) \times_S P(F').$$

沿着另一方向收缩 E 得到 $\phi' : Y \to X'$. 则 $f : X \dashrightarrow X'$ 即为普通 $\mathbf{P}^r$ 复络 (ordinary $\mathbf{P}^r$ flop):

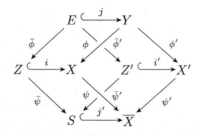

如果 $S = \mathrm{pt}$, 则称 f 为单复络 (simple flop).

3 维的情形 $r = 1$, $S = \mathrm{pt}$ 最先为 Atiyah 在 1958 年发现.

1.4.3   高维情形关于 IV 的早期证据[37]

令 $I_1 \lhd \Omega^U$ 为所有 $[X] - [X']$ 生成的理想, 其中 $X \dashrightarrow X'$ 是一个 $\mathbf{P}^1$ 复络. Totaro[33] 证明了

$$g_E = g_1 : \Omega^U \to R := \Omega^U/I_1.$$

令 $I_K \lhd \Omega^U$ 为 $[X] - [X']$ 生成的理想, 其中 $X =_K X'$. 显然 $I_1 < I_K$. 但是从变量替换公式我们知道

$$g_E(X) = g_E(X'),$$

因此 $I_K = I_1$, 即在 Ω^U 里, K-等价可分解成 $\mathbf{P}^1$ 复络的合成.

当然, 这是非常粗糙的证据. 猜想 IV 中我们只允许近复结构扰动而非改变拓扑结构的配边 (cobordism). 事实上, 利用维数的论证很容易看出 $\mathbf{P}^r$ 复络并不能经过扰动分解成 $\mathbf{P}^1$ 复络的合成.

再则, 另一类著名的 "Mukai 复络" 并没有在猜想 IV 里被考虑. 这是因为 Huybrechts[15] 在超凯勒 (hyper Kähler) 的 "扰动同构" 定理蕴涵了它们在形变后变成同构. 即使不限定大空间的几何, 类似的现象也成立[23].

注意到普通复络与 Mukai 扭复络 (twisted Mukai flop) 都是由一个光滑的胀开再进行光滑的收缩 (blow down) 所得到的复络. 最近李铎[27] 发现还有其他的反转也有相同的特性. 这些复络对于猜想 IV 的进一步研究显然会扮演重要的角色.

1.4.4   高维时 I 与 II 在特殊复络下的证据

关于 I, II, 我与林惠雯、李元斌 (LLW (Lee–Lin–Wang) 团队, 2005—2014) 证明了在普通复络之下, $\mathscr{F} = [X \times_{\bar{X}} X'] = [\bar{\Gamma}_f]$ 诱导出整系数 "周–母题" 的同构, 以及量子环 (亏格 $0, n \geqslant 3$ 点的 Gromov–Witten 理论) 同构

$$\mathscr{F} : QH(X) \cong QH(X'),$$

其中端射线的亏格为零, 3 点 Gromov–Witten 不变量给出了拓扑上积 (cup product) 的修正项. 精确而言, 对于单 $\mathbf{P}^r$ 复络有以下的广义多重覆盖公式[23]:

$$\langle a_1, \cdots, a_n \rangle^X_{0,n,d} \equiv \int_{[\overline{M}_{0,n}(X, d[C])]^{\mathrm{virt}}} \prod_{i=1}^{n} ev_i^*(a_i)$$

$$= (-1)^{(d-1)(r+1)} N_{\vec{l}} \, d^{n-3} \prod_{i=1}^{n} (a_i . h^{r-l_i})^X,$$

其中 $a_i \in H^{2l_i}(X)$, $\vec{l} = (l_1, \cdots, l_n)$, $C \cong \mathbf{P}^1 \subset Z$ 为复络曲线 (flopping curve), $h \in H^2(X)$ 且 $h|_Z$ 为 Z 的超平面类 (hyperplane class), 当 $n = 3$ 时常数 $N_{\vec{l}} = 1$.

很容易验证在

$$\mathscr{F} q^\beta = q^{\mathscr{F}\beta}$$

之下, 其中 $\beta \in NE(X)$, 有

$$q^{[C]} \mapsto q^{-[C']},$$

并且以下两个 $n \geqslant 3$ 点交互作用函数互为解析延拓:

$$\sum_{d=0}^{\infty} \langle a_1, \cdots, a_n \rangle_{0,n,d}^{X} q^{d[C]} \cong \sum_{d=0}^{\infty} \langle \mathscr{F}a_1, \cdots, \mathscr{F}a_n \rangle_{0,n,d}^{X'} q^{d[C']}.$$

这也是一般的 β 之下解析延拓的出发点, 从而决定了量子环的解析延拓.

对于非单 (non-simple) $(S \neq \text{pt})$ 的普通复络, 量子环的解析延拓问题需要更多技术上与观念上的改进, 例如, 要用 $\mathscr{D}^z$- 模与 Dubrovin 联络的语言来刻画 $QH(X)$. 最后的解决可以总结为 3 个步骤:

定理 4.1 [24−26]

LLW-I 量子修正项可约化至局部模型, 例如,

$$X = P_Z(N \oplus \mathscr{O}) = P_Z \big((\mathscr{O}_Z(-1) \otimes \bar{\psi}^* F') \oplus \mathscr{O}_Z \big),$$

其中 $\bar{\psi}: Z = P_S(F) \to S$.

LLW-II 分裂型量子 $\mathscr{D}^z$- 模的量子 Leray-Hirsch 定理, 其中向量丛 F 与 F' 均假定为线丛的直和. 例如, 对于 $Z = P_S(F)$, 有 $\mathscr{D}^z$- 模的同构:

$$QH(Z) \cong \bar{\psi}^* QH(S)[z\partial_h]/(\widehat{f_F(h)}),$$

其中 $f_F(h)$ 为向量丛 F 的陈–多项式, ^ 代表一种量子化 (quantization).

LLQW-III 一种特殊形式的量子分裂原理 (quantum splitting principle), 将一般的向量丛 F, F' 约化到分裂向量丛的情形. (与瞿枫的合作.)

关于猜想 I, 我与付保华在分层 Mukai 复络 (stratified Mukai flop) 之下证明了

$$\mathscr{F} = [X \times_{\bar{X}} X'],$$

给出周–母题同构[12] (推广 LLW[23] 在 Mukai 复络下的结果). 这给出猜想 I 里代数闭链 $\mathscr{F}$ 除了图形闭链 $[\Gamma_f]$ 之外具有修正项 $\sum_i T_i \neq 0$ 的主要范例. 例如, 对于标准的 Mukai 复络, X 的局部模型为 $T^*\mathbf{P}^r$:

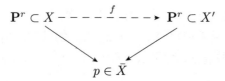

$\mathscr{F} = [X \times_{\bar{X}} X'] = [\bar{\Gamma}_f] + [\mathbf{P}^r \times \mathbf{P}^r]$ 为诱导出周–母题同构的代数闭链.

对于单复络, Iwao 与 LLW[17] 证明了所有亏格的 (ancestor) GW 理论在 $\mathscr{F} = [\Gamma_f]$ 之下的解析延拓等价性. 在非单的情形, 高亏格的解析延拓虽然还有技术上的困难需要克服, 其正确性应是没有疑虑的.

1.4.5 高维情形关于III的附记

不难发现, Kollár 将 3 维极小模型间的双有理映像分解成复络的合成的证明[20] 同样适用于 3 维 *K*-等价. 但是 Kawamata 在一般高维的证明[18] 则似乎无法用来分解 *K*-等价映射 (维数 $n = 4$ 也仍未知).

即使只针对一个复络 $f : X \dashrightarrow X'$, 在 3 维时 f 会随着 X 的复结构变动而跟着变动. 在维数 $n \geqslant 4$ 时我们也没有类似的结果. 3 维的特殊性在于奇点的结构, 而非抽象的 MMP. 即使 MMP 在高维数已经有相当丰硕的进展, 我们仍然不清楚端射线是否在代数族之下具有稳定性 (或连续性). 因此对于猜想 III 并没有提供明显的帮助.

如果 *K*-等价猜想 I 成立, 则 $\mathscr{F}$ 会建立起 Hodge 结构的同构

$$\mathscr{F} : H^q(X, \Omega^p) \cong H^q(X', \Omega^p).$$

至少在 X, X' 是 Calabi–Yau 流形的情形我们可以建立起 Kodaira–Spencer 理论的对应 $H^i(X, T) \cong H^i(X', T)$. 对于每一个 X 的复结构扰动, 我们可以试图从这里扰动双有理映射 f 以研究猜想 III. 这是一个值得努力的方向.

1.5 利用弧线空间建构代数闭链的提案

如果不给定 *K*-等价或复络的明确局部结构, 我们该如何构造代数闭链 $\mathscr{F}$?

1.5.1 弧线空间[30] 与变量替换

给定代数簇 X, 我们有以下投影系 (projective system) 的代数簇:

$$\pi_m : X_m := \mathrm{Mor}(\mathrm{Spec}\, \mathbf{C}[t]/t^{m+1}, X) \to X, \quad m \in \mathbf{N}.$$

当 X 为光滑时, π_m 是一个局部平凡的 $\mathbf{A}^{mn}$ 纤维丛.

Nash 的原始想法是希望用 $X_\infty = \lim_m X_m$ 的整体几何给出奇点解消相对于 Hironaka 定理的另一种看法. 对于双有理态射 $\phi : Y \to X$, 自然有

$$\phi_m : Y_m \to X_m.$$

当 Y, X 均为光滑时, ϕ_m 的结构可以从 Jacobi 除子 $E = K_{Y/X} \subset Y$ (较容易) 读出. 对于 $k \in \mathbf{N}$, 令

$$Y_m^k = \{\gamma \in Y_m \mid (\mathrm{ord}_t\, E)(\gamma) = k\}.$$

利用隐函数定理 (或 Hensel 引理) 可以推出变量替换的几何形式[11]: 给定 $k \in \mathbf{N}$, 对于任何 $m \geqslant 2k$, 有

(i) Y_m^k 是由 ϕ_m 的部分纤维所组成的, 并且

(ii) ϕ_m 诱导出一个分段平凡 (piecewise trivial) 的 $\mathbf{A}^k$ 纤维丛

$$Y_m^k \to \phi_m(Y_m^k) \subset X_m.$$

根据 Kontsevich 的建议, Denef–Loeser 使用弧线空间 (arc spare) 建立了取值在代数簇的 Grothendieck 环

$$K(\mathrm{Var}_{\mathbf{C}})[\mathbf{L}^{-1}]$$

上某种完备化的 (非阿基米德) 母题测度与积分. 其行为与 p-进制测度与积分类似, 其中 $\mathbf{L} = [\mathbf{A}^1]$, 一般称之为 Lefschetz 母题 (Lefschetz motive), 可以想成 p 的模拟. 例如, 通过 Deligne, 对于一般代数簇的混合 Hodge 理论 (mixed Hodge theory) 也可以推出 K-等价时 $h^{p,q}$ 的不变性.

然而, 如同先前提到的各种数值结果, 这对于母题猜想 I 并没有提供新的信息. 这里, 我们希望回到 Nash 的原始建议, 直接使用 X_m 的几何结构来检视这个问题.

1.5.2 从弧线空间构造 $\mathscr{F} \in A^n(X \times X')$

受到文献 [11] 的启发, 我在 2001 年开始产生以下的想法: 考虑一个 K-等价图表

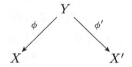

及其诱导出的片段平凡 $\mathbf{A}^k$- 纤维丛图表 (假定 $m \geqslant 2k$):

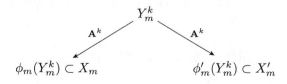

这似乎会诱导出一个代数对应 (algebraic correspondence) $\mathscr{F}_m^k$. 我们可以试图在某种意义下黏合 $\{\mathscr{F}_\infty^k\}_{k\in N}$ 而得到想要的闭链 $\mathscr{F}$. 一个可能的方法是利用 Beilinson–Bernstein–Deligne 对于反常层 (perverse sheaf) 的分解定理 (decomposition theorem)[5].

1.6　半小 K-等价与母题

1.6.1　半小 K-等价

在 n 维代数簇中,考虑以下形式的 K 等价 (例如, 一般地,未必有明显局部结构的复络)

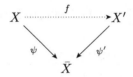

其中 ψ 与 ψ' 均为半小态射 (semi-small morphism), 即纤维积 (fiber product) 不增加维数:

$$\dim X \times_{\bar X} X = n = \dim X' \times_{\bar X} X'.$$

给定奇异代数簇 $\bar X$ 的一个由代数子流形所构成的 Whitney 分层 (stratification) $\mathscr{T}$. 对于其中一层 $T \in \mathscr{T}$, 称它是 "ψ- 相关", 如果

$$\dim \psi^{-1}(T) \times_T \psi^{-1}(T) = n.$$

刘士玮在我所指导的 2016 年台湾大学学士论文中对于这类 K- 等价在猜想 I 取得了一些有趣的进展. 首先他证明了以下结果.

定理 6.1　给定 K-等价 $f : X \dashrightarrow X'$ 以及 $\psi : X \to \bar X$, $\psi' : X' \to \bar X$ 如前述, 但只假设 ψ 为半小的. 如果分层 $\mathscr{T}$ 取得足够细致, 则

(i) $T \in \mathscr{T}$ 是 ψ- 相关层 $\Longrightarrow$ T 也是 ψ'-相关层.

(ii) ψ' 也是半小的.

(iii) $\dim X \times_{\bar X} X' = n$.

并且在 $\bar X$ 上存在足够细致的 Whitney 分层 $\mathscr{T}$. 使得对于任何一个相关层 $T \in \mathscr{T}$, 如果 $\dim T = d$, 则

$$R^{n-d}\psi_* \mathbf{Z}_{\psi^{-1}(T)} \cong R^{n-d}\psi'_* \mathbf{Z}_{\psi'^{-1}(T)}.$$

证明的基本想法是利用 X 与 X' 上的弧线空间. 考虑投影

$$\pi_{m,T}: X_m \mid_{\psi^{-1}(T)} \longrightarrow \psi^{-1}(T).$$

根据 $X_m \to X$ 的 $\mathbf{A}^{mn}$ 纤维结构, $\pi_{m,T}$ 建立了不可约分支的 1-1 对应, 并且

$$R(\pi_{m,T})_! \mathbf{Z}[2mn] \cong \mathbf{Z}.$$

进而考虑 $X \leftarrow Y \to X'$, 并对 $Y_m \to Y$, $X'_m \to X'$ 做类似于 $X_m \to X$ 的分析.
  证明的关键是同时利用:
(i) 半小的条件.
(ii) 弧线空间的变量替换定理的几何形式.
(iii) Leray 谱序列.
去把 $X \leftarrow Y \to X'$ 与 $X_m \leftarrow Y_m \to X'_m$ 作精细的比较. 细节请见文献 [29].

1.6.2 利用反常层的分解定理[5, 8]

令 $\iota_T: T \hookrightarrow \bar{X}$ 为该层的嵌入映射. 通过对偶与基底的基变换 (base change), 我们可以重新诠释上述定理并推得 T 上局部系 (local system) 的同构:

$$R^{n-d}\iota_T^! \psi_* \mathbf{Z}_X \cong R^{n-d}\iota_T^! \psi'_* \mathbf{Z}_{X'}.$$

这个推论可以被应用在半小态射的具体分解定理中[8]:

$$R\psi_* \mathbf{Q}[n] \cong \bigoplus_{T \in \mathscr{T}} \mathbf{IC}(T, R^{n-\dim T}\psi_* \mathbf{Q}),$$

其中 $\mathbf{IC}(T, \mathcal{F}) \in D_c^b(T, \mathbf{Q})$ 为相交复形 (intersection complex). 基本上它就是研究具有奇点的空间或映像时的 "单对象" (simple object), 在此我们省略它 (以及它的层版本 —— 反常层) 的定义. 综上所述, 就得到

$$R\psi_* \mathbf{Q} \cong R\psi'_* \mathbf{Q}.$$

1.6.3 代数闭链型的 Kunneth 公式

假设 Λ 是一个 Noether 环. 对于 $\bar{X}$ 里的开集 U, 有以下 Borel–Moore 同调的 Kunneth 公式 (Chriss–Ginzburg[9]):

$$\mathrm{Hom}_{D_c^b(U,\Lambda)}(\psi_* \Lambda, \psi'_* \Lambda) \cong H_{2n}^{\mathrm{BM}}(\psi^{-1}(U) \times_U \psi'^{-1}(U); \Lambda).$$

利用 Cataldo–Migliorini[8] 的方法, 可以证明以下关键引理.

在半小 *K*-等价之下, 任何同构

$$R\psi_*\Lambda[n] \cong R\psi'_*\Lambda[n]$$

都诱导自一个以 Λ 为系数的同调类

$$\Gamma \in H_{2n}^{\mathrm{BM}}(X \times_{\bar{X}} X'; \Lambda),$$

其中半小的条件使得纤维乘积的实维数恰为 $2n$, 因此 Γ 是代数闭链.

从而我们推得半小 *K*-等价的 X 与 X' 有相同的 **Q**-周母题. 注意到这还没回答 $H^i(X; \mathbf{Z})$ 中扰子群 (torsion subgroup) 的部分. 事实上, 反常层分解定理在系数为 **Z** 是有反例的.

运用更细致的反常层的粘贴过程, 最后可以证明如下定理.

定理 6.2[29]   对于任何 Noether 局部环 Λ, 半小 *K*-等价都有

$$R\psi_*\Lambda[n] \cong R\psi'_*\Lambda[n].$$

因此 X 与 X' 有相同的 Λ-周母题.

这个代数闭链 $\mathscr{F}_\Lambda \in A^n(X \times X') \otimes \Lambda$ 的具体的形式目前还无法被确定. 根据前述在分层 Mukai 复络的结果, 猜测应该就是 $[X \times_{\bar{X}} X'] \otimes \Lambda$, 即对于 Λ 的依赖性应该仅是固定闭链的系数扩张.

无论如何, 考虑所有 $\Lambda = \mathbf{Z}_p$ 的情形已经足以证明

$$H^*(X; \mathbf{Z}) \cong H^*(X'; \mathbf{Z}).$$

这是之前的数值积分方法所未能回答的新结果.

参 考 文 献

[1] Bădescu L. Algebraic Surfaces. New York: Springer-Verlag, 2001.

[2] Batyrev V. Birational Calabi–Yau *n*-folds have equal Betti numbers//New Trends in Algebraic Geometry. Cambridge: Cambridge University Press, 1997: 1-11.

[3] Barth W, Peters C, Van de Ven A. Compact Complex Surfaces. New York: Springer Verlag, 1984.

[4] Beauville A. Complex Algebraic Surfaces. 2nd ed. Cambridge: Cambridge University Press, 1996.

[5] Beilinson A A, Bernstein J, Deligne P. Analyse et topologie sur les espaces singuliers (I). Astérisque, 1982, 100.

[6] Birkar C, Cascini P, Hacon C, et al. Existence of minimal models for varieties of log general type. J. Amer. Math. Soc., 2010, 23(2): 405-468.

[7] Borisov L, Libgober A. Elliptic genera of singular varieties. Duke Math. J, 2003, 116(2): 319-351.

[8] De Cataldo M A A, Migliorini L. The Chow motive of semismall resolutions. Math. Res. Let., 2004, 11(2): 151-170.

[9] Chriss N, Ginzburg V. Representation Theory and Complex Geometry. Boston: Birkäuser, 1997.

[10] Deligne P. La conjecture de Weil I. IHES Publ. Math., 1974, 43(1): 273-307.

[11] Denef J, Loeser F. Germs of arcs on singular algebraic varieties and motivic integration. Inv. Math., 1999, 135(1): 201-232.

[12] Fu B, Wang C -L. Motivic and quantum invariance under stratified Mukai flops. J. Diff. Geom., 2008, 80(2): 261-280.

[13] Fulton W. Intersection Theory. New York: Springer-Verlag, 1984.

[14] Halphen G H. Traité des Fonctions Elliptique et de leurs Applications II. Paris: Nabu Press, 1888.

[15] Huybrechts D. Compact hyperkähler manifolds: Basic results. Invent. Math., 1999, 135: 63-113. Erratum `math.AG`/0106014.

[16] Ito T. Stringy Hodge numbers and p-adic Hodge theory. Compositio Math., 2004, 140: 1499-1517.

[17] Iwao Y, Lee Y-P, Lin H-W, et al. Invariance of Gromov–Witten theory under a simple flop. J. Reine. Angew. Math., 2012, 663: 67-90.

[18] Kawamata Y. Flops connect minimal models. Pulb. RIMS, Kyoto U, 2007, 44(2): 419-423.

[19] Kawamata Y, Matsuda K, Matsuki K. Introduction to the minimal model program. Adv. Stud. in Pure Math., 1987, 10(1-2): 2-3.

[20] Kollár J. Flops. Nagoya Math. J, 1989, 113: 15-36.

[21] Kollár J, Mori S. Classification of three dimensional flips. J. Amer. Math. Soc., 1992, 5(3): 533-703.

[22] Birkar C. Birational Geometry of Algebraic Varieties. Cambridge: Cambridge University Press, 1998.

[23] Lee Y P, Lin H W, Wang C L. Flops, motives and invariance of quantum rings. Annals of Math., 2007, 172(1): 243-290.

[24] Lee Y P, Lin H W, Wang C L. Invariance of quantum rings under ordinary flops I : Quantum corrections and reduction to local models. Algebraic Geometry, 2016, 3(5): 578-614.

[25] Lee Y P, Lin H W, Wang C L. Invariance of quantum rings under ordinary flops II : A quantum Leray–Hirsch theorem. Algebraic Geometry, 2016, 3(5): 615-653.

[26] Lee Y P, Lin H W, Qu F, et al. Invariance of quantum rings under ordinary flops III: A quantum splitting principle. Cambridge J. of Math., 2014, 4(3): 333-401.

[27] Li D. On certain K-equivalent birational maps. `arXiv:1701.04054`.

[28] Li A M, Ruan Y. Symplectic surgery and Gromov-Witten invariants of Calabi-Yau 3-folds. Invent. Math., 2001, 145: 151-218.

[29] Liu W. Motivic equivalence under semismall flops. Bachelor Thesis at Taiwan University, 2016. `arXiv:1603.06152`.

[30] Nash J F. Arc structures of singularities. Preprint 1968, Duke Math. J, 1995, 81(1): 31-38.

[31] Reid M. Young person's guide to canonical singularities. Algebraic Geometry Bowdowin 1985. Proc. Symp. Pure Math., 1987, 46: 345-414.

[32] Shokurov V V. Three-dimensional log flips. Russian Acad. Sci. Izv. Math., 1993, 40: 95-202.

[33] Totaro B. Chern numbers for singular varieties and elliptic homology. Annals of Math, 2000, 151(2): 757-791.

[34] Wang C L. On the incompleteness of the Weil-Petersson metric along degenerations of Calabi-Yau manifolds. Math. Res. Let., 1997, 4: 157-171.

[35] Wang C L. On the topology of birational minimal models. J. Diff. Geom., 1998, 50: 129-146.

[36] Wang C L. K-equivalence in birational geometry. "Proceeding of the Second International Congress of Chinese Mathematicians, Taipei 2001", 199–216, New Stud. Adv. Math. 4, Int. Press, Somerville MA, 2004.

[37] Wang C L. K-equivalence in birational geometry and characterizations of complex elliptic genera. J. Algebraic Geom., 2001, 12(2): 285-306.

[38] Wang C L. Cohomology theory in birational geometry. J. Diff. Geom., 2002, 60(2): 345-354.

[39] Yau S T. On the Ricci curvature of a compact Kähler manifold and the complex Monge-Ampère equation I. Comm. Pure and Appl. Math., 1978, 31: 339-441.

② 泰希米勒空间理论及其应用

刘劲松

泰希米勒 (O. Teichmüller, 1913—1943) 空间的主要研究对象是黎曼曲面以及黎曼曲面的复结构形变空间, 泰希米勒空间中每个点代表一类黎曼曲面, 每条曲线代表一个形变过程. 自 20 世纪 50 年代开始泰希米勒空间已经成为现代函数论的一个分支, 它是单复变函数论①、多复变函数论②、复代数几何等学科分支的交融, 已经被众多数学家进行了深入广泛的研究, 取得了很大的进展, 使它与很多学科分支的相互融合在不断地加快步伐.

泰希米勒空间起源于单复变函数论, 所以在介绍泰希米勒空间之前我们先简单介绍单复变函数论. 单复变函数理论这个学科历史悠久, 它主要研究单变量全纯函数.

For the technique standpoint, the most original creation of the 19th century was the theory of functions of a complex variable. ... The theory of functions, a most fertile branch of mathematics, has been called the mathematical joy of the century. It has also been claimed as one of the most harmonic theories in the abstract sciences.

—— M. Kline《古今数学思想》

19 世纪数学的最主要的成就之一是复变函数论的产生与发展, 所以意大利数学家沃尔泰拉 (V. Volterra, 1860—1940) 说"19 世纪是函数论的世纪", Volterra 是迄今唯一一位在国际数学家大会做过四次大会报告的人. 复变函数论三个奠基人是法国数学家柯西 (L. Cauchy, 1789—1857)、德国数学家黎曼 (B. Riemann, 1826—1866) 和魏尔斯特拉斯 (K. Weierstrass, 1815—1897), 他们差不多同时分别从不同的观点来研究单复变函数, 而且各有自己的追随者. 到 19 世纪末出现了这三条途径的融合, 所以形成了统一的复变函数论.

单复变函数论一个古老的基本问题是单值化问题, 也就是对一般的代数函数,

---

① 关于单复变函数论各个分支的详细介绍参见崔贵珍研究员在 2012 年数学所讲座"复分析中的几个话题".

② 关于多复变函数论各个分支的详细介绍参见周向宇院士在 2012 年数学所讲座"多复变: 简介与进展".

能不能找到一个单值的参数表示? 例如, $x = \cos t, y = \sin t$ 就是代数函数 $x^2 + y^2 = 1$ 的一种单值参数表示. 对于代数函数这样的多值函数怎样表示为单值化的曲面上的单值函数这个问题受到了大家广泛的关注, 19 世纪许多大数学家都对此问题做出过伟大贡献. 一直到 1907 年这个单值化问题才由科比 (P. Koebe, 1882—1945) 和庞加莱 (H. Poincaré, 1854—1912) 各自独立地解决.

早在 19 世纪中叶黎曼就提出富有想象力的黎曼曲面的观念, 他的几何思想不仅极大地推动几何函数论的发展, 而且也预示着曲面拓扑学的萌芽. 1913 年德国数学家外尔 (H. Weyl, 1885—1955) 的划时代著作《黎曼曲面的概念》(*The Concept of a Riemann surface*) 对黎曼曲面作了抽象的刻画, 引进了复流形的概念. 这本书的第一版是 1913 年在德国印行的, 原名为德文 *Idie der Riemannschen Fläche*. 这是 20 世纪数学界的一部经典著作, 近代对黎曼曲面的了解都是出自这本书.

对于闭黎曼曲面的分类问题归结为模空间结构的研究, 在 1857 年黎曼曾经未加证明地指出: 亏格为 $g > 1$ 的闭光滑曲面的共形等价类的全体可以用 $3g - 3$ 个复参数全纯地刻画, 这个问题后来被称为黎曼曲面的模问题, 近年来众多数学家对黎曼面模空间进行了系统而又深刻的研究. 其中的一个基本工具是 1928 年德国数学家格罗采 (H. Grötzsch, 1902—1993) 引进的拟共形映射. 从基础的复变函数理论知道共形映射把平面上一无穷小圆映成一个无穷小圆, 并且保持任意两条曲线交角不变. 作为共形映射的直接推广, 拟共形映射把一个无穷小圆映成一个无穷小椭圆, 该椭圆的长短轴长度之比有一个公共的上界. 在此基础上, 1939 年德国数学家泰希米勒引进了黎曼模空间的万有覆盖空间, 现在称之为泰希米勒空间; 同时他成功地把拟共形映射的概念应用到研究黎曼曲面的模问题上. 泰希米勒的文章极为晦涩, 他深奥的思想当时过于超前, 未被普遍接受. 后来阿尔福斯 (L. Ahlfors, 1907—1996) 等深入研究了泰希米勒的著作, 进一步发展了他的伟大思想, 第二次世界大战后沿着这条路线取得了巨大进展 (图 1).

由拟共形映射对复参数的解析依赖性, 阿尔福斯给出了泰希米勒空间的自然复结构, 它是一个高维复空间, 现代多复变函数方法在泰希米勒空间的研究中起着越来越重要的作用, 而且得到了很多重要且深刻的结果. 按照钟家庆先生为《中国大百科全书·数学卷》所撰写的多复变函数论介绍, 多复变函数论是 "数学中研究多个复变量的全纯函数的性质和结构的分支学科". 实际上, 多复变函数的例子早在单复变函数论的柯西、黎曼和魏尔斯特拉斯时代就已经出现了, 但真正促使多复变函数论这一学科创立的是大约 110 年前赫尔维茨 (A. Hurwitz, 1859—1919)、哈托格斯 (F. Hartogs, 1874—1943)、魏尔斯特拉斯、庞加莱等的工作, 他们的研究揭示了多复变独特的一些性质, 促使多复变作为一门独立学科而发展.

| 黎曼 | 泰希米勒 | 阿尔福斯 |

图 1

利用多复变的方法人们可以证明泰希米勒空间是一个拟凸域, 冈洁 (Oka) 定理立即推出它是一个斯坦因 (Stein) 流形; 但另一方面它又不是强拟凸的, 进一步揭示了泰希米勒空间所具有的独特的分析和几何性质. 作为一个拟凸域, 现在关于泰希米勒空间的几何性状还有许多未解决的问题, 例如, 它的边界光滑性等.

本文我们将简要介绍泰希米勒空间的历史起源, 它的基本性质以及在低维拓扑、曲面映射类群、圆填充、复解析动力系统等数学分支上的应用.

2.1 全 纯 函 数

首先简单介绍全纯函数的基本概念.

设复变量 $z = x + iy$, 如果 $f(z) = u(x,y) + iv(x,y)$ 是一个全纯函数, 则柯西–黎曼 (Cauchy-Riemann) 方程推出

$$f'(z) = u_x + iv_x = v_y - iu_y.$$

把二元函数 f 看作复平面区域之间的映射 $f: U \to V$, 其中 $U, V \subset \mathbb{C}$, 它的二元导数是

$$Df = \begin{pmatrix} u_x & u_y \\ v_x & v_y \end{pmatrix} = \begin{pmatrix} u_x & -v_x \\ v_x & u_x \end{pmatrix}.$$

当 $f'(z) \neq 0$ 时, 全纯函数 f 可以改变区域 U, V 上相应的长度, 但是它保持相应的角度; 另一方面, 假定 $f: U \to V$ 是光滑映射, 而且满足

$$|Df| = \begin{vmatrix} u_x & u_y \\ v_x & v_y \end{vmatrix} > 0;$$

如果进一步假定 f 保持区域 U, V 上相应的角度, 则有

$$Df = \begin{pmatrix} u_x & u_y \\ v_x & v_y \end{pmatrix} = \begin{pmatrix} r\cos\theta & -r\sin\theta \\ r\sin\theta & r\cos\theta \end{pmatrix}.$$

由柯西–黎曼方程知道

$$u_x = v_y, \quad v_x = -u_y,$$

因此 f 是全纯映射. 由以上推导立刻得出:

(1) 全纯映射把无穷小圆映射为无穷小圆;

(2) 局部全纯同胚保持角度.

定义 1.1 如果 $f: U \to V$ 是全纯同胚, 则称区域 U, V 全纯等价.

2.2 黎曼曲面结构

对于一维或者二维可定向光滑流形的分类我们有以下众所周知的事实 (图 2):

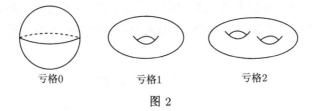

亏格0   亏格1   亏格2

图 2

(1) $\mathbb{S}^1$: 仅有紧致无边一维流形;

(2) Σ_g: 亏格为 g 的紧致无边可定向曲面;

(3) $\Sigma_{g,n} = \Sigma_g \setminus \bigcup_{1 \leqslant i \leqslant n} D_i$: 亏格为 g 的紧致可定向曲面, 有 n 个边界分支.

高斯 (F. Gauss, 1777—1855) 和黎曼在任意一个光滑曲面上定义了度量结构, 在局部坐标系 (u, v) 下有

$$ds^2 = E du^2 + 2F du dv + G dv^2.$$

从而度量 ds^2 诱导了曲面 Σ 上的长度 L 和角度 C. 对曲面上任意一条光滑曲线, 有:

(1) 长度

$$L = \int_I \sqrt{E\left(\frac{du}{dt}\right)^2 + 2F\left(\frac{du}{dt}\right)\left(\frac{dv}{dt}\right) + G\left(\frac{dv}{dt}\right)^2},$$

如果两条曲线相交, 在交点处的切向量分别是 v_1, v_2;

(2) 角度

$$\cos \angle (v_1, v_2) = \frac{v_1 \cdot v_2}{|v_1||v_2|}.$$

定义 2.1 我们定义黎曼曲面是一个连通的豪斯多夫空间 Σ 加上一族局部坐标卡 $\{(U, \varphi)\}$，而且满足以下条件：

(1) 每一个 $U \subset \Sigma$ 是开集，对应的 φ 是 U 到复平面 $\mathbb{C}$ 上开集 $\varphi(U)$ 的拓扑同胚。

(2) 所有的开集 $\{U\}$ 组成曲面 Σ 的开覆盖。

(3) 如果 $U \cap V \neq \varnothing$，则转移映射

$$\psi \circ \varphi^{-1} : \varphi(U \cap V) \to \psi(U \cap V)$$

是一个全纯同胚，参见图 3.

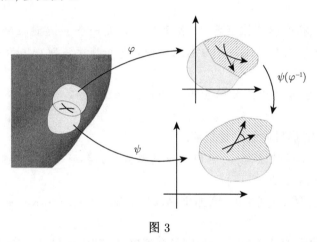

图 3

定义 2.1 中的条件 (1) 和 (2) 说明黎曼曲面是一个二维曲面，但是又附加了条件 (3)。我们称族 $\{(U, \varphi)\}$ 为黎曼曲面的复结构。从 2.1 节中全纯同胚保持角度的事实很容易知道条件 (3) 等价于转移函数是保角的，所以任意黎曼曲面上有一个自然的角度结构，从而人们可以在任意黎曼曲面上谈论角度和进行角度计算。

下面就是一些简单的黎曼曲面的例子：

(1) 平面区域。

(2) 扩充复平面 $\hat{\mathbb{C}} = \mathbb{C} \cup \{0\}$。

(3) 任意二维光滑黎曼流形 (Σ, d) 上自然诱导一个角度结构 (Σ, C)，因此是一个黎曼曲面。

为了进一步研究任何一个黎曼曲面上复结构的全纯等价类的集合，我们给出以下定义。

定义 2.2   给定两个黎曼曲面 (Σ, C), (Σ', C'), 如果存在同胚

$$h : (\Sigma, C) \to (\Sigma', C'),$$

使得 h 保持曲面之间相应的角度, 即 $h^*(C') = C$, 则称黎曼曲面 (Σ, C), (Σ', C') 全纯 (或共形) 等价.

对于单连通平面区域, 我们有以下经典的黎曼映照定理.

定理 2.3 (黎曼映照定理)   假设 $U \subsetneq \mathbb{C}$ 是一个边界点多于一个的单连通区域, 则存在唯一的全纯同胚 $f : \mathbb{D} = \{|z| < 1\} \to U$ 使得 $f(0) = z_0$, $f'(0) > 0$.

假设 $\hat{\mathbb{C}} = \mathbb{C} \cup \{\infty\}$ 是扩充复平面, 利用球极投影我们知道 $\hat{\mathbb{C}}$ 全纯等价于二维单位球面 $\mathbb{S}^2$. 如果 $\hat{\mathbb{C}}$ 上区域 V 的补集 $\hat{\mathbb{C}} \backslash V$ 的每一个分支是闭圆盘或者单点, 我们称 V 为圆域. 实际上我们有以下的科比单值化定理, 上述黎曼映照定理可以看成它的特例.

定理 2.4 (科比单值化定理)   假设 $U \subset \hat{\mathbb{C}}$ 是一个 n- 连通区域, 则存在 n- 连通圆域 V 和共形映射 $f : U \to V$, 而且在相差一个默比乌斯 (Möbius) 变换的意义下 f 是唯一的.

此定理已经被贺正需和施拉姆 (Oded. Schramm) 推广到了可数连通的情形[1]:

至于一般情形目前还只是猜测.

定理 2.5 (单值化定理)   任意单连通黎曼曲面共形等价于黎曼球面 $\hat{\mathbb{C}}$、复平面 $\mathbb{C}$ 或者单位圆盘 $\mathbb{D}$.

此定理也被称为克莱因–庞加莱–科比 (Klein-Poincaré-Köebe) 一般单值化定理.

(1) 黎曼球面 $\hat{\mathbb{C}}$ 上存在唯一的完备共形度量 (球面度量)λ_{+1}, 其高斯曲率是常数 $+1$,

$$\lambda_{+1}(z)|dz| = \frac{2|dz|}{1 + |z|^2};$$

(2) 复平面 $\mathbb{C}$ 上存在唯一的完备共形度量 (平坦度量)$|dz|$, 其高斯曲率是常数 0;

(3) 单位圆盘 $\mathbb{D}$ 上存在唯一的完备共形度量 (双曲度量)λ_{-1}, 其高斯曲率是常数 -1,

$$\lambda_{-1}(z)|dz| = \frac{2|dz|}{1 - |z|^2}.$$

综合以上结果, 利用微分几何的语言有如下定理.

---

[1] Fixed points, Koebe uniformization and circle packings. *Ann. Math*, 1993, 137(2): 369-406.

定理 2.6 任意黎曼曲面共形等价于一个完备的常曲率二维黎曼流形.

因此任意黎曼曲面共形等价于以下几种之一:

(1) 黎曼球面 $\hat{\mathbb{C}}$;

(2) 复平面 $\mathbb{C}$;

(3) 无限管状区域 $\mathbb{C}^* = \mathbb{C}\backslash\{0\}$;

(4) 环面 $\mathbb{T} = \mathbb{C}/\Lambda$, 其中 $\Lambda = <z+1, z+\omega>$, $\Im\omega > 0$ 是复平面 $\mathbb{C}$ 上的格子群;

(5) 商空间 $\mathbb{D}/\Gamma$, 其中 $\Gamma \subset \text{Aut}(\mathbb{D})$ 是一个同胚于 $\pi_1(S)$ 且无椭圆元素的富克斯 (Fuchsian) 群.

对于一般的黎曼曲面 (Σ, C), 我们总是可以考虑它的单连通万有覆盖曲面. 曲面 (Σ, C) 上的多值解析函数可以通过万有覆盖曲面变为平面区域内的单值解析函数. 因此单连通黎曼曲面、黎曼球面 $\hat{\mathbb{C}}$、复平面 $\mathbb{C}$ 和单位圆盘 $\mathbb{D}$ 在黎曼曲面理论中扮演了一个非常特殊的位置.

2.3 拟共形映照

高斯、摩里 (C. Morrey)、阿尔福斯、贝尔斯 (L. Bers) 等研究了曲面等温坐标系的存在性以及它对参数的依赖性, 所以引入了拟共形映射并系统研究它的性质. 目前拟共形映射理论在泰希米勒空间、复解析动力系统、低维拓扑等学科分支中起着越来越重要的作用.

拟共形映照有几种等价的定义, 例如, 纯几何的、纯分析的、度量定义等. 假设 $ds^2 = Edx^2 + 2Fdxdy + Gdy^2$ 是平面区域 U 上的一个度量密度, 我们把它化成规范形式

$$Edx^2 + 2Fdxdy + Gdy^2 = \lambda(z)|dz + \mu d\bar{z}|^2, \quad z = x + yi,$$

其中 $\lambda > 0$, $|\mu| < 1$, μ 称为这个度量密度 ds^2 的贝尔特拉米 (Beltrami) 微分, 也称为复特征.

定理 3.1 (拟共形映射存在唯一性) 假定 $\mu \in L^\infty(\hat{\mathbb{C}})$, $||\mu||_\infty < 1$, 则存在唯一的同胚 $f : \hat{\mathbb{C}} \to \hat{\mathbb{C}}$ 满足 $f(0) = 0, f(1) = 1, f(\infty) = \infty$, 并且 $f \in W_{\text{loc}}^{1,2}$ 在广义函数的意义下满足

$$\partial_{\bar{z}} f = \mu(z) \cdot \partial_z f,$$

即存在函数 $\lambda(z) > 0$ 使得

$$f^*(\lambda_{+1}(w)|dw|^2) = \lambda|dz + \mu d\bar{z}|^2,$$

其中 $\lambda_{+1}(w)|dw|^2$ 是 $\hat{\mathbb{C}}$ 上的球面度量.

另外, 如果复特征 $\mu = \mu(z,t)$ 对于固定的复参数 t 都有 $\|\mu\|_\infty < 1$, 而且 $\mu = \mu(z,t)$ 对于固定的 $z \in \hat{\mathbb{C}}$ 是复参数 t 的解析函数, 则存在一族规范化的拟共形映射 $f_t : \hat{\mathbb{C}} \to \hat{\mathbb{C}}$ 满足

$$\frac{\partial_{\bar{z}} f_t}{\partial_z f_t} = \mu.$$

对于任意固定的 $z \in \hat{\mathbb{C}}$, 拟共形映射 $f_t(z)$ 是 t 的解析函数.

通常定义它的最大伸缩商

$$K[f] = \frac{1 + \|\mu\|_\infty}{1 - \|\mu\|_\infty},$$

如果 $K[f] \leqslant K$, 则以上拟共形同胚 f 也被称为 K-拟共形映射.

高斯首先研究了这个方程, 当 $\mu(z)$ 是 z 的实解析函数且 $|\mu(z)| < 1$ 时得到了此方程的解. 对于一般的 $\mu \in L^\infty(\hat{\mathbb{C}})$, $\|\mu\|_\infty < 1$, 摩里得到了方程的解. 当 $\mu = \mu(z,t)$ 解析依赖于某复参数 t 时, 阿尔福斯–贝尔斯证明了解 $f_t = f(t,z)$ 对复参数 t 是解析依赖的.

另外, 也可以使用度量来定义拟共形映射.

假设 $U \subset \hat{\mathbb{C}}$ 是区域, $f : U \to f(U) \subset \hat{\mathbb{C}}$ 是保向同胚. 如果存在常数 $K \geqslant 1$ 使得 $\forall x \in U$,

$$\limsup_{r \to 0} \frac{\sup\limits_{|y-x|=r} \{|f(y) - f(x)|\}}{\inf\limits_{|y-x|=r} \{|f(y) - f(x)|\}} \leqslant K,$$

则称 f 是一个拟共形映射. 利用这种定义人们很容易把拟共形映射推广到一般的度量空间上去.

性质 3.2 拟共形映射有以下基本性质:

(1) 若保向同胚 $f : U \to V$ 是 K-拟共形映射, 则逆映射 $f^{-1} : V \to U$ 也是 K-拟共形映射;

(2) $f : U \to V$ 是 K_1-拟共形映射, $g : V \to W$ 是 K_2-拟共形映射, 则复合映射 $g \circ f : U \to W$ 是 $K_1 \cdot K_2$-拟共形映射;

(3) f 是 1-拟共形映射当且仅当 f 是共形映射;

(4) K-拟共形映射是 $1/K$ 赫尔德 (Hölder) 连续的;

(5) 正规化的 K-拟共形映射是正规族.

借助黎曼曲面上的复结构, 我们很容易把拟共形映射的概念由平面区域推广到一般黎曼曲面上. 任意一个黎曼曲面之间的拟共形映射 $f : S \to S'$ 都在黎曼曲面 S 上诱导了一个贝尔特拉米微分 $\mu(z) d\bar{z}/dz$, 其中 $\mu(z)$ 是 f 在 S 的局部参数 z 的表示下的复特征. 很自然地我们就用这个 $(-1,1)$ 型的微分形式来替代平面情形的复特征. 我们有以下存在性结果.

定理 3.3 假定 $S = (\Sigma, C)$ 是一个黎曼曲面, $\mu = \mu(z)\dfrac{d\bar{z}}{dz}$ 是 S 上一个 $(-1,1)$ 型的贝尔特拉米微分而且满足 $\|\mu\|_\infty \leqslant k < 1$, 则存在黎曼曲面 S_μ 以及拟共形映射 $f : S \to S_\mu$ 使得 $\mu_f = \mu$.

2.4 黎曼模问题

由 2.2 节我们已经知道任意一个亏格 1 的环面都可以写成 $\mathbb{C}/<1, \tau>$ 的形式, 其中 $\Im \tau > 0$, 所以环面上的全体复结构可以由复平面的上半平面

$$\mathbb{H} = \{\tau : \Im \tau > 0\}$$

来刻画. 若两个环面 $\mathbb{C}/\langle 1, \tau\rangle$ 和 $\mathbb{C}/\langle 1, \tau'\rangle$ 全纯等价当且仅当存在 $a, b, c, d \in \mathbb{Z}$ 使得

$$\tau' = \frac{a\tau + b}{c\tau + d}, \quad ad - bc = 1. \tag{1}$$

上述变换 (1) 将上半平面 $\mathbb{H}$ 映为自身. 而且这种变换全体构成一个群, 称为模群 (modular group)$SL(2, \mathbb{Z})$. 模群 $SL(2, \mathbb{Z})$ 的两个生成元是 (图 4)

$$T = \begin{pmatrix} 1 & 1 \\ 0 & 1 \end{pmatrix}, \quad S = \begin{pmatrix} 0 & 1 \\ -1 & 0 \end{pmatrix}.$$

定义模群 $SL(2, \mathbb{Z})$ 的基本域 D 为 $\mathbb{H}$ 的任一满足如下两条件的子集:

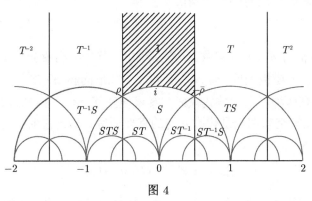

图 4

(1) 对于任意 $\tau \in \mathbb{H}$, 则 τ 同余 $\bmod SL(2, \mathbb{Z})$ 于 $\tau' \in D$, 即存在 $a, b, c, d \in \mathbb{Z}$ 使得 (1) 成立;

(2) D 内两点均不同余 $\bmod SL(2, \mathbb{Z})$.

利用一些初步的计算可以知道 $SL(2,\mathbb{Z})$ 的一个基本域 D 就是如图 4 中灰色区域所示:

$$D = \left\{ z \in \mathbb{C} : -\frac{1}{2} \leqslant \Re z < \frac{1}{2}, \|z\| \geqslant 1 \right\}.$$

由定义可知环面上全体复结构等价类的集合与区域 D 中的点成一一对应, 即 D 上每点都代表了一个环面 $\mathbb{C}/\langle 1, \tau \rangle$, 而每一环面上复结构亦对应于 D 上一点, 而且 D 内不同的点代表互不全纯等价的环面, D 称为环面的参模空间 (moduli space). 很容易看出模空间有奇异点 $\left(i \text{ 和 } -\frac{1}{2} + \frac{\sqrt{3}}{2}i \right)$, 因而它整体并不是流形, 而只是一个轨形 (orbifold).

对于一般亏格 $g > 1$ 的情形, 1857 年黎曼曾经未加证明地指出亏格为 $g > 1$ 的紧致无边黎曼曲面的共形等价类的全体可以用 $3(g-1)$ 个复参数 (或者 $6(g-1)$ 个实参数) 来描述, 这个问题后来被称为黎曼曲面的模问题, 黎曼提出的模问题正是对环面模空间情况的一般化.

首届菲尔兹奖得主阿尔福斯在 1962 年 8 月斯德哥尔摩召开的国际数学家大会 (ICM) 指出

Riemann's classical problem of moduli is not a problem with a single aim, but rather a program to obtain maximum information about a whole complex of questions which can be viewed from several different angles(黎曼的模问题不是一个单一目标的问题, 而是从不同的角度来对这个复杂的问题给出更多的信息的一个体系).

—— Lars V. Ahlfors

当 Σ 是亏格为 $g > 1$ 的紧致无边光滑曲面, 首先给出黎曼模空间的定义:

定义 4.1   黎曼模空间 $\mathcal{M}_g = \{ [\Sigma, C] : \exists$ 共形同胚 $h : (\Sigma, C) \to (\Sigma, C') \}$.

现在一般有两种不同的方式来研究黎曼模空间 $\mathcal{M}_g$: 一种方法是利用代数几何的方法, 曲线模空间理论是代数几何的重要研究内容, 它主要研究曲面在复射影空间不同嵌入

$$\{ \Sigma \hookrightarrow \mathbb{CP}^n \} / PGL(n+1, \mathbb{C})$$

组成的集合, 即齐次多项式组的零点集合, 比如, 椭圆曲线的模空间就是一条射影直线, 它从大范围上反映了代数曲线群体的特性. 另一种方法是用复分析的方法来研究黎曼模空间, 在这个方向对这个问题首先作出突破性贡献的是泰希米勒, 他把模问题与拟共形映射的极值问题联系起来, 给出了模问题的一个解答.

泰希米勒于 1913 年出生于德国诺德豪森 (Nordhausen), 早年就读于哥廷根大学, 1935 年在哈塞 (H. Hasse) 的指导下以论文《希尔伯特空间上的线性算子》取得博士学位, 这也是他唯一一篇关于泛函分析的论文. 1937 年泰希米勒前往柏林跟随比伯巴赫 (L. Bieberbach) 学习和工作, 兴趣随即转移到复分析上. 六年间他一共写了 34 篇论文, 这些论文系统地研究了拟共形映射和微分几何等方法在黎曼模问题中的应用, 其中的 21 篇发表在比伯巴赫创办的数学杂志《德意志数学》(*Deutsche Mathematik*) 上.

我们知道直接对黎曼模空间 $\mathcal{M}_g$ 加以参数化是十分困难的, 泰希米勒的另外一个伟大贡献就是引入黎曼模空间 $\mathcal{M}_g$ 的万有覆盖空间 $\mathcal{T}_g$—— 现在称之为泰希米勒空间, 并对它进行参数化. 后来阿尔福斯、贝尔斯等系统地研究和发展了这个方法, 使之成为现代数学中一个非常重要的学科.

定义 4.2 泰希米勒空间 $\mathcal{T}_g = \{[\Sigma, C] : \exists 共形同胚 \, h \simeq id : (\Sigma, C) \to (\Sigma, C')\}$. 记 Mod_g 为曲面 Σ 的保向同胚的同伦等价类的集合, 它构成一个群, 称为曲面 Σ 的映射类群 (mapping class group), 我们很容易验证 $\mathcal{M}_g = \mathcal{T}_g/\mathrm{Mod}_g$.

泰希米勒证明了以下重要结果.

定理 4.3 给定任意两个亏格 g 的黎曼曲面 (Σ, C) 和 (Σ, C'), 存在唯一的极值拟共形映射 $h_0 \simeq id : (\Sigma, C) \to (\Sigma, C')$, 而且 h_0 的最大伸缩商满足

$$K[h_0] = \inf_{h \simeq id} K[h].$$

更进一步, 泰希米勒证明此极值拟共形映射 h_0 由黎曼曲面 (Σ, C) 上的一个全纯二次微分 $\phi = \phi(z)dz^2$ 与另一个参数 $k \in [0, 1)$ 唯一确定, 它的贝尔特拉米微分

$$\mu_{h_0} = \frac{\partial_{\bar{z}} h_0}{\partial_z h_0} = k \frac{\bar{\phi}}{|\phi|}.$$

同时, 利用这个极值拟共形映射泰希米勒在 $\mathcal{T}_g$ 上定义了距离:

$$d_{\mathcal{T}}((\Sigma, C), \ (\Sigma, C')) = \log K[h_0] = \log \frac{1+k}{1-k}.$$

由性质 3.2 显然知道 $d_{\mathcal{T}}(\cdot, \cdot)$ 是一个度量, 现在通常称之为泰希米勒度量.

另一方面, 假定

$$\mathcal{B} = \left\{ \mu(z) \frac{d\bar{z}}{dz} : \ ||\mu||_\infty < 1 \right\}$$

是 (Σ, C) 上的模小于 1 的全体 $(-1, 1)$ 型贝尔特拉米微分, 它是无穷维复巴拿赫空间中的开集, 所以有一个自然的复解析结构. 由定理 4.3, 有映射 $\pi : \mathcal{B} \to \mathcal{T}_g$.

定理 4.4   泰希米勒空间 $\mathcal{T}_g$ 上存在唯一的自然复解析结构使得 $\pi : \mathcal{B} \to \mathcal{T}_g$ 是复解析映射.

对于黎曼模空间 $\mathcal{M}_g$ 和泰希米勒空间 $\mathcal{T}_g$, 我们有以下部分重要结果:

(1) 泰希米勒证明了 $d_{\mathcal{T}}$ 是空间 $\mathcal{T}_g$ 上一个完备的芬斯拉 (Finsler) 度量, 在此度量拓扑下 $\mathcal{T}_g$ 同胚于 $\mathbb{R}^{6g-6}$ 中的单位球.

(2) 泰希米勒证明映射类群 Mod_g 等距、离散地作用在 $\mathcal{T}_g$ 上, 所以作为 $\mathcal{T}_g$ 的商空间, 黎曼模空间 $\mathcal{M}_g = \mathcal{T}_g/\mathrm{Mod}_g$ 是一个豪斯多夫空间.

(3) 阿尔福斯利用拟共形映射对复参数的解析依赖性给出了 $\mathcal{T}_g$ 上自然的复结构; 贝尔斯证明空间 $\mathcal{T}_g$ 双全纯等价于 $\mathbb{C}^{3g-3}$ 中一个有界区域, 而且是一个斯坦因流形.

目前大家已经知道泰希米勒空间具有非常丰富的度量结构, 例如, $\mathcal{T}_g$ 作为一个复流形, 我们可以定义它的凯勒–爱因斯坦 (Kähler-Einstein) 度量、伯格曼 (Bergman) 度量、小林 (Kobayashi) 度量 d_K 和卡拉西奥多里 (Carathéodory) 度量 d_C 等.

(4) 韦伊 (A. Weil) 在泰希米勒空间 $\mathcal{T}_g$ 上定义了一个黎曼度量, 即韦伊–彼得松 (Weil-Petersson) 度量. 并且猜测这是一个凯勒度量. 阿尔福斯首先证明了韦伊的这个猜测, 另一方面沃尔珀特 (S. Wolpert) 证明韦伊–彼得松度量不是完备的并且有负的截面曲率.

(5) 罗伊登 (H. Royden) 证明 $d_K = d_{\mathcal{T}}$, 利用 $d_K = d_{\mathcal{T}}$ 是完备度量这个事实很容易知道 $\mathcal{T}_g$ 是一个全纯域, 从而是一个拟凸域.

(6) 厄尔 (C. Earle) 证明 d_C 是完备度量; 最近马库维奇 (V. Markovic) 证明 $d_C \neq d_{\mathcal{T}}$, 所以 $\mathcal{T}_g$ 不能双全纯等价于 $\mathbb{C}^{3g-3}$ 中一个有界凸区域.

(7) 结合每个黎曼曲面上的短测地线长度, 麦克马伦 (C. McMullen) 利用扰动的韦伊–彼得松度量, 在 $\mathcal{T}_g$(从而在 $\mathcal{M}_g$) 上构造了一个新的完备凯勒度量, 从而证明 $\mathcal{M}_g$ 是超凯勒双曲的.

(8) 刘克峰、孙晓峰、丘成桐在泰希米勒空间 $\mathcal{T}_g$ 上发现了一种新的完备凯勒度量–扰动里奇度量, 通过研究这个新的度量, 他们成功证明 $\mathcal{T}_g$ 上几个经典几何度量是相互等价的, 其中就包括泰希米勒度量、凯勒–爱因斯坦度量、伯格曼度量、麦克马伦在 (7) 所定义的度量等.

模空间 $\mathcal{M}_g$ 是代数几何中一个非常重要的研究对象, 一般说来 $\mathcal{M}_g$ 不是紧致的, 为了研究的需要人们经常需要考虑其紧致化.

(9) 曼福德 (D. Mumford) 证明黎曼模空间 $\mathcal{M}_g$ 是复 $3g - 3$ 维不可约拟射影代数簇.

(10) 模空间 $\mathcal{M}_g$ 的德林–曼福德 (Deligne-Mumford) 紧化 $\overline{\mathcal{M}}_g^{\mathrm{DM}}$ 是射影代数

簇; 几何上 $\overline{\mathcal{M}}_g^{\mathrm{DM}}$ 是一个复 $3g-3$ 维紧致轨形 (orbifold), 局部同构于

$$\mathbb{C}^{3g-3}/\mathrm{Aut}([\Sigma, C]),$$

其中 $\mathrm{Aut}([\Sigma, C])$ 是有限群, 模空间补集 $\overline{\mathcal{M}}_g^{\mathrm{DM}} \backslash \mathcal{M}_g = \{$带尖点的黎曼曲面$\}$.

(11) 映射类群 Mod_g 是有限生成的, 而且存在模空间 $\mathcal{M}_g$ 的一个有限覆盖 $\mathcal{M}$ 使得 $\mathcal{M}$ 是一个流形.

2.5 泰希米勒空间的应用

目前泰希米勒理论在数学很多分支上有着重要的应用, 例如, 低维拓扑、曲面映射类群、圆填充 (circle packing)、复解析动力系统等, 下面分别给出简要介绍.

2.5.1 低维拓扑

低维拓扑的主要研究对象是二维或者三维流形, 是目前数学中一个非常热门的研究方向.

由定理 2.6 我们已经知道, 任意黎曼曲面共形等价于一个完备的常曲率二维黎曼流形. 特别地, 如果一个黎曼曲面的万有覆盖空间是 $\mathbb{D}$, 则它可以表示为商空间 $\mathbb{D}/\Gamma$, 其中 $\Gamma \subset \mathrm{Aut}(\mathbb{D})$ 是一个同胚于此黎曼曲面基本群且无椭圆元素的富克斯群, 所以此黎曼曲面上存在截面曲率处处是 -1 的完备的度量 (双曲度量), 我们称此类黎曼曲面为双曲黎曼曲面.

同样, 如果一个三维流形 M 上有一个完备且截面曲率处处为 -1 的黎曼度量, 称之为双曲三维流形. 则 M 可以写成

$$M \cong \mathbb{H}^3/\Gamma,$$

其中 Γ 是 $\mathrm{PSL}(2,\mathbb{C})$ 中一个离散子群 (即克莱因群), 它的基本群 $\pi_1(M) \simeq \Gamma$.

1982 年瑟斯顿 (W. Thurston, 1946—2012) 提出几何化猜想 (geometrization conjecture)[①], 这个大胆的猜想指出, 任意一个三维流形都能被分割成具有八种标准几何结构之一的小片, 而它正是二维曲面单值化定理在三维流形上的一个类比.

对任意一个紧致 (可以带边) 的三维流形, 我们首先有唯一的方式可以对它作连通和分解以使其每个分支成为不可约的三维流形, 即克内泽尔-米尔诺 (Kneser-Milnor) 连通和分解, 然后再用唯一的方式沿着一族极小嵌入环面割开 (JSJ 分解) 得到尽可能简单的若干小片. 几何化猜想断言这些小片均为八种标准几何结构之

---

① 以下几何化猜想摘自: 米尔诺 J. Milnor 眼中的数学和数学家. 北京: 高等教育出版社, 2017.

一, 此八种标准几何结构均为完备的黎曼度量, 这些几何结构在某种意义上是比较 "好" 的, 比如, 体积有限、"直线" 都可无限延伸、万有覆盖空间是齐性的等.

　　(1) 标准球面 $\mathbb{S}^3$, 具有常截面曲率 $+1$, 以 $\mathbb{S}^3$ 为万有覆盖的黎曼流形已由霍普夫 (H. Hopf) 在 1925 年进行了完全的分类.

　　(2) 欧氏空间 $\mathbb{R}^3$, 具有常截面曲率 0, 对应的紧致平坦流形已经由比伯巴赫在 1911 年进行了完全的分类.

　　(3) 双曲空间 $\mathbb{H}^3$, 具有常截面曲率 -1, 这也是最有趣和最困难的情形.

　　(4) 万有覆盖空间 $\widetilde{M} = \mathbb{S}^2 \times \mathbb{R}$, 例如, $\mathbb{S}^2 \times \mathbb{S}^1$.

　　(5) 万有覆盖空间 $\widetilde{M} = \mathbb{H}^2 \times \mathbb{R}$, 例如, (双曲曲面) $\times \mathbb{S}^1$.

　　至于后面的三种几何, 它的万有覆盖 $\widetilde{M}$ 将是三维李群, 有着最大对称的左不变度量.

　　(6) 特殊线性群 $\mathrm{SL}_2\mathbb{R}$ 的万有覆盖 $\widetilde{\mathrm{SL}_2\mathbb{R}}$ 上的左不变黎曼度量, 比如, 双曲曲面的单位切丛.

　　(7) 幂零几何 Nil (也称为海森伯群), 有幂零群

$$\begin{pmatrix} 1 & x & z \\ 0 & 1 & y \\ 0 & 0 & 1 \end{pmatrix}, \tag{2}$$

例如, 环面上非平凡圆周丛.

　　如果把 (2) 和 $\mathbb{R}^3$ 中的点 (x, y, z) 等价, 则在 $\mathbb{R}^3$ 中有乘法:

$$(x, y, z) \cdot (x', y', z') = (x + x', y + y', z + z' + xy').$$

$\mathbb{R}^3$ 中的相应的左不变度量是 $ds^2 = dx^2 + dy^2 + (dz - x\,dy)^2$.

　　(8) 可解几何 Sol,

$$\begin{pmatrix} 1 & 0 & 0 \\ x & e^z & 0 \\ y & 0 & e^{-z} \end{pmatrix}, \tag{3}$$

例如, 圆周上大多数环面丛.

　　如果把 Sol 中的点 (3) 和 $\mathbb{R}^3$ 中 (x, y, z) 等价, 则 $\mathbb{R}^3$ 中有乘法:

$$(x, y, z) \cdot (x', y', z') = (x + e^z x', y + e^z y', z + z').$$

$\mathbb{R}^3$ 中的左不变度量是 $ds^2 = e^{2z}dx^2 + e^{-2z}dy^2 + dz^2$.

作为特例, 瑟斯顿的几何化猜想可以自然推出经典的庞加莱猜想: 任意一个紧致无边的三维流形, 若其上的每条封闭曲线都可以连续收缩到一点, 那么它同胚于三维闭球面[①].

瑟斯顿自己对一大类流形验证了此猜测. 当一个不可约三维流形是足够大的 (流形如果包含有非平凡的不可压缩嵌入曲面, 则称为足够大的, 也称为哈肯 (W. Haken) 流形), 哈肯和瓦尔德豪森 (F. Waldhausen) 证明人们总是可以沿着一系列双侧不可压缩的曲面将此三维流形分割成几何上更简单的子流形小片, 有限步分割后就只剩下有限个三维开球体.

借助泰希米勒空间理论, 瑟斯顿 (图 5) 通过对这有限分割步数作数学归纳法成功证明:

定理 5.1 边界由环面构成的不可约三维流形, 如果它是足够大的, 并且每个不可压缩的环面都可以用适当的方式形变到边界, 则它带有完备的、有限体积的双曲度量.

由莫斯托 (G. Mostow) 刚性定理立即知道此双曲结构是唯一的. 虽然瑟斯顿验证的这类空间并不包含庞加莱猜想, 但是它覆盖了瑟斯顿几何化猜想中的绝大多数情形, 同时它也为庞加莱猜想的成立提供了强有力的支持. 瑟斯顿定理的另外一个推论是: 三维球面中大部分纽结的补空间上都存在完备的双曲度量. 尽管该纽结对于在流形上观测者的视角下是无穷远, 但是, 它的补空间的体积却是有限的.

图 5 威廉·瑟斯顿

瑟斯顿的证明极度艰深, 并且强烈地依赖于几何直观. 他本人也只是在普林

---

①在 1982 年, 哈密顿 (R. Hamilton) 为了解决瑟斯顿几何化猜想和庞加莱猜想而提出了里奇流方法, 并且给出了解决几何化猜想的研究框架, 2002 年末至 2003 年初俄罗斯数学家佩雷尔曼 (G. Perelman) 在互联网上贴出了三篇论文, 解决了哈密顿的研究框架, 从而解决了瑟斯顿几何化猜想, 作为推论得到了三维庞加莱猜想的证明.

斯顿大学的课堂上讲授这一证明, 并将未正式出版的讲义在圈内散发, 仅直接向他索要讲义的就超过 1000 人, 间接复印的则更多, 可见他的工作影响之巨. 瑟斯顿后来也曾经想正式发表他的证明, 他计划写一系列共 7 篇文章, 第 1 篇于 1981 年投出, 1986 年才得以发表, 可见其艰深晦涩, 第 2 篇和第 3 篇只有手稿在圈内流传, 后面的几篇甚至根本没有出现. 后来, 摩根 (J. Morgan) 曾给出瑟斯顿定理的较严格的不完全证明, 麦克马伦也以泰希米勒空间迭代的不动点方法给过严格证明.《美国数学会会刊》的文章认为, 瑟斯顿的伟大之处在于他深刻认识到如何用几何学的方法来认识三维流形的拓扑学. 他的这项工作把低维拓扑和双曲几何、克莱因群、李群、复分析、动力系统等数学分支紧密联系在一起, 他的工作之后低维拓扑才迅速在数学中占据了核心地位, 引起广泛关注.

同样的事情也发生在瑟斯顿其余的几个重要定理上, 例如, 后面还将要提到的关于临界有限的球面分歧覆盖组合结构定理 ?? 等, 直至今日, 他那些未严格证明的定理还成为不少人论文的源泉.

1982 年瑟斯顿因其在三维流形方面的杰出工作, 与孔涅 (A. Connes) 和丘成桐 (Shing-Tung Yau) 一并被授予菲尔兹奖. 他也曾经获得 1976 年的维布伦几何奖 (Oswald Veblen Prize in Geometry), 1983 年当选为美国国家科学院 (National Academy of Sciences) 院士, 2012 年获得勒罗伊·斯蒂尔奖 (Leroy P. Steele Prize). 他的工作以及想法对数学的很多领域产生了革命性的影响, 其中包括叶状结构 (foliation)、泰希米勒理论、曲面的自同构理论、三维流形的拓扑、切触结构、双曲几何、有理映射动力系统、圆填充等.

瑟斯顿认为好奇心与人类直觉紧密相连. 他说:"数学是真正的人类思维, 它涉及人类如何能有效地思考, 这就是为什么好奇心是一个好向导的道理."

2.5.2 曲面映射类群

给定紧致无边亏格 $g > 1$ 的光滑曲面, 任意同胚 $\phi : \Sigma \to \Sigma$ 诱导映射类群 Mod_g 中的元素 $\phi_* : \mathcal{T}_g \to \mathcal{T}_g$.

定理 5.2 (尼尔森、瑟斯顿、贝尔斯) 对任意 Mod_g 中一个元素 $\phi_* : \mathcal{T}_g \to \mathcal{T}_g$, 或者

(1) 椭圆元素: 存在 $n \in \mathbb{N}$ 使得复合映射 $\phi^{(n)} = \overbrace{\phi \circ \phi \circ \cdots \circ \phi}^{n \uparrow}$ 同伦于恒同映射, 而且 $\phi_* : \mathcal{T}_g \to \mathcal{T}_g$ 有一个不动点; 或者

(2) 抛物元素: 曲面 Σ 上存在一族互不相交、互不同伦的简单闭曲线

$$\{\gamma_1, \gamma_2, \cdots, \gamma_n\} \subset \Sigma,$$

使得 $\phi(\{\gamma_1, \gamma_2, \cdots, \gamma_n\}) = \{\gamma_1, \gamma_2, \cdots, \gamma_n\}$; 或者

(3) 伪阿诺索夫 (Anosov): ϕ_* 保持一条泰希米勒测地线不变.

证明 利用泰希米勒度量 $d_{\mathcal{T}}$, 定义

$$L(\phi) = \inf_{x \in \mathcal{T}_g} d_{\mathcal{T}}(x, \phi(x)).$$

选取序列 $x_n \in \mathcal{T}_g$ 使得 $d_{\mathcal{T}}(x_n, \phi(x_n)) \to L(\phi)$, 然后把点列 $\{x_n\}$ 投射到黎曼模空间 $\mathcal{M}_g = \mathcal{T}_g/\mathrm{Mod}_g$ 中, 则有以下几种情形:

(1) $[x_n]$ 在 $\mathcal{M}_g$ 中有一个收敛子列. 如果 $L(\phi) = 0$, 则得到情形 (1); 如果 $L(\phi) \neq 0$, 则得到情形 (3).

(2) $[x_n] \to \partial\mathcal{M}_g$, 注意到模空间的边界 $\partial\mathcal{M}_g$ 由带尖点的黎曼曲面组成, 得到情形 (2). □

柯克霍夫 (S. Kerckhoff) 证明任意紧致双曲黎曼曲面上测地线的长度函数在泰希米勒空间中地震曲线上是凸的, 解决了以下尼尔森 (Nielsen) 实现问题.

定理 5.3 (柯克霍夫) 映射类群中任意有限子群都可以由黎曼曲面的全纯自同构群实现.

给定同胚 $\phi: \Sigma \to \Sigma$, 我们考虑以下一族非常重要的三维流形

$$\Sigma_\phi = \Sigma \times [0,1]/\sim, \quad (z,0) \sim (w,1) \text{ 当且仅当 } w = \phi(z).$$

很容易验证它的基本群是

$$\pi_1(\Sigma_g) = \langle t, \pi_1(\Sigma): \ t \cdot a \cdot t^{-1} = \phi_*(a), \forall a \in \pi_1(\Sigma) \rangle.$$

定理 5.4 (瑟斯顿) 三维流形 Σ_ϕ 上存在完备、有限体积双曲度量当且仅当同胚 ϕ 是伪阿诺索夫的.

利用几何群论等方法, 2013 年阿格尔 (I. Agol) 证明了以下著名的 Virtual 纤维化猜测.

定理 5.5 (阿格尔) 对于任意一个紧致无边的三维双曲流形 M, 都则存在 M 的有限叶无分歧覆盖

$$\widetilde{M} \to M,$$

使得 $\widetilde{M} = \widetilde{\Sigma}_\phi$, 其中 $\widetilde{\Sigma}$ 是一个亏格 > 1 的闭曲面, 而且 $\phi: \widetilde{\Sigma} \to \widetilde{\Sigma}$ 是伪阿诺索夫.

由于这些相关工作, 2015 年阿格尔获得 2016 年度数学突破奖 (Breakthrough Prize).

2.5.3 圆填充

圆是几何上一个非常重要的研究对象, 1985 年 3 月在纪念单叶函数中比伯巴赫猜想成功解决的国际会议上, 瑟斯顿在他的演讲报告 *The Finite Riemann Mapping Theorem* 中提出了圆填充的概念, 并且提出了猜想:

可以用一族离散圆填充映射逼近经典的黎曼映照.

后来罗丁–苏利文 (B. Rodin-D. Sullivan) 利用拟共形映射, 结合几何有限克莱因群的刚性成功地证明这个猜想, 使得圆填充成为目前数学中十分活跃的分支. 由于圆填充很容易在计算机上实现, 所以它们在计算机图形学、计算机视觉等分支中有了重要的应用, 现在人们广泛借助圆填充 (或者圆模式) 来研究经典黎曼映照、可测黎曼映照, 甚至一些微分方程的解.

黎曼球面 $\hat{\mathbb{C}}$ 上一个圆填充是指一族其内部不相交的圆. 对于任意一个圆填充我们可以定义它的结构图:

它的顶点由圆盘的中心组成, 它的边由相切圆的圆心之间的连线组成.
当给定的图是黎曼球面的三角剖分时我们有经典的**科比–安德列耶夫–瑟斯顿**定理, 如图 6 所示.

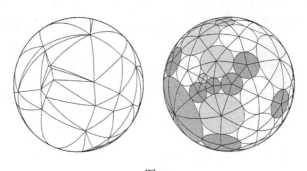

图 6

定理 5.6　任给球面三角剖分, 存在一个圆填充实现此三角剖分, 并且在相差一个默比乌斯变换的意义下是唯一的.

作为圆填充的直接推广, 目前圆模式 (容许其内部相交) 也是一个重要的研究对象, 引起了大家广泛的兴趣. 同样, 对于圆模式也可以定义它的结构图. 当结构图 $G = (V, E)$ 是球面的三角剖分, 其中 V 是顶点的集合, E 是边的集合, 并且给定的角度函数 $\Theta : E \to \left[0, \dfrac{\pi}{2}\right]$ 时, 安德列耶夫、罗丁 (B. Rodin)、马登 (A. Marden) 证明:

定理 5.7　存在一个圆模式实现此三角剖分与相应的角度 (G, Θ), 在相差一个默比乌斯变换的意义下是唯一的.

当球面上给定的图非三角剖分时, 我们需要研究实现此结构图的圆填充或者模式等价类集合.

定义 5.8　对于球面上两个圆模式 P_1, P_2, 如果存在一个默比乌斯变换 T 使得 $T(P_1) = P_2$, 我们称 P_1, P_2 是等价的.

显然, 等价的圆模式有相同的结构图和相同的交角. 给定扩充复平面 $\hat{\mathbb{C}}$ 上一个图 $G = (V, E)$, 并且给定角度函数 $\Theta : E \to \left[0, \dfrac{\pi}{2}\right]$ 时, 以及实现此图的一个圆模式 P_0, 挖掉 P_0 中每个圆的内部则得到多个 "内多边形" $\{I_1, I_2, \cdots, I_p\}$, 它们的边是由圆弧组成的 (图 7).

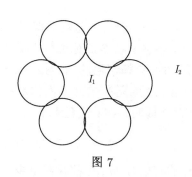

图 7

对于任意一个内多边形 I, 我们同样可以定义它的泰希米勒空间.

定义 5.9　泰希米勒空间 $\mathcal{T}_I$ 定义为全体拟共形嵌入 $\{[h : I \to \hat{\mathbb{C}}]\}$ 等价类的集合.

显然, 当内多边形 I 是 k 边形时, 泰希米勒空间 $\mathcal{T}_I$ 同胚于 $k-3$ 维欧氏空间 $\mathbb{R}^{k-3}$. 当给定的夹角是 $\leqslant \dfrac{\pi}{2}$ 时, 本人在和贺正需教授的合作工作中证明[1]:

定理 5.10　给定扩充复平面 $\hat{\mathbb{C}}$ 上一个图 $G = (V, E)$, 并且给定角度函数 $\Theta : E \to \left[0, \dfrac{\pi}{2}\right]$ 时, 实现此图和角度的全体圆模式由内多边形的泰希米勒空间乘积 $\Pi_1^p \mathcal{T}_{I_i}$ 完全确定.

在此基础上, 2016 年本人和黄小军教授考虑了最一般的情况, 我们证明角度限制 $0 \leqslant \Theta < \dfrac{\pi}{2}$ 并不是本质的.

定理 5.11　给定 $\hat{\mathbb{C}}$ 上图 $G = (V, E)$, 当给定的角度函数 $0 \leqslant \Theta < \pi$ 时, 实现球面上 G 和 Θ 的全体圆模式也是由此图的内多边形的泰希米勒空间乘积 $\Pi_1^p \mathcal{T}_{I_i}$ 完全确定的.

作为推论, 我们证明了三维双曲空间中的有限凸多面体的形变空间也是由其边界的泰希米勒空间完全确定的[2].

作为以上圆填充和圆模式的形变定理的应用, 我们研究了三维欧氏空间 $\mathbb{R}^3$ 中光滑凸体的密切问题. 如果欧氏空间 $\mathbb{R}^3$ 中多面体的边和单位球体 $\mathbb{D}^3 = \{x_1^2 + x_2^2 + x_3^2 \leqslant 1\}$ 的边界相切, 我们称多面体和单位球体密切. 特别地, 如果把单位球面 $\mathbb{S}^2$ 看成 $\mathbb{R}^3$ 中的单位球体 $\mathbb{D}^3$ 的边界, 经典科比–安德列耶夫–瑟斯顿可以被等价地描述为以下关于多面体和 $\mathbb{D}^3$ 的密切定理 (图 8).

定理 5.12　给定欧氏空间 $\mathbb{R}^3$ 中凸多面体 P, 则 $\mathbb{R}^3$ 中存在凸多面体 Q 与 P

---

[1] On the Teichmüller theory of circle patterns. *Trans. AMS*, 2013, 365(12): 6517-6541.

[2] Characterizations of circle patterns and finite convex polyhedra in hyperbolic 3-space. *Math. Ann*, 2017, 368(1-2): 213-231.

组合等价, 并且 Q 与单位球体 $\mathbb{D}^3$ 密切. 而且在规范化的条件下多面体 Q 是唯一的.

1823 年, 瑞士著名数学家斯坦纳 (J. Steiner) 提出问题:

是否任意凸多面体都组合等价于一个二维单位球面中的内接凸多面体?

直到 1928 年斯泰尼茨 (E. Steinitz) 才找到一个反例, 他构造了一个凸多面体使得任何和它组合等价的凸多面体都不能内接于二维单位球面. 更进一步, 舒尔特 (E. Schulte) 证明: 对于任意满足

$$d > 2, \quad 0 \leqslant m < d, \quad (m, d) \neq (1, 3)$$

条件的整数对 (m, d) 都存在至少 1 个 d 维凸多面体, 任何同它组合等价的凸多面体都不能使它的 m 维面和 $d - 1$ 维单位球面相切. 对于 $(m, d) = (1, 3)$ 的特殊情形, 以上著名的科比–安德列耶夫–瑟斯顿定理给出了此问题的所有解.

在此基础上, 1985 年舒尔特提出了关于光滑凸体的密切问题:

对于一般三维光滑凸体 K, 情形 $(m, d) = (1, 3)$ 是否总是有解? 怎么刻画?

施拉姆证明了此问题解的存在性, 即任给三维凸多面体 P, 都至少存在一个凸多面体 Q 和 P 组合等价, 并且 Q 的边都和凸体 K 的表面相切[1].

由于单位球面 $\mathbb{S}^2 \subset \mathbb{R}^3$ 上的圆看成是 $\mathbb{R}^3$ 中平面与单位球面 $\mathbb{S}^2$ 相交的轨迹. 同样对于 $\mathbb{R}^3$ 中给定的光滑凸体 K, 可以把 $\mathbb{R}^3$ 中平面与边界 ∂K 相交的轨迹定义成 K-圆, 参见图 9.

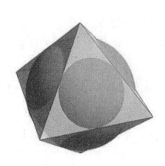 

图 8   图 9

对于 ∂K 上全体 K-圆, 我们同样有 K-圆填充理论, 更进一步可以证明, 实现 ∂K 上一个非三角剖分图的全体 K-圆填充由此图的内多边形的泰希米勒空间乘积完全确定. 以圆填充和圆形变的泰希米勒形变理论为基础, 进一步结合微分拓扑中的不动点指标、相交数、横截理论等方法, 本人和周泽博士合作证明[2]:

---

[1] How to cage an egg. *Invent. Math*, 1992, 107(3): 543-56.
[2] How many cages midscribe an egg. *Invent. Math*, 2016, 203(2): 655-673.

(1) 在规范条件下此问题的解是唯一的.

(2) 完成了此问题所有解的分类, 并且证明问题所有解构成一个六维光滑流形.

2.5.4 复解析动力系统

我们很容易知道全纯映射 $R: \hat{\mathbb{C}} \to \hat{\mathbb{C}}$ 一定是有理函数, 从而 R 可以表示为

$$R(z) = \frac{P(z)}{Q(z)},$$

其中 P 和 Q 是两个没有公共因子的多项式. 记 $\deg P$ 为多项式 P 的次数, 定义

$$\deg R = \max(\deg P, \quad \deg Q),$$

称为有理函数 R 的度, 它等于方程 $R(z) = a \in \hat{\mathbb{C}}$ 的根的个数 (重根计重数). 我们总是假设 $\deg R \geqslant 2$.

记 $R^{(n)} = \overbrace{R \circ R \circ \cdots \circ R}^{n\uparrow}$, 复动力系统的基本研究对象是迭代序列 $\{R^{(n)}\}_{n=0}^{\infty}$, 研究内容主要包括轨道

$$\{z_0, \ R^{(1)}(z_0), \ R^{(2)}(z_0), \ \cdots\}, \quad z_0 \in \hat{\mathbb{C}}$$

的渐近性质和稳定性, 以及映射 f 的稳定性等. 复动力系统的研究开始于 1920 年前后. 法图 (Fatou) 和茹利亚 (Julia) 受牛顿迭代法以及克莱因群理论的启发, 产生了复解析动力系统的研究思想. 他们把当时新的正规族理论 —— 蒙泰尔 (Montel) 定理运用到动力系统, 证明了一系列基本结果, 为复动力系统理论打下了坚实的基础, 形成了经典的法图–茹利亚理论. 20 世纪 80 年代这一领域又受到了广泛的关注. 许多著名的数学家如米尔诺、苏利文、瑟斯顿、杜阿迪 (A. Douady)、麦克马伦、哈伯德 (J. Hubbard)、约科兹 (J. C. Yoccoz) 等均在这一领域做出了杰出的贡献.

法图集和茹利亚集是有理函数动力系统中最重要的概念, 在引进它们之前先简单介绍蒙泰尔的正规族理论.

定义 5.13 设 $U \subset \hat{\mathbb{C}}$ 是一个区域, $\mathcal{F}$ 是 U 到 $\hat{\mathbb{C}}$ 的解析映射族, 如果 $\mathcal{F}$ 内任一序列都有局部一致收敛的子序列, 则称 $\mathcal{F}$ 是一个正规族 (这里的收敛是在球面度量下).

从正规族的定义中, 我们可以看出正规族的定义是局部的, 设 $\mathcal{F}$ 是 $U \to \hat{\mathbb{C}}$ 的解析映射族, 称 $\mathcal{F}$ 在一点 $z \in U$ 是正规的, 如果存在 z 的一个邻域 N, $\mathcal{F}$ 是 N 上的正规族. 显然, 若 $\mathcal{F}$ 在 U 内每一点是正规的, 那么 $\mathcal{F}$ 是 U 上的正规族.

现在我们可以定义有理函数 R 的法图集和茹利亚集.

定义 5.14 如果 $\{R^{(n)}\}$ 在 $z_0 \in \widehat{\mathbb{C}}$ 是正规的, 则称 z_0 是 R 的正规点. R 的正规点集被称为 R 的法图集, 记为 $F(R)$; $F(R)$ 的余集称为 R 的茹利亚集, 记为 $J(R)$.

由定义显然可见 $F(R)$ 是开集, $J(R)$ 是闭集. $F(R)$ 的连通分支称为法图分支或法图域, $J(R)$ 的连通分支称为是茹利亚分支. 下面是法图集和茹利亚集的一些基本性质:

(1) 法图集 $F(R)$ 和茹利亚集 $J(R)$ 是完全不变的, 即

$$R(F(R)) = F(R) = R^{(-1)}(F(R)), \quad R(J(R)) = J(R) = R^{(-1)}(J(R)).$$

(2) $J(R) \neq \varnothing$.

(3) 对于任何 $n \geqslant 0$, $J(R^{(n)}) = J(R)$, $F(R^{(n)}) = F(R)$.

(4) 如果 $\mathrm{int} J(R) \neq \varnothing$, 则 $J(R) = \widehat{\mathbb{C}}$.

(5) $J(R)$ 没有孤立点.

(6) 对任意一个法图分支 U, 则 $R(U)$ 和 $R^{(-1)}(U)$ 的每个连通分支都是法图分支, 并且 $R: U \to R(U)$ 是解析的分歧覆盖.

设 U_0 是任意一个法图分支, 则对应有一个法图分支序列

$$U_0 \xrightarrow{R} U_1 \xrightarrow{R} \cdots \xrightarrow{R} U_n \xrightarrow{R} U_{n+1} \xrightarrow{R} \cdots,$$

其中 $U_k = R^{(k)}(U_0)$, $k = 1, 2, \cdots$. 如果 $\forall m \neq n$, $U_m \cap U_n = \varnothing$, 则称 U_0 是游荡的; 否则称 U_0 是最终周期的, 即存在 $k \geqslant 0$ 使得 $R^{(k)}(U_0)$ 是周期的. 对于一个周期法图域 U 满足 $R^{(p)}(U) = U$ 的最小正整数称为 U 的周期.

对于有理函数 R, 是否每一个法图分支一定是最终周期的? 这个问题称为法图–茹利亚问题. 自 1920 年前后法图和茹利亚的文章发表以后这个问题一直未获解决. 1985 年通过对有理函数作拟共形形变, 苏利文 (D. Sullivan) 利用泰希米勒空间理论成功证明了以下**最终周期性定理**, 进一步, 结合法图和茹利亚的工作, 他得到了周期法图域的完全分类.

定理 5.15 (苏利文) 有理函数 R 的每个法图域都是最终周期的, 并且任意一个周期为 p 的法图域 U (即 $R^{(p)}(U) = U$) 只能是下面四种类型之一:

(1) 吸性域: U 中包含一个吸性周期点 w, 且对于所有的 $z \in U$, 当 $k \to \infty$ 时有 $R^{(kp)}(z) \to w$.

(2) 抛物域: ∂U 包含一个有理中性周期点 w, 且对于所有的 $z \in U$, 当 $k \to \infty$ 时, $R^{(kp)}(z) \to w$.

(3) 西格尔盘: 存在一个共形映射 $\phi: U \to \mathbb{D}$ 使得在 $\mathbb{D}$ 上,

$$\phi \circ R^{(p)} \circ \phi^{-1}(z) = e^{2\pi i\theta} \cdot z,$$

其中 θ 是无理数.

(4) 赫尔曼环: 存在一个共形映射 $\phi: U \to \{z \in \mathbb{C} \mid 1 < |z| < r\}$ 使得在 $\{z \in \mathbb{C} \mid 1 < |z| < r\}$ 上

$$\phi \circ R^{(p)} \circ \phi^{-1}(z) = e^{2\pi i \theta} \cdot z,$$

其中 θ 是无理数.

苏利文的这项工作使复动力系统理论获得了蓬勃发展, 复动力系统也由 "名词" 变成了 "动词".

泰希米勒空间在现代复动力系统中还有其他应用, 例如, 瑟斯顿利用泰希米勒理论刻画了临界有限球面分歧覆盖的组合结构.

假定 $f: \hat{\mathbb{C}} \to \hat{\mathbb{C}}$ 是分歧覆盖映射, $\deg f > 1$, 定义它的临界点集

$$C_f = \{x \in \hat{\mathbb{C}} : \deg_x f > 1\},$$

后临界集

$$P_f = \overline{\bigcup_{c \in C_f,\, n>0} f^{(n)}(c)}.$$

如果 $\#P_f < \infty$, 则称映射 f 是临界有限的.

假定 $\Gamma \subset \hat{\mathbb{C}} \backslash P_f$ 是一族简单、互不相交本质闭曲线 (不零伦、互不同伦、不同伦于边界分支), 而且 f 不变的 (即 $f^{-1}(\gamma)$ 中每个分支总是同伦于 γ 中一条曲线), 则我们可以定义一个转移矩阵 $M_\Gamma = (a_{\gamma\beta})$ 如下:

$$a_{\gamma\beta} = \sum_\alpha \frac{1}{\deg(f|_\alpha : \alpha \to \beta)},$$

其中 α 遍历所有同伦于 γ 的 $f^{-1}(\beta)$ 分支. 记 λ_Γ 为矩阵 M_Γ 的最大特征值. 对一族 f 不变的曲线 Γ, 如果有 $\lambda_\Gamma \geqslant 1$, 则称 Γ 为一个瑟斯顿障碍.

对于任意两个给定的临界有限分歧覆盖映射 $f, g: \hat{\mathbb{C}} \to \hat{\mathbb{C}}$, 如果存在同胚映射

$$\varphi_1,\ \varphi_2:\ (\hat{\mathbb{C}}, P_f) \to (\hat{\mathbb{C}}, P_g),$$

满足下面的交换图表

$$\begin{array}{ccc}
(\hat{\mathbb{C}}, P_f) & \xrightarrow{f} & (\hat{\mathbb{C}}, P_f) \\
\downarrow{\varphi_1} & & \downarrow{\varphi_2} \\
(\hat{\mathbb{C}}, P_g) & \xrightarrow{g} & (\hat{\mathbb{C}}, P_g)
\end{array}$$

并且 $\varphi_1 \overset{\text{同伦}}{\simeq} \varphi_2 \operatorname{rel} P_f$, 则称 f, g 组合等价.

定理 5.16 (瑟斯顿)   假定 $f : \hat{\mathbb{C}} \to \hat{\mathbb{C}}$ 是临界有限的分歧覆盖映射, 相应的轨形 $\mathcal{O}_f \neq (2, 2, 2, 2)$, 则 f 组合等价于一个有理函数 R 当且仅当 f 没有瑟斯顿障碍, 而且 R 在相差一个全纯共轭的意义下是唯一的.

对于这个定理, 瑟斯顿自己的证明根本没有出现, 后来杜阿迪和哈伯德利用泰希米勒空间的迭代给出了这个定理的严格证明, 用瑟斯顿自己的话说: "The proofs I had planned to write had a more geometric flavor."

在此基础上崔贵珍–谭蕾、蒋云平–张高飞、皮尔格林 (K. Pilgrim)、塞尔丁格 (N. Selinger) 等进一步刻画了临界点有有限个聚点 (几何有限) 的球面分歧覆盖的组合结构.

2.5.5   泰希米勒空间的其他应用

威腾 (E. Witten) 在弦理论的研究中发现二维拓扑量子引力可由矩阵模型或曲线模空间的积分理论给出, 而前者可以导出 KdV 可积系统. 因此威腾大胆预测曲线模空间的相交数可以组合成一个形式生成函数, 而这个生成函数正是 KdV 方程的解, 从而通过它们可以计算所有 ψ 类的相交数.

1992 年孔采维奇 (M. Kontsevich) 通过引入矩阵积分模型, 利用詹金斯–斯特雷贝尔 (Jenkins-Strebel) 二次微分并结合强有力的组合技巧给出了这个猜想的数学证明. 由于这项工作, 孔采维奇于 1998 年获得菲尔兹奖. 通过其他很多数学家和物理学家的努力, 目前威腾猜想已有几个不同的证明, 例如, 刘克峰和合作者证明了瓦法 (Marino Vafa) 猜想. 作为推论可以推出威腾猜想. 另外奥昆科夫–潘特里潘迪 (A. Okounkov-R. Pandharipande) 也给了一个证明.

菲尔兹奖得主、杰出的女数学家米尔扎哈尼 (M. Mirzakhani) 利用泰希米勒理论给出威腾猜想一个新证明.

2.6   总   结

泰希米勒空间理论作为现代函数论的一个重要分支, 在其他学科分支中也显示出越来越重要的作用, 而且中国数学家在这些分支上作出了很多贡献, 由于篇幅所限, 这里就不一一介绍了.

致谢   本文是根据作者于 2016 年 4 月 6 日在中国科学院数学与系统科学研究院所作的 "数学所讲座" 整理扩充而成的, 十分感谢席南华院士和张晓研究员邀请作者作这个报告, 他们对本文提出了很多宝贵的建议. 在整理文本时, 作者还要感谢周向宇院士、刘克峰教授、王跃飞研究员、崔贵珍研究员、刘立新教授、倪忆教授、彭文娟副研究员等的大力帮助, 他们详细阅读了文稿, 提出了很多宝贵的意见；同时也要感谢 K. Stephenson 教授提供了图 3 和图 6, 顾险峰教授提供了图 4. 最后要特别感谢北京大学李忠教授, 作为导师是他引导作者走上研究泰希米勒空间的道路.

本文中有几个插图是通过百度或者谷歌下载的, 使作者节省了很多查找资料的宝贵时间.

3 高维仿射李代数

—— 从单位圆谈起

郜 云

仿射卡茨–穆迪 (Kac-Moody) 李代数是从单位圆到有限单李代数的多项式函数的中心扩张. 将单位圆换成环面, 就得到环面李代数. 高维仿射李代数正是环面李代数的更一般的推广, 它是由数学物理学家最先提出来的. 这类李代数的根系恰好是斋藤恭司 (Kyoji Saito) 在研究奇异理论时引进的高维仿射根系. 高维仿射李代数还与代数几何学家斯洛多维 (Slodowy) 的相交矩阵李代数及伯曼–穆迪 (Berman-Moody) 和本卡尔特–泽曼诺夫 (Benkart-Zelmanov) 等学者研究的根系分次李代数有紧密的联系, 其中 A 型高维仿射李代数有丰富的结构理论, 比如, 它容许量子环面、凯莱环面和若尔当 (Jordan) 环面作为坐标代数. A 型高维仿射李代数的分类还涉及量子环面的孔涅 (Connes) 循环同调群. 坐标代数是量子环面的 A 型高维仿射李代数被金茨伯格–卡普拉诺夫–瓦塞洛特 (Ginzburg-Kapranov-Vasserot) 在研究代数曲面的朗兰兹互反律 (Langlands reciprocity) 时进行了量子化. 这些代数的表示如顶点算子、酉表示及源于可解格模型 (Solvable lattice model) 的表示等已被许多学者研究.

3.1 背 景 介 绍

根系是欧氏空间中满足一些特定几何性质的一组向量, 它在有限维复单李代数的分类和表示理论中起到关键作用, 有限不可约根系的公理化定义见布尔巴基的著作[15].

高维仿射根系是有限不可约根系的自然推广, 定义如下.

定义 1.1 设 $\mathcal{V}$ 是实数域上的一个有限维线性空间, $(\cdot, \cdot)$ 是 $\mathcal{V}$ 上的一个半正定对称双线性型以及 $\mathcal{V}$ 的一个子集 R. 令

$$R^{\times} = \{\alpha \in R \,|\, (\alpha, \alpha) \neq 0\}, \quad R^0 = \{\alpha \in R \,|\, (\alpha, \alpha) = 0\}.$$

如果 R 满足如下公理, 则 R 称为 $\mathcal{V}$ 上的一个高维仿射根系:

(R1) $0 \in R$.

(R2) $-R = R$.

(R3) R 可以张成 $\mathcal{V}$.

(R4) 如果 $\alpha \in R^\times$, 则有 $2\alpha \notin R^\times$.

(R5) R 在 $\mathcal{V}$ 中是离散的.

(R6) 如果 $\alpha \in R^\times, \beta \in R$, 则存在非负整数 $d, u \in \mathbb{Z}_{\geqslant 0}$ 使得

$$\{\beta + n\alpha \,|\, n \in \mathbb{Z}\} \cap R = \{\beta - d\alpha, \cdots, \beta + u\alpha\},$$

并且 $d - u = \dfrac{2(\beta, \alpha)}{(\alpha, \alpha)}$.

(R7) 如果 $R^\times$ 有无交并分解 $R^\times = R_1 \uplus R_2$ 并且 $(R_1, R_2) = 0$, 则有 $R_1 = \varnothing$ 或者 $R_2 = \varnothing$.

(R8) 对任意 $\sigma \in R^0$, 存在 $\alpha \in R^\times$ 使得 $\alpha + \sigma \in R$.

除了有限不可约根系, 仿射卡茨–穆迪李代数的根系也是一类高维仿射根系. 更一般地, 环形李代数 (Toroidal Lie algebra)[10,21-23] 的根系也是高维仿射根系.

1990 年, 物理学家拉法尔·赫尔–克罗恩 (Raphaël Høegh-Krohn) 和布鲁诺·多热萨尼 (Bruno Torrésani) 在文献 [36] 中用公理化体系引入了复数域上与量子规范场理论有关的一类李代数. 这类李代数粗略地讲是由一个非退化不变对称双线性型、一个有限维的卡当 (Cartan) 子代数、一个离散的不可约根系以及非迷向根对应的 ad-幂零根空间所刻画的, 称为拟单李代数 (Quasisimple Lie algebra). 数学家卡茨猜测, 这类李代数的根系对应的对称双线性型在所有根张成的实线性空间上应该是半正定的, 称该双线性型根的维数为根系的零度. 复数域上的有限维单李代数、仿射卡茨–穆迪李代数以及环形李代数都是拟单李代数.

为了完善拟单李代数的数学理论基础, 1997 年, 布鲁斯·艾莉森 (Bruce Allison)、萨伊德·阿扎姆 (Saeid Azam)、斯蒂芬·伯曼 (Stephen Berman)、郜云以及阿图罗·皮安佐拉 (Arturo Pianzola) 在文献 [1] 中用半格和有限维李代数的根系给出了这类李代数根系的完整刻画. 由于 1985 年数学家斋藤恭司在文献 [43] 中研究代数几何的奇点性质的时候已经研究了类似的根系, 并称之为高维仿射根系. 并且在文献 [1] 中, 作者证明了卡茨猜想, 从而拟单李代数的根系即为高维仿射根系, 因此艾莉森等称这类李代数为高维仿射李代数.

在文献 [36] 中, 赫尔–克罗恩和多热萨尼把仿射卡茨–穆迪李代数的坐标代数换成多变量的环面, 从而得到了一些高维仿射李代数的例子, 艾莉森等发现除洛朗多项式和量子环面外更多的可以作为高维仿射李代数坐标代数的例子, 例如, 一些特殊的交错代数以及若尔当代数等. 同时, 对于高维仿射李代数的表示理论也有了很多工作, 例如, 埃斯瓦拉·拉奥 (Eswara Rao)、穆迪和竹冈 (Yokonuma) 等

把仿射卡茨–穆迪李代数在福克 (Fock) 空间上的顶点算子表示方法推广到环形李代数的情形, 从而得到了一大类的环形李代数的顶点算子表示 [21, 22, 50]; 郜等则构造了以量子环面为坐标代数的高维仿射李代数的顶点表示 [29,30], 谭绍滨[45] 则构造了以若尔当环面为坐标代数的高维仿射李代数的顶点表示. 近几年, 埃斯瓦拉·拉奥和孟道骥、姜翠波等对环形李代数的可积模进行了分类 [17, 19, 20, 38], 对于以量子环面为坐标代数的高维仿射李代数埃斯瓦拉·拉奥[18] 也得到了类似结果. 近年来, 胡乃红、姜翠波、孟道骥、彭联刚、苏育才、谭绍滨、赵开明等李理论专家在环形李代数和高维仿射李代数的结构和表示等方面做了大量研究工作 [24,25,27,28,35,37,39−41,46,49].

3.2　高维仿射李代数的定义及性质

这一节我们给出高维仿射李代数的定义, 并介绍一些简单的性质.

3.2.1　高维仿射李代数的定义和性质

令 $\mathcal{L}$ 为复数域上的李代数, 并且 $\mathcal{L}$ 满足:

(EA1) $\mathcal{L}$ 上有一个非退化不变对称双线性型 $(\cdot,\cdot):\mathcal{L}\times\mathcal{L}\to\mathbb{C}$, 其中不变是指

$$([x,y],z)=(x,[y,z]),$$

对所有 $\mathcal{L}$ 中的元素 x,y,z 成立.

(EA2) $\mathcal{L}$ 有一个非平凡有限维交换子代数 $\mathcal{H}$: 满足 $\mathcal{H}$ 等于其在 $\mathcal{L}$ 中的中心化子并且对所有 $h\in\mathcal{H}$ 线性变换 $\mathrm{ad}_{\mathcal{L}}h$ 都是可对角化的. 则 $\mathcal{H}$ 是 $\mathcal{L}$ 的一个卡当子代数.

现在, 李代数 $\mathcal{L}$ 有如下的子空间分解:

$$\mathcal{L}=\bigoplus_{\alpha\in\mathcal{H}^*}\mathcal{L}_\alpha,$$

并且

$$\mathcal{L}_0=\mathcal{H},$$

其中

$$\mathcal{L}_\alpha=\{x\in\mathcal{L}\,|\,[h,x]=\alpha(h)x,\text{ 对所有 }h\in\mathcal{H}\text{ 成立}\}.$$

记

$$R=\{\alpha\in\mathcal{H}^*\,|\,\mathcal{L}_\alpha\neq 0\}.$$

称 R 为李代数 $\mathcal{L}$ 的根系, 对于 $\alpha \in R$, 子空间 $\mathcal{L}_\alpha$ 称为关于根 α 的根空间. 由于卡当子代数 $\mathcal{H}$ 是非平凡的, 我们有 0 是 $\mathcal{L}$ 的一个根, 并且

$$\alpha, \beta \in R, \quad \alpha + \beta \neq 0 \implies (\mathcal{L}_\alpha, \mathcal{L}_\beta) = 0.$$

特别地, 有 $-R = R$ 并且 $(\,\cdot\,,\cdot\,)$ 在 $\mathcal{H}$ 上的限制是非退化的. 从而, 对任意 $\alpha \in \mathcal{H}^*$, 存在唯一的 $\mathcal{H}$ 中元素 $t_\alpha \in \mathcal{H}$ 使得 $\alpha(h) = (t_\alpha, h)$ 对所有 $h \in \mathcal{H}$ 成立, 自然地, 我们可以在 $\mathcal{H}^*$ 上得到双线性型, 仍然记为 $(\,\cdot\,,\cdot\,)$, 该双线性型如下定义:

$$(\alpha, \beta) \triangleq (t_\alpha, t_\beta), \quad \alpha, \beta \in \mathcal{H}^*.$$

定义

$$R^\times = \{\alpha \in R \,|\, (\alpha, \alpha) \neq 0\}, \quad R^0 = \{\alpha \in R \,|\, (\alpha, \alpha) = 0\}.$$

$R^\times$ 中的元素称为非迷向根, 而 R^0 中的元素称为迷向根, 则有

$$R = R^\times \cup R^0.$$

另外定义如下条件:

(EA3) 对于非迷向根 $\alpha \in R^\times$ 以及 $x_\alpha \in \mathcal{L}_\alpha$, 有 $\mathrm{ad}x_\alpha$ 局部幂零的作用在李代数 $\mathcal{L}$ 上.

(EA4) 根系 R 是 $\mathcal{H}^*$ 的一个离散子集.

(EA5) 根系 R 是不可约的, 也就是说

(a) 如果 $R^\times = R_1 \cup R_2$ 并且 $(R_1, R_2) = 0$, 则有 $R_1 = \varnothing$ 或者 $R_2 = \varnothing$.

(b) 对于任意迷向根 $\sigma \in R^0$, 存在非迷向根 $\alpha \in R^\times$ 使得 $\alpha + \sigma$ 仍然是一个根.

现在可以给出高维仿射李代数的具体定义如下.

定义 2.1　复数域上李代数 $\mathcal{L}$ 如果满足 (EA1)—(EA5), 则三元组 $(\mathcal{L}, (\,\cdot\,,\cdot\,), \mathcal{H})$ 称为一个高维仿射李代数. 不引起混淆时, 我们简单称李代数 $\mathcal{L}$ 是一个高维仿射李代数.

注记 2.2　由高维仿射李代数的定义我们知道, 有限维单李代数以及仿射卡茨–穆迪李代数都是高维仿射李代数, 但是不定型的卡茨–穆迪李代数由于不满足 (EA3), 因此不是高维仿射李代数. 有限维的约化李代数 $\mathcal{L}$ 满足 (EA1)—(EA4), 而且 $\mathcal{L}$ 满足 (EA5) 当且仅当 $\mathcal{L}$ 的导代数 $[\mathcal{L}, \mathcal{L}]$ 是单李代数.

下面列举一些高维仿射李代数的简单性质.

命题 2.3　设李代数 $\mathcal{L}$ 满足 (EA1)—(EA3), 并且 $\alpha \in R^\times$ 是一个非迷向根. 则有:

(a) 对任意的根 $\beta \in R$, 有 $\dfrac{2(\beta, \alpha)}{(\alpha, \alpha)} \in \mathbb{Z}$.

(b) 定义 $\omega_\alpha \in \text{End}_{\mathbb{C}}(\mathcal{H}^*)$ 如下:

$$\omega_\alpha(\varphi) \triangleq \varphi - \frac{2(\varphi, \alpha)}{(\alpha, \alpha)}\alpha.$$

则有 $\omega_\alpha(R) = R$. 并且 $(\omega_\alpha(\varphi), \omega_\alpha(\psi)) = (\varphi, \psi)$ 对所有 $\varphi, \psi \in \mathcal{H}^*$ 成立.

(c) 如果 $k \in \mathbb{C}$ 使得 $k\alpha \in R$, 则 $k = 0$ 或者 $k = \pm 1$.

(d) $\dim \mathcal{L}_\alpha = 1$.

(e) 对任意 $\beta \in R$, 存在非负整数 u, d, 若整数 n 使得 $\beta + n\alpha \in R$ 当且仅当 $-d \leqslant n \leqslant u$. 特别地, 有 $d - u = \dfrac{2(\beta, \alpha)}{(\alpha, \alpha)}$.

(f) 对迷向根 $\delta \in R^0$ 满足 $(\alpha, \delta) \neq 0$, 存在无穷多连续整数 n 使得 $\alpha + n\delta \in R$.

3.2.2 双线性型的半正定性与卡茨猜想

这一小节, 我们一直假设 $(\mathcal{L}, (\,\cdot\,, \cdot\,), \mathcal{H})$ 是一个高维仿射李代数. 首先有如下结论.

命题 2.4 令 $\delta \in R^0$, $\alpha \in R$, 则有 $(\alpha, \delta) = 0$. 因此, $(R^0, R) = 0$.

令 $\mathcal{V}$ 是由 R 张成的实线性空间, 则 $\mathcal{L}$ 的双线性型自然诱导了 $\mathcal{V}$ 上的一个实对称双线性型.

引理 2.5 对任意非迷向根 $\alpha, \beta \in R^\times$, 有

(a) $(\beta, \beta) > 0$.

(b) $-4 \leqslant \dfrac{2(\beta, \alpha)}{(\alpha, \alpha)} \leqslant 4$.

在此基础上, 文献 [1] 给出了卡茨猜想的证明.

定理 2.6 (卡茨猜想) 双线性型 $(\,\cdot\,, \cdot\,)$ 在实线性空间 $\mathcal{V}$ 上是半正定的.

记 $\mathcal{V}^0$ 为双线性型 $(\,\cdot\,, \cdot\,)$ 在空间 $\mathcal{V}$ 上的根基, 即

$$\mathcal{V}^0 = \{x \in \mathcal{V} \mid (x, y) = 0, \text{对任意 } y \in \mathcal{V} \text{ 成立}\}.$$

令 $\bar{\mathcal{V}} = \mathcal{V}/\mathcal{V}^0$ 以及正则映射 $\bar{} : \mathcal{V} \to \bar{\mathcal{V}}$. 则 $\mathcal{V}$ 上的双线性型诱导了 $\bar{\mathcal{V}}$ 上唯一的非退化对称双线性型 $(\,\cdot\,, \cdot\,)$ 使得

$$(\bar{\alpha}, \bar{\beta}) = (\alpha, \beta), \quad \forall \alpha, \beta \in \mathcal{V}.$$

记 $\bar{R} = \{\bar{\alpha} \mid \alpha \in R\}$, 则有

$$\bar{R} \setminus \{\bar{0}\} = \{\bar{\alpha} \mid \alpha \in R^\times\}.$$

引理 2.7 $\bar{R}$ 是有限集合并且 $\bar{R} \setminus \{\bar{0}\}$ 是不可约的.

命题 2.8 $\bar{R}$ 是 $\bar{\mathcal{V}}$ 中的一个有限根系.

由上述引理、命题以及卡茨猜想立即有如下定理.

定理 2.9 设 $\mathcal{L}$ 是一个高维仿射李代数, R 是 $\mathcal{L}$ 对应的根系. 则 R 是 $\mathcal{V}$ 上的一个高维仿射根系.

3.3 高维仿射李代数的分类

3.3.1 半格与高维仿射根系

1. 半格

这一节中, 记 $\mathcal{U}$ 为维数 ν 的有限维实线性空间. $\mathcal{U}$ 作为加法群的子群 Λ 称为 $\mathcal{U}$ 中的一个格, 如果 Λ 是离散的并且可以张成 $\mathcal{U}$.

命题 3.1 设 Λ 为 $\mathcal{U}$ 的一个子集, 则 Λ 为 $\mathcal{U}$ 中的一个格当且仅当 Λ 等于 $\mathcal{U}$ 的一组基的整线性组合, i.e., 存在 $\mathcal{U}$ 的基 $\{\xi_1, \xi_2, \cdots, \xi_\nu\}$ 使得

$$\Lambda = \mathbb{Z}\xi_1 + \mathbb{Z}\xi_2 + \cdots + \mathbb{Z}\xi_\nu.$$

下面给出半格的定义.

定义 3.2 设 S 为空间 $\mathcal{U}$ 的一个子集. S 称为 $\mathcal{U}$ 中的一个半格, 如果 S 满足下面的公理:

(S1) $0 \in S$.

(S2) $-S = S$.

(S3) $S + 2S \subseteq S$.

(S4) S 可以张成 $\mathcal{U}$.

(S5) S 在 $\mathcal{U}$ 中是离散的.

引理 3.3 若 S 是 $\mathcal{U}$ 的一个半格, 则 $S + 2\langle S \rangle \subseteq S$, 其中 $\langle S \rangle$ 为 S 生产的 $\mathcal{U}$ 的加法子群.

命题 3.4 若 S 是 $\mathcal{U}$ 的一个子集. 如果 S 是 $\mathcal{U}$ 的一个半格并且 $\Lambda = \langle S \rangle$, 则 Λ 是 $\mathcal{U}$ 的一个格使得

$$2\Lambda \subseteq S \subseteq \Lambda, \quad 2\Lambda + S \subseteq S.$$

反之, 如果存在 $\mathcal{U}$ 中的格 Λ 满足上述关系, 则 S 是 $\mathcal{U}$ 的一个半格.

推论 3.5 如果 $\nu = 1$, 则 $\mathcal{U}$ 中所有的半格都是格.

推论 3.6 如果 S 是 $\mathcal{U}$ 中的半格, 则 $S + S$ 也是 $\mathcal{U}$ 中的半格.

推论 3.7 如果 S 是 $\mathcal{U}$ 中的半格并且 $\sigma \in S$, 则 $S + \sigma$ 也是 $\mathcal{U}$ 中的半格.

命题 3.8 若 S 是 $\mathcal{U}$ 的一个半格, 则格 $\Lambda = \langle S \rangle$ 有一组由 S 中元素组成的 $\mathbb{Z}$-基.

定义 3.9 　$\mathcal{U}$ 的非空子集 E 成为一个平移 (translated) 半格, 如果 $-E = E$, $E + 2E \subseteq E$, E 可以张成 $\mathcal{U}$ 并且 E 在 $\mathcal{U}$ 中是离散的.

特别地, 半格都是平移半格, 而且一个平移半格是半格当且仅当它包含 0. 关于平移半格我们有下述结果.

命题 3.10 　设 E 为 $\mathcal{U}$ 的一个子集, 则 E 是 $\mathcal{U}$ 中的一个平移半格当且仅当存在 $\mathcal{U}$ 中的一个半格 S 以及 $\mathcal{U}$ 中元素 $\rho \in \mathcal{U}$ 使得

$$S + 2\rho \subseteq S, \quad E = S + 2\rho.$$

2. 高维仿射根系的结构

假设 R 是实线性空间 $\mathcal{V}$ 的一个高维仿射根系. 令

$$\mathcal{V}^0 = \mathrm{rad}(\,\cdot\,,\cdot\,),$$

实线性空间 $\mathcal{V}^0$ 的维数称为根系 R 的零度. 如果 R 是一个高维仿射李代数 $\mathcal{L}$ 的根系, 则根系 R 的零度也称为高维仿射李代数 $\mathcal{L}$ 的零度. 记 $\bar{\mathcal{V}} = \mathcal{V}/\mathcal{V}^0$ 以及正则线性映射 $^-: \mathcal{V} \to \bar{\mathcal{V}}$, 类似地, 可以定义 $\bar{R}$, ω_α 以及 $\omega_{\bar{\alpha}}$. 令 $\mathcal{W} = \mathcal{W}_R$ 以及 $\bar{\mathcal{W}}$ 分别为 $\{\omega_\alpha \,|\, \alpha \in R^\times\}$ 和 $\{\omega_{\bar{\alpha}} \,|\, 0 \neq \bar{\alpha} \in \bar{R}\}$ 生成的群, 则称为根系 R 和 $\bar{R}$ 的 Weyl 群.

定理 3.11[1] 　$\bar{R}$ 是空间 $\bar{\mathcal{V}}$ 的一个有限不可约根系 (可能是非约化根系).

注记 3.12 　由有限不可约根系的分类[15] 我们知道, 根系 $\bar{R}$ 的型是下列情况之一:

$$A_l \ (l \geqslant 1), \quad B_l \ (l \geqslant 2), \quad C_l \ (l \geqslant 3), \quad D_l \ (l \geqslant 4), \quad E_6,$$

$$E_7, \quad E_8, \quad F_4, \quad G_2 \quad 或 \quad BC_l \ (l \geqslant 1),$$

其中除 $BC_l \ (l \geqslant 1)$ 以外, 其他根系称为约化根系. 高维仿射根系 R 的型由有限根系 $\bar{R}$ 的型定义. 特别地, 如果 $\bar{R}$ 是单边的, 我们称 R 是单边的; $\bar{R}$ 是约化的根系, 也称 R 是约化型根系. 而高维仿射李代数的型由它相应根系的型所定义.

固定 $\bar{R}$ 的单根 $\bar{\Pi} = \{\bar{\alpha}_1, \cdots, \bar{\alpha}_l\}$, 然后选定 $\bar{\alpha}_i$ 在 R 中的原像 $\dot{\alpha}_i$, 令

$$\dot{\mathcal{V}} = \mathop{\mathrm{span}}_{\mathbb{R}}\{\dot{\alpha}_1, \cdots, \dot{\alpha}_l\}.$$

则有 $\mathcal{V} = \dot{\mathcal{V}} \oplus \mathcal{V}^0$. 记

$$\dot{R} = \{\dot{\alpha} \in \dot{\mathcal{V}} \,|\, 存在 \ \sigma \in \mathcal{V}^0 \ 使得 \ \dot{\alpha} + \sigma \in R\}.$$

从而 $\dot{R}$ 是 $\bar{R}$ 在 $\mathcal{V}$ 中的提升. 引入如下记号:

$$\dot{R}^\times = \{\dot{\alpha} \in \dot{R} \,|\, \dot{\alpha} \neq 0\},$$

以及

$$S_{\dot\alpha} = \{\sigma \in \mathcal{V}^0 \mid \dot\alpha + \sigma \in R\},$$

其中 $\dot\alpha \in \dot R^\times$. 则有

$$R = R^0 \cup \Big(\bigcup_{\dot\alpha \in \dot R^\times} (\dot\alpha + S_{\dot\alpha}) \Big).$$

根据根的长度可以把 $\dot R^\times$ 分解: $\dot R^\times$ 最小长度的根称为短根; 如果根是某个短根的 2 倍, 则称为超长根; 既不是短根又不是超长根的根, 称之为长根, 分别记为 $\dot R_{sh}$, $\dot R_{ex}$ 和 $\dot R_{lg}$. 因此

$$\dot R^\times = \dot R_{sh} \uplus \dot R_{ex} \uplus \dot R_{lg}.$$

根据根的长度, 可以重新标记 $S_{\dot\alpha}$ 如下:

$$S_{\dot\alpha} = \begin{cases} S, & \dot\alpha \in \dot R_{sh}, \\ L, & \dot\alpha \in \dot R_{lg} \neq \varnothing, \\ E, & \dot\alpha \in \dot R_{ex} \neq \varnothing. \end{cases}$$

此时, 有

$$R = R^0 \cup \Big(\bigcup_{\dot\alpha \in \dot R_{sh}} (\dot\alpha + S) \Big) \cup \Big(\bigcup_{\dot\alpha \in \dot R_{lg}} (\dot\alpha + L) \Big) \cup \Big(\bigcup_{\dot\alpha \in \dot R_{ex}} (\dot\alpha + E) \Big).$$

命题 3.13 (a) S 是 $\mathcal{V}^0$ 中的半格. 而且, 如果 R 的型是 A_l $(l \geqslant 2)$, C_l $(l \geqslant 3)$, D_l $(l \geqslant 4)$, E_6, E_7, E_8, F_4, G_2 之一, 则 S 是 $\mathcal{V}^0$ 中的格.

(b) 若 $\dot R_{lg} \neq \varnothing$, 则 l 是 $\mathcal{V}^0$ 中的一个半格. 而且, 若 R 的型是 B_l $(l \geqslant 3)$, F_4, G_2, BC_l $(l \geqslant 3)$ 之一, 则 l 是 $\mathcal{V}^0$ 中的格.

(c) 类似地, 若 $\dot R_{ex} \neq \varnothing$, 则 E 是 $\mathcal{V}^0$ 中的一个平移半格使得 $E \cap 2S = \varnothing$.

下面给出通过有限不可约根系以及至多 3 个半格或者平移半格构造高维仿射根系的过程.

构造 3.14 设 $\dot R$ 是有限维实线性空间 $\dot{\mathcal{V}}$ 中 X 型的有限不可约根系, $(\cdot, \cdot)$ 是 $\dot{\mathcal{V}}$ 上正定对称双线性型. 将 $\dot R$ 中非零元素集合 $\dot R^\times$ 根据长度进行无交并分解 $\dot R^\times = \dot R_{sh} \uplus \dot R_{ex} \uplus \dot R_{lg}$. 设 $\mathcal{V}^0$ 是一个有限维实线性空间, 令 $\mathcal{V} = \dot{\mathcal{V}} \oplus \mathcal{V}^0$, 并且将双线性型 $(\cdot, \cdot)$ 扩展到 $\mathcal{V}$ 上使得 $(\mathcal{V}, \mathcal{V}^0) = 0$.

(a) (单边情形的构造) 若 X 是单边的, 也就是 $X = A_l$ $(l \geqslant 1)$, D_l $(l \geqslant 4)$, E_6, E_7 或者 E_8. 设 S 是 $\mathcal{V}^0$ 中的一个半格. 而且, 若 $X \neq A_1$, 要求 S 是 $\mathcal{V}^0$ 中的格. 定义

$$R = R(X, S) \triangleq (S + S) \cup \Big(\bigcup_{\dot\alpha \in \dot R^\times} (\dot\alpha + S) \Big).$$

(b) (约化根系非单边情形的构造) 若 X 是约化的并且是非单边的, 也就是 $X = B_l\ (l \geqslant 2),\ C_l\ (l \geqslant 3),\ F_4$ 或者 G_2. 设 S 和 L 是 $\mathcal{V}^0$ 中的一个半格, 使得

$$L + kS \subseteq L, \quad S + L \subseteq S,$$

其中, 若 $X = G_2$ 则 $k = 3$; 否则 $k = 2$. 另外, 若 $X = B_l\ (l \geqslant 3)$, 则设 L 是一个格; 若 $X = C_l\ (l \geqslant 3)$, 则设 S 是一个格; 而若 $X = F_4$ 或者 G_2, 则设 L 和 S 都是格. 定义

$$R = R(X, S, L) \triangleq (S + S) \cup \Big(\bigcup_{\dot\alpha \in \dot R_{sh}} (\dot\alpha + S) \Big) \cup \Big(\bigcup_{\dot\alpha \in \dot R_{lg}} (\dot\alpha + L) \Big).$$

(c) ($BC_l\ (l \geqslant 2)$ 型的构造) 若 $X = BC_l\ (l \geqslant 2)$. 设 S 和 L 是 $\mathcal{V}^0$ 中的半格, 而 E 是 $\mathcal{V}^0$ 中的平移半格使得 $E \cap 2S = \varnothing$,

$$L + 2S \subseteq L, \quad S + L \subseteq S, \quad E + 2L \subseteq E, \quad L + E \subseteq L.$$

并且, 若 $l \geqslant 3$, 设 L 是一个格. 令

$$R = R(BC_l, S, L, E) \triangleq (S+S) \cup \Big(\bigcup_{\dot\alpha \in \dot R_{sh}} (\dot\alpha + S) \Big) \cup \Big(\bigcup_{\dot\alpha \in \dot R_{lg}} (\dot\alpha + L) \Big) \cup \Big(\bigcup_{\dot\alpha \in \dot R_{ex}} (\dot\alpha + E) \Big).$$

(d) (BC_1 型的构造) 若 $X = BC_1$. 设 S 是 $\mathcal{V}^0$ 中的半格, 而 E 是 $\mathcal{V}^0$ 中的平移半格使得 $E \cap 2S = \varnothing$,

$$E + 4S \subseteq E, \quad S + E \subseteq S.$$

令

$$R = R(BC_l, S, E) \triangleq (S + S) \cup \Big(\bigcup_{\dot\alpha \in \dot R_{sh}} (\dot\alpha + S) \Big) \cup \Big(\bigcup_{\dot\alpha \in \dot R_{ex}} (\dot\alpha + E) \Big).$$

关于高维仿射根系, 有如下定理.

定理 3.15 由一个 X 型有限不可约根系 $\dot R$ 以及至多三个半格或者平移半格, 通过上述构造可以得到一个 X 型的高维仿射根系. 反之, 任何一个 X 型的高维仿射根系都同构于一个由上述 X 型构造得到的根系.

实线性空间的同构 $\varphi : \mathcal{V} \to \mathcal{V}'$ 称为高维仿射根系 R 到 R' 的同构, 如果 $\varphi(R) = R'$ 并且存在 $\lambda \in \mathbb{R}$ 使得 $(\varphi(\alpha), \varphi(\beta)) = \lambda(\alpha, \beta)$, 对任意 $\alpha, \beta \in \mathcal{V}$ 成立.

注记 3.16 在文献 [1] 中, 作者对构造 3.14 中得到的高维仿射根系之间的同构进行了详细的讨论. 最后通过结构定理和同构, 对可能出现的半格以及平移半格进行了研究, 从而得到了高维仿射根系的完整分类, 具体细节参见文献 [1] 第二章第三节和第四节.

3.3.2 根系分次李代数与高维仿射李代数

设 $\mathcal{L}$ 是一个高维仿射李代数, 对应的高维仿射根系为 R. $\mathcal{L}$ 的核 $\mathcal{L}_c$ 是由非迷向根空间生成的 $\mathcal{L}$ 的子代数, 也就是

$$\mathcal{L}_c = \langle \mathcal{L}_\alpha \,|\, \alpha \in R^\times \rangle.$$

显然 $\mathcal{L}_c$ 是 $\mathcal{L}$ 的一个理想, 记 $\mathcal{K} = \mathcal{L}_c / \mathcal{Z}(\mathcal{L}_c)$. 如果 $\mathcal{L}$ 是零度为 1 无扭仿射卡茨–穆迪李代数, 则 $\mathcal{L}_c = [\mathcal{L}, \mathcal{L}]$, $\mathcal{L}_c$ 的中心 $\mathcal{Z}(\mathcal{L}_c)$ 是 1 维的而 $\mathcal{K}$ 是对应的圈代数 (loop algebra).

定义 3.17 如果高维仿射李代数 $\mathcal{L}$ 的核 $\mathcal{L}_c$ 在 $\mathcal{L}$ 中的中心化子 $\mathcal{C}_\mathcal{L}(\mathcal{L}_c)$ 等于 $\mathcal{L}_c$ 的中心 $\mathcal{Z}(\mathcal{L}_c)$, 则称高维仿射李代数 $\mathcal{L}$ 为温顺的. 否则称为野的.

分类高维仿射李代数, 我们可以通过先决定根系 R 和核 $\mathcal{L}_c$ 的结构, 从而得到商代数 $\mathcal{K}$ 所有可能的情况; 然后从一个给定 $\mathcal{K}$ 通过中心扩张并加入一些导子得到所有可能的温顺高维仿射李代数. 这样就可以得到温顺高维仿射李代数的完整分类了. 由上一小节讨论可知, $\mathcal{L}$ 的核 $\mathcal{L}_c$ 是一个 $\dot{R}$-根系分次李代数, 这一小节我们用根系分次李代数理论来研究 $\mathcal{L}_c$ 的结构.

1. 单边

首先看单边的情况.

定理 3.18 设 $\mathcal{L}$ 是一个零度为 ν 的高维仿射李代数, 对应的高维仿射根系为 R, 并且 $\dot{R}$ 是一个单边的有限不可约根系.

(i) 若 $\dot{R} = D_l\ (l \geqslant 4)$, E_6, E_7 或者 E_8, 设 $\mathfrak{g}$ 是有限维 $\dot{R}$ 型单李代数, 则 $\mathcal{L}$ 的核 $\mathcal{L}_c$ 与李代数 $\mathfrak{g} \otimes S_\nu$ 中心同源, 其中 S_ν 是 ν 个变量的洛朗多项式环.

(ii) 若 $\dot{R} = A_l\ (l \geqslant 3)$, 则存在 ν 个变量的量子环面 $\mathbb{C}_q$ 使得 $\mathcal{L}$ 的核 $\mathcal{L}_c$ 与李代数 $\mathfrak{sl}_{l+1}(\mathbb{C}_q)$ 中心同源.

(iii) 若 $\dot{R} = A_2$, 则存在 ν 个变量的量子环面 $A = \mathbb{C}_q$ 或者 $\nu\ (\geqslant 3)$ 个变量的凯莱环面 $A = \mathbb{O}_t$ 使得 $\mathcal{L}$ 的核 $\mathcal{L}_c$ 与李代数 $\mathfrak{psl}_3(A)$ 中心同源.

(iv) 若 $\dot{R} = A_1$, 则存在 ν 个变量的若尔当环面 J 使得 $\mathcal{L}$ 的核 $\mathcal{L}_c$ 与梯次–坎特–科切 (Tits-Kantor-Koecher) 构造 $\mathcal{K}(J)$ 中心同源.

注记 3.19 上述定理中 (i) 和 (ii) 在文献 [11] 中给出, 并且完整讨论分类的第二步, 即从 $\mathfrak{g} \otimes S_\nu$ 或者 $\mathfrak{sl}_{l+1}(\mathbb{C}_q)$ 出发得到高维仿射李代数 $\mathcal{L}$; (iii) 在文献 [12] 中给出, 同时作者给出了 A_2 型温顺高维仿射李代数的完整分类, 以及 $\mathbb{Z}^\nu$ 分次交错环面的分类; (iv) 来自吉井洋次 (Yoji Yoshii) 的博士学位论文[51] 或文献 [52], 吉井对若尔当环面进行了完全分类, 主要分为五大类三种型: 埃尔米特 (Hermite) 环面、克利福德 (Clifford) 环面以及阿尔伯特 (Albert) 环面.

2. 约化非单边

若 $(\mathcal{A}, ^-)$ 是一个含对合的代数, 令

$$H_l(\mathcal{A}, ^-) \triangleq \{A \in M_l(\mathcal{A}) \mid \bar{A}^t = A\},$$

则 $H_l(\mathcal{A}, ^-)$ 是一个若尔当代数.

对于 C_l 型高维仿射李代数有如下结论.

定理 3.20 [5]   设 $\mathcal{L}$ 是一个零度为 ν 的 C_l $(l \geqslant 2)$ 型高维仿射李代数, 则存在如下的若尔当代数 J 使得 $\mathcal{L}$ 的核 $\mathcal{L}_c$ 与梯次–坎特–科切构造 $K(J)$ 中心同源:

(i) $J = H_l(\mathbb{C}_q, ^-)$, 其中 $\mathbb{C}_q$ 是 ν 个变量的量子环面, 并且 $q_{ij} = \pm 1$ $(1 \leqslant i \neq j \leqslant \nu)$, 对合又 $e_i = \pm 1$ 确定, 也就是 $\bar{t}_i = e_i t_i$. 另外, 当 $l = 2$ 时, 我们要求 $e_i = 1$ 对所有 $1 \leqslant i \leqslant \nu$ 成立.

(ii) 当 $l = 3$, $\nu \geqslant 3$ 时, J 也可以是 $H_3(\mathcal{A}, ^-)$, 其中 $(\mathcal{A}, ^-)$ 是凯莱环面取标准的对合.

(iii) 当 $l = 2$, J 还可以是关于双线性型 h 的约化的克利福德–若尔当代数 $\mathrm{RedCliff}(h)$, 具体定义参见文献 [5].

注记 3.21   上述定理中 (i) 和 (iii) 对应的高维仿射李代数的例子在文献 [1] 中已经给出; 对于 (ii), 也可以仿照文献 [1] 的构造得到相应的例子.

现在来看 B_l $(l \geqslant 3)$, F_4 和 G_2 的情况, 对于 F_4 (或 G_2) 的情况 S/L 同构于 p 个 $\mathbb{Z}/2\mathbb{Z}$(或 $\mathbb{Z}/3\mathbb{Z}$) 的直和, 称 p 为 $\mathcal{L}$ 的扭数.

定理 3.22   设 $\mathcal{L}$ 是一个零度为 ν 的高维仿射李代数, 对应的高维仿射根系为 R, 并且 $\dot{R}$ 是 B_l $(l \geqslant 3)$, F_4 或 G_2 型有限不可约根系.

(i) 若 $\dot{R} = B_l$ $(l \geqslant 3)$, 则 $\mathcal{L}$ 的核 $\mathcal{L}_c$ 与 Tits 构造 $T(\mathrm{Cliff}(f)/\mathbb{C}, \mathrm{Cliff}(g)/S_\nu)$ 中心同源, 其中 $\mathrm{Cliff}(f)$ 和 $\mathrm{Cliff}(g)$ 分别是关于双线性型 f 和 g 的克利福德–若尔当代数, f 和 g 的具体定义见文献 [5] 第五节.

(ii) 若 $\dot{R} = F_4$, 扭数为 p, 则 $p \leqslant 3$, 并且 $\mathcal{L}$ 的核 $\mathcal{L}_c$ 与 Tits 构造 $T(\mathbb{J}/\mathbb{C}, \mathcal{C}/S_\nu)$ 中心同源, 其中 $\mathbb{J}$ 是阿尔伯特代数而

$$\mathcal{C} = \begin{cases} S_\nu, & p = 0, \\ \mathcal{A}(S_\nu, t_1), & p = 1, \\ \mathcal{A}(S_\nu, t_1, t_2), & p = 2, \\ \mathcal{A}(S_\nu, t_1, t_2, t_3), & p = 3, \end{cases}$$

上述交错代数具体定义见文献 [12] 第一节或文献 [5] 第二节.

(iii) 若 $\dot{R} = G_2$, 扭数为 p, 则 $p \leqslant 3$, 并且 $\mathcal{L}$ 的核 $\mathcal{L}_c$ 与 Tits 构造 $T(\mathbb{A}/\mathbb{C}, \mathcal{J}/S_\nu)$

中心同源, 其中 A 是凯莱代数而

$$
\mathcal{J} = \begin{cases}
S_\nu, & p = 0, \\
\mathcal{J}(S_\nu, t_1), & p = 1, \\
\mathcal{J}(S_\nu, t_1, t_2), & p = 2, \\
\mathcal{J}(S_\nu, t_1, t_2, t_3), & p = 3,
\end{cases}
$$

上述若尔当代数具体定义见文献 [1] 第三章例子或文献 [5] 第二节.

注记 3.23 梯次构造具体参见文献 [5]. 定理中对应的高维仿射李代数的例子在文献 [1] 中已经给出.

关于 BC_l $(l \geqslant 1)$ 型的讨论比较复杂, 这里就不再赘述, 感兴趣的学者请参阅文献 [2, 4, 6, 26]. 陈洪佳–郜[16] 研究了一类 BC 型高维仿射李代数的费米表示.

3.4 与斋藤工作的关系

1985 年斋藤恭司研究奇点理论时引入了高维仿射根系的概念, 斋藤的高维仿射根系只包含非迷向根, 具体定义如下.

定义 4.1[43] 设 $\mathcal{V}$ 是实数域上的一个有限维线性空间, $(\cdot, \cdot)$ 是 $\mathcal{V}$ 上的一个对称双线性型. $\mathcal{V}$ 的非空子集 R 如果满足如下公理, 则 R 称为 $\mathcal{V}$ 中属于双线性型 $(\cdot, \cdot)$ 的一个根系:

(SR1) R 生成的 $\mathcal{V}$ 的加法子群 $\mathbb{Z}(R)$ 是 $\mathcal{V}$ 中的一个格.

(SR2) $(\alpha, \alpha) \neq 0$ 对所有 $\alpha \in R$ 成立.

(SR3) 对所有的 $\alpha, \beta \in R$, 有 $\beta - \dfrac{2(\beta, \alpha)}{(\alpha, \alpha)} \alpha \in R$.

(SR4) 对所有的 $\alpha, \beta \in R$, $\dfrac{2(\beta, \alpha)}{(\alpha, \alpha)} \in \mathbb{Z}$.

(SR5) R 是不可约的.

如果对任意的 $\alpha \in R$, 使得 $c\alpha \in R$ 当且仅当 $c = \pm 1$, 则称根系 R 是约化的. 如果双线性型是半正定的, 则称 R 是斋藤的高维仿射根系.

注记 4.2 由 3.1 节高维仿射根系的定义可知, 如果 R 是 $\mathcal{V}$ 中的一个高维仿射根系, 则非迷向根的集合 $R^\times$ 是 $\mathcal{V}$ 中斋藤意义下的一个约化高维仿射根系.

反之, 给定 $\mathcal{V}$ 中斋藤意义下的一个约化高维仿射根系 R, 类似于构造 3.14 的方法, 我们可以用 R 以及一些半格和平移半格构造一个 $\mathcal{V}$ 中的高维仿射根系 $\tilde{R}$, 使得 $R = \tilde{R}^\times$. 具体有如下定理.

定理 4.3 任意一个斋藤意义下的约化高维仿射根系都是唯一的某一个高维仿射根系的非迷向根集合; 反之, 任意一个高维仿射根系的非迷向根的集合也是斋藤意义下的一个约化高维仿射根系. 也就是说, 高维仿射根系与斋藤意义下的约化高维仿射根系存在一一对应关系.

注记 4.4 (1) 两个对应根系的型和零度都是一样的.

(2) 尽管斋藤的约化高维仿射根系和约化高维仿射根系存在着某种一一对应关系, 但一些相应性质并不是一一对应的, 例如, 约化性质在取商根系的时候可能是不保持的, 具体参考文献 [7] 的讨论.

3.5 根系分次李代数

除了高维仿射李代数以外, 根系 (包括非约化根系 BC_N) 分次李代数也是一类有着非常重要意义的李代数, 它推广了有限维复半单李代数的三角分解, 在过去的二十几年里一些李代数专家对它们的结构已经进行了成功的研究. 首先, 在 1992 年左右伯曼和穆迪[14] 为了理解斯洛多维提出的广义相交矩阵代数, 对有限约化根系分次李代数的概念给出了严格的定义, 同时他们在模掉中心扩张的基础上给出了 $A_l(l \geqslant 2)$, $D_l(l \geqslant 4)$ 和 E_6, E_7, E_8 这些类型根系分次李代数的分类. 后来本卡尔特和泽曼诺夫[9] 同样在模掉中心扩张的基础上给出了类型为 $A_1, B_l(l \geqslant 2), C_l(l \geqslant 3), F_4$ 和 G_2 的根系分次李代数的分类. 内尔 (Neher)[42] 用若尔当代数的方法对除了 E_8, F_4 和 G_2 三种类型以外其余所有类型的约化根系分次李代数给出了分类. 其实对约化根系分次李代数的研究可以追溯到塞利格曼 (Seligman)[44] 和梯次[47] 的工作.

2000 年, 艾莉森等通过求出具体的万有中心扩张对上述所有类型的根系分次李代数给出了完全分类, 对这些李代数的分类工作在分类高维仿射李代数的时候起到了至关重要的作用[5, 12]. 特别地, 除了 $A_{2l}^{(2)}$ 外所有的仿射卡茨–穆迪李代数都是有限约化根系分次李代数. 为了包含扭仿射卡茨–穆迪李代数 $A_{2l}^{(2)}$ 并且对非约化类型的高维仿射李代数进行分类, 艾莉森等给出了非约化根系 BC_N 分次李代数的概念[4]. BC_N 型根系分次李代数不仅在高维仿射李代数中出现[1], 同时在塞利格曼研究的有限维迷向单李代数中也出现过, 另外的一个重要的例子就是盖尔范德 (Gelfand) 和泽勒文思基 (Zelevinsky)、马力卡斯 (Maliakas) 以及普罗可妥 (Proctor) 等研究的 "奇辛李代数". 对于非约化根系分次李代数的结构目前也有了清晰的认识, 首先艾莉森等[4] 研究了 $BC_N(N \geqslant 2)$ 根系分次李代数, 后来本卡尔特和斯米尔诺夫 (Smirnov)[8] 对 BC_1 根系分次李代数进行了讨论.

首先给出有限不可约约化根系 R 分次李代数的概念.

定义 5.1[14] 如果李代数 $\mathcal{L}$ 满足:

(i) $\mathcal{L}$ 包含一个有限维单李代数 $\mathfrak{g} = \mathfrak{h} \oplus \bigoplus_{\mu \in R^\times} \mathfrak{g}_\mu$, R 为李代数 $\mathfrak{g}$ 的根系.

(ii) $\mathcal{L} = \bigoplus_{\mu \in R} \mathcal{L}_\mu$, 对于 $\mu \in R$ 子空间 $\mathcal{L}_\mu$ 如下定义:

$$\mathcal{L}_\mu = \{x \in \mathcal{L} \,|\, [h, x] = \mu(h)x, \text{ 对所有 } h \in \mathfrak{h} \text{ 成立}\}.$$

(iii) $\mathcal{L}_0 = \sum_{\mu \in R^\times}[\mathcal{L}_\mu, \mathcal{L}_{-\mu}]$.

则称 $\mathcal{L}$ 是一个约化根系 R 分次的根系分次李代数, 其中它的子代数 $\mathfrak{g}$ 称为 $\mathcal{L}$ 的分次子代数.

明显地, 我们知道所有有限维单李代数都是约化根系分次的, 而对于仿射卡茨–穆迪李代数我们知道, 除了扭仿射卡茨–穆迪李代数 $A_{2l}^{(2)}$ 外其余所有的都是有限约化根系分次李代数, 为了包含扭仿射李代数 $A_{2l}^{(2)}$, 艾莉森等给出了非约化根系 R_{BC} 分次李代数的概念.

定义 5.2[4] 如果李代数 $\mathcal{L}$ 满足:

(i) $\mathcal{L}$ 包含一个有限维 "单李代数" $\mathfrak{g} = \mathfrak{h} \oplus \bigoplus_{\mu \in R_X^\times} \mathfrak{g}_\mu$, $X = B, C$ 或 D, 即 R_X 是 B 型、C 型或者 D 型根系.

(ii) $\mathcal{L} = \bigoplus_{\mu \in R_{BC}} \mathcal{L}_\mu$.

(iii) $\mathcal{L}_0 = \sum_{\mu \in R_{BC}^\times}[\mathcal{L}_\mu, \mathcal{L}_{-\mu}]$.

则称 $\mathcal{L}$ 是一个非约化根系 R_{BC} 分次的李代数, 子代数 $\mathfrak{g}$ 称为 $\mathcal{L}$ 的分次子代数. 另外, 如果 $\mathfrak{g}$ 是一个 X_l 型的李代数, 那么称 $\mathcal{L}$ 是 X_l 型 BC_l 分次李代数.

由上述定义可知, 根系分次李代数一定是完备的 (也就是 $[\mathcal{L}, \mathcal{L}] = \mathcal{L}$). 由于完备李代数都有唯一的泛中心扩张, 因此可以研究有同构的泛中心扩张对根系分次李代数的分类进行讨论. 这里只给出 A 型根系分次李代数中心同源基础上分类的一些结果, 对于其他类型根系分次李代数分类结果请参阅文献 [4, 8, 9, 14]. 关于有限根系分次李代数中心扩张的讨论请参阅 [3].

定义 5.3 两个完备李代数 $\mathcal{L}_1$ 和 $\mathcal{L}_2$ 称为中心同源的, 如果它们有同构的泛中心扩张.

在文献 [14] 中, 关于 A 型根系分次李代数有如下例子.

例 5.4 设 A 是一个含单位元的结合代数. $\mathfrak{gl}_n(A)$ 是系数在 A 上的一般线性李代数, 记其导子代数为 $\mathfrak{sl}_n(A) = [\mathfrak{gl}_n(A), \mathfrak{gl}_n(A)]$, 也就是由 $e_{ij}(a)$ $(a \in A, 1 \leqslant i \neq j \leqslant n)$ 生成的子代数. 则 $\mathfrak{sl}_n(A)$ 是完备的, 而且是一个 A_{n-1} 型根系分次李代数. 当 $n \geqslant 3$ 时, 记 $\mathfrak{sl}_n(A)$ 的泛中心扩张为 $\mathfrak{st}_n(A)$, 即斯坦伯格 (Steinberg) 李代数 (这里只考虑域特征是 0 的情况).

伯曼和穆迪[14] 对 A_l $(l \geqslant 2)$ 根系分次的李代数在中心同源的基础上给出了分类.

定理 5.5[14] 设 $\mathcal{L}$ 是一个根系 R 分次李代数.

(i) 如果 $R = A_2$, 则存在含单位元的交错代数 A 使得 $\mathcal{L}$ 与 $\mathfrak{st}_3(A)$ 是中心同源的.

(ii) 如果 $R = A_l$ $(l \geqslant 3)$, 则存在含单位元的结合代数 A 使得 $\mathcal{L}$ 与 $\mathfrak{sl}_{l+1}(A)$ 是中心同源的.

关于 A_1 型根系分次的李代数的情况, 本卡尔特和泽曼诺夫在文献 [9] 中中心同源的基础上给出了分类.

定理 5.6[9]   设 $\mathcal{L}$ 是一个根系 A_1 分次李代数, 则存在含单位元的若尔当代数 J 使得 $\mathcal{L}$ 与 J 的梯次-坎特-科切构造 $\mathcal{K}(J)$ 是中心同源的. 梯次-坎特-科切构造 $\mathcal{K}(J)$ 在文献 [9] 的 1.11 小节具体给出.

3.6   高维仿射李代数的表示

3.6.1   例子: A 型高维仿射李代数 $\widetilde{\mathfrak{gl}_n(\mathbb{C}_q)}$

令 $Q = (q_{ij})$ 为 $(\nu+1) \times (\nu+1)$ 矩阵, 满足 $q_{ii} = 1$, $q_{ij} = q_{ji}^{-1}$. Q 对应的量子环面 $\mathbb{C}_Q = \mathbb{C}_Q[t_0^{\pm 1}, t_1^{\pm 1}, \cdots, t_\nu^{\pm 1}]$ 是由 $t_0^{\pm 1}, \cdots, t_\nu^{\pm 1}$ 生成的, 并且满足

$$t_i t_i^{-1} = t_i^{-1} t_i = 1, \quad t_i t_j = q_{ij} t_j t_i.$$

对 $\alpha = (\alpha_0, \alpha_1, \cdots, \alpha_\nu) \in \mathbb{Z}^{\nu+1}$, 记 $t^\alpha = t_0^{\alpha_0} t_1^{\alpha_1} \cdots t_\nu^{\alpha_\nu}$. 如果 Q 是 2×2 矩阵, 也就是 $\nu = 1$, 则 Q 由 $q = q_{10}$ 决定. 这种情况简记为 $\mathbb{C}_q = \mathbb{C}_q[t_0^{\pm}, t_1^{\pm}] = \mathbb{C}_Q[t_0^{\pm}, t_1^{\pm}]$, 则有

$$\mathbb{C}_q = \mathbb{C}_Q[t_0^{\pm}, t_1^{\pm}] = \sum_{m, n \in \mathbb{Z}} \oplus \mathbb{C} t_0^m t_1^n.$$

在量子环面 $\mathbb{C}_q$ 上定义如下线性函数:

$$\kappa(t_0^m t_1^n) = \delta_{m,0} \delta_{n,0}.$$

令 d_0 和 d_1 为量子环面 $\mathbb{C}_q$ 上如下定义的导子:

$$d_0(t_0^m t_1^n) = m t_0^m t_1^n, \quad d_1(t_0^m t_1^n) = n t_0^m t_1^n.$$

记 $M_n(\mathbb{C}_q)$ 的系数为结合代数 $\mathbb{C}_q$ 的 $n \times n$ 矩阵结合代数, 其对应的李代数记为 $\mathfrak{gl}_n(\mathbb{C}_q)$, 相应的李括号运算为

$$[A, B] = AB - BA, \quad \forall\, A, B \in M_n(\mathbb{C}_q).$$

李代数 $\mathfrak{gl}_n(\mathbb{C}_q)$ 上有一个由 κ 自然诱导的一个非退化不变双线性型:

$$(E_{ij}(a), E_{kl}(b)) = \delta_{jk} \delta_{il} \kappa(ab), \quad \forall\, a, b \in \mathbb{C}_q.$$

李代数 $\mathfrak{gl}_n(\mathbb{C}_q)$ 有如下的中心扩张:

$$\widehat{\mathfrak{gl}_n(\mathbb{C}_q)} = \mathfrak{gl}_n(\mathbb{C}_q) \oplus \mathbb{C}c_0 \oplus \mathbb{C}c_1$$

及对应的李括号

$$
\begin{aligned}
&[E_{ij}(t_0^{m_1}t_1^{n_1}), E_{kl}(t_0^{m_2}t_1^{n_2})] \\
&= \delta_{jk}q^{n_1 m_2}E_{il}(t_0^{m_1+m_2}t_1^{n_1+n_2}) - \delta_{il}q^{n_2 m_1}E_{kj}(t_0^{m_1+m_2}t_1^{n_1+n_2}) \\
&\quad + q^{n_1 m_2}\delta_{jk}\delta_{il}\delta_{m_1+m_2,0}\delta_{n_1+n_2,0}(m_1 c_0 + n_1 c_1),
\end{aligned}
$$

其中 $m_1, m_2, n_1, n_2 \in \mathbb{Z}$, c_0 和 c_1 为 $\widehat{\mathfrak{gl}_n(\mathbb{C}_q)}$ 的中心元素.

为了得到高维仿射李代数, 将度导子 d_0 和 d_1 的定义自然的扩展到 $\mathfrak{gl}_n(\mathbb{C}_q)$ 上, 然后取李代数 $\widehat{\mathfrak{gl}_n(\mathbb{C}_q)}$ 和这些导子的半直积:

$$\widetilde{\mathfrak{gl}_n(\mathbb{C}_q)} = \widehat{\mathfrak{gl}_n(\mathbb{C}_q)} \oplus \mathbb{C}d_0 \oplus \mathbb{C}d_1.$$

最后, 如下扩展 $\mathfrak{gl}_n(\mathbb{C}_q)$ 上的上述非退化不变双线性型:

$$(E_{ij}(a), E_{kl}(b)) = \delta_{jk}\delta_{il}\kappa(ab), \quad (c_0, d_0) = (c_1, d_1) = 1.$$

则有李代数 $\widetilde{\mathfrak{gl}_n(\mathbb{C}_q)}$ 为 A_{n-1} 型零度为 2 的高维仿射李代数.

3.6.2 顶点算子表示

令 $\xi = \xi_n$ 为 n 次本原单位根. 在 $n \times n$ 矩阵 $M_n(\mathbb{C})$ 中定义:

$$E = E_{12} + E_{23} + \cdots + E_{n-1,n} + E_{n1}, \quad F = \sum_{i=1}^{n} E_{ii}(\xi^{i-1}),$$

则 $\{F^i E^j\}_{1 \leqslant i,j \leqslant n}$ 是 $\mathfrak{gl}_n(\mathbb{C})$ 的一组基. 类似于 $\widehat{\mathfrak{gl}_n(\mathbb{C}_q)}$, 可以定义李代数

$$\widehat{\mathfrak{gl}_{mn}(\mathbb{C}_Q)} = \mathfrak{gl}_{mn}(\mathbb{C}_Q) \oplus \mathcal{C} \cong (M_m(\mathbb{C}) \otimes M_n(\mathbb{C}) \otimes \mathbb{C}_Q) \oplus \mathcal{C},$$

其中 $\mathcal{C} = \mathbb{C}c_0 \oplus \mathbb{C}c_1 \oplus \cdots \oplus \mathbb{C}c_\nu$ 是 $\nu+1$ 个中心元素张成的空间. 设 $\mathfrak{g}(m,n,Q)$ 是由 $E_{ij} \otimes F^k E^l \otimes t_0^{\alpha_0(n-1)+l-k}t^\alpha$ 生成的子代数. 对 $1 \leqslant i,j \leqslant m$, $1 \leqslant k \leqslant n-1$ 以及 $\alpha = (\alpha_0, \alpha_1, \cdots, \alpha_\nu) \in \mathbb{Z}^{\nu+1}$, 定义

$$X_{ij}^k(\alpha, z) = \sum_{l \in \mathbb{Z}}(E_{ij} \otimes F^k E^l \otimes t_0^l t_1^{\alpha_1} \cdots t_\nu^{\alpha_\nu})z^{-l} \in \mathfrak{g}(m,n,Q)[[z, z^{-1}]].$$

对于正整数 $M \geqslant 1$, 定义如下格:

$$\Gamma_M = \bigoplus_{i=1}^{M} \mathbb{Z}\varepsilon_i, \quad Q_M = \bigoplus_{i=1}^{M-1} \mathbb{Z}(\varepsilon_i - \varepsilon_{i+1}),$$

以及对称双线性型 $(\varepsilon_i, \varepsilon_j) = \delta_{ij}$. 将上述双线性型扩张到复空间 $H_M = \mathbb{C} \otimes \Gamma_M$ 上. 我们有无穷维李代数

$$\mathcal{H}_M = \operatorname{span}_{\mathbb{C}}\{\varepsilon_i(k), c \mid 1 \leqslant i \leqslant M, k \in \mathbb{Z}\},$$

相应的李括号为

$$[\alpha(k), \beta(l)] = k(\alpha, \beta)\delta_{k+l,0}c,$$

其中 $\alpha, \beta \in H_M, k, l \in \mathbb{Z}$, 而 c 为中心元素. 令

$$\mathcal{H}_M^{\pm} = \operatorname{span}_{\mathbb{C}}\{\varepsilon_i(k) \mid 1 \leqslant i \leqslant M, k \in \mathbb{Z}_{\pm}\}.$$

记 $\mathcal{S}(\mathcal{H}_M^-)$ 为交换李代数 $\mathcal{H}_M^-$ 对应的对称代数以及

$$\mathbb{C}[\Gamma_M] = \bigoplus_{\alpha \in \Gamma_M} \mathbb{C}e^{\alpha}$$

为 Γ_M 的扭群代数, 具体乘法由二上圈 ϵ 给出:

$$e^{\alpha}e^{\beta} = \epsilon(\alpha, \beta)e^{\alpha+\beta},$$

其中 $\alpha, \beta \in \Gamma_M$. 二上圈 $\epsilon : \Gamma_M \times \Gamma_M \to \{\pm 1\}$ 定义如下:

$$\epsilon(\varepsilon_i, \varepsilon_j) = 1 \ (i \leqslant j), \quad \epsilon(\varepsilon_i, \varepsilon_j) = -1 \ (i > j),$$

$$\epsilon\left(\sum_i m_i\varepsilon_i, \sum_j n_j\varepsilon_j\right) = \prod_{ij}\left(\epsilon(\varepsilon_i, \varepsilon_j)\right)^{m_i n_j}.$$

我们可以定义福克空间

$$V_M = \mathcal{S}(\mathcal{H}_M^-) \otimes \mathbb{C}[\Gamma_M].$$

李代数 $\mathcal{H}_M$ 和群代数 $\mathbb{C}[\Gamma_M]$ 在 V_M 有表示:

$$\varepsilon_i(k).u \otimes e^{\beta} = k\left(\frac{\partial}{\partial \varepsilon_i(-k)}u\right) \otimes e^{\beta} \quad (k \in \mathbb{Z}_+),$$

$$\varepsilon_i(k).u \otimes e^{\beta} = (\varepsilon_i(k)u) \otimes e^{\beta} \quad (k \in \mathbb{Z}_-),$$

$$\varepsilon_i(0).u \otimes e^{\beta} = (\varepsilon_i, \beta)u \otimes e^{\beta},$$

$$c.u \otimes e^{\beta} = u \otimes e^{\beta},$$

$$e^{\alpha}.u \otimes e^{\beta} = \epsilon(\alpha, \beta)u \otimes e^{\alpha+\beta},$$

其中 $\alpha, \beta \in \Gamma_M$, $1 \leqslant i \leqslant M$, $u \in \mathcal{S}(\mathcal{H}_M^-)$. 对 $\alpha \in \Gamma_M$ 定义

$$\alpha(z) = \sum_{k \in \mathbb{Z}} \alpha(k) z^{-k}, \quad E^{\pm}(\alpha, z) = \exp\left(\sum_{k \in \mathbb{Z}_{\pm}} \frac{\alpha(k)}{k} z^{-k}\right) \in (\mathrm{End}_{\mathbb{C}} V_M)[[z, z^{-1}]].$$

进一步, 定义

$$X(\alpha, z) = E^-(-\alpha, z) E^+(-\alpha, z) e^{\alpha} z^{\alpha} z^{(\alpha, \alpha)/2}$$
$$= \sum_{k \in \mathbb{Z} + (\alpha, \alpha)/2} x_k(\alpha) z^{-k} \in (\mathrm{End}_{\mathbb{C}} V_M)[[z, z^{-1}]].$$

若 $(\alpha, \alpha) = 1$, 定义正则序

$$: x_k(\varepsilon_i) x_{-l}(-\varepsilon_j) := x_k(\varepsilon_i) x_{-l}(-\varepsilon_j) - \delta_{ij} \delta_{kl} \theta(k),$$

其中 $k, l \in \mathbb{Z} + \dfrac{1}{2}$, $1 \leqslant i, j \leqslant M$, 并且 $\theta(k) = \delta_{k>0}$. 对 $1 \leqslant i, j \leqslant M$ 以及非零复数 $a \in \mathbb{C}^{\times}$, 定义算子 $X_{ij}(a, z) =: X(\varepsilon_i, z) X(-\varepsilon_j, az):$. 固定正整数 M 以及 $\mathbb{C}^{\times}$ 的容许子群 G, 记 $\mathfrak{g}(G, M)$ 是由 c 以及 $x_{ij}(k, a, b)$ ($1 \leqslant i, j \leqslant M$, $a, b \in G$) 张成的线性空间, 其中

$$X_{ij}(a, b, z) = X_{ij}(a^{-1}b, az) = \sum_{k \in \mathbb{Z}} x_{ij}(k, a, b) z^{-k}.$$

定理 6.1[13] 线性空间 $\mathfrak{g}(G, M)$ 是福克空间 V_M 上一般线性李代数 $\mathfrak{gl}(V_M)$ 的子代数. 更进一步, 有

$$V_M = \bigoplus_{k \in \mathbb{Z}} V_M^{(k)} = \bigoplus_{k \in \mathbb{Z}} \left(e^{k \varepsilon_M + Q_M} \otimes \mathcal{S}(\mathcal{H}_M^-) \right),$$

并且 $V_M^{(k)}$ 是一个不可约的 $\mathfrak{g}(G, M)$-模.

对一些具体的 G 和 M, 有如下推论.

推论 6.2[13] (1) 若 $G = \{1\}$ 并且 $M \geqslant 2$, 则上述定理中 $\mathfrak{g}(G, M)$ 给出了仿射李代数 $\widehat{\mathfrak{gl}_M(\mathbb{C})}$ 在福克空间 V_M 上的齐次表示, 表示映射为

$$E_{ij} \otimes t_0^k \mapsto x_{ij}(k, 1, 1), \quad c_0 \mapsto c.$$

(2) 若 $M = 1$, 而 G 是由 N 次本原单位根 ξ 生成的 $\mathbb{C}^{\times}$ 的子群, 则上述定理中 $\mathfrak{g}(G, M)$ 给出了仿射李代数 $\widehat{\mathfrak{gl}_N(\mathbb{C})}$ 在福克空间 V_1 上的主表示, 表示映射为

$$F^i E^k \otimes t_0^k \mapsto \begin{cases} x_{11}(k, \xi^{i-1}, \xi^{-1}) + \dfrac{e^{\frac{i}{2} Ln\xi}}{\xi^i - 1} \delta_{k0} c, & 1 \leqslant i \leqslant N-1, \\ x_{11}(k, \xi^{-1}, \xi^{-1}), & i = 0, \end{cases}$$
$$c_0 \mapsto \frac{c}{N},$$

其中 $\mathrm{Ln}a = \theta\sqrt{-1} + \ln|a|$, 如果 $a = |a|e^{\theta\sqrt{-1}}$ $(0 \leqslant \theta < \pi)$.

推论 6.3[13] 若 $M \geqslant 2$ 并且 $G = \langle q \rangle$ 是由非零且非单位根的复数 q 生成的群, 则上述定理中 $\mathfrak{g}(G, M)$ 给出了李代数 $\widehat{\mathfrak{gl}_M(\mathbb{C}_q)}$ 在福克空间 V_M 上的齐次实现, 映射为

$$E_{ij} \otimes t_0^m t_1^r \mapsto \begin{cases} x_{ij}(m, 1, q^r) + \dfrac{q^{\frac{r}{2}}}{1 - q^r}\delta_{ij}\delta_{m0}c, & r \neq 0, \\[3mm] x_{ij}(m, 1, 1), & r = 0, \end{cases}$$

$$c_0 \mapsto c, \quad c_1 \mapsto 0.$$

3.6.3 A_1 型高维仿射李代数 $\widehat{\mathfrak{gl}_2(\mathbb{C}_q)}$ 的埃尔米特表示

在高维仿射李代数 $\widehat{\mathfrak{gl}_n(\mathbb{C}_q)}$ 上如下定义实线性函数 $\omega : \widehat{\mathfrak{gl}_n(\mathbb{C}_q)} \to \widehat{\mathfrak{gl}_n(\mathbb{C}_q)}$,

$$\omega(\lambda x) = \bar{\lambda}\omega(x), \quad \forall \lambda \in \mathbb{C}, \ x \in \widehat{\mathfrak{gl}_n(\mathbb{C}_q)};$$

$$\omega(E_{ij}(a)) = (-1)^{i+j}E_{ji}(\bar{a}), \quad a \in \mathbb{C}_q;$$

$$\omega(c_0) = c_0, \quad \omega(c_1) = c_1, \quad \omega(d_0) = d_0, \quad \omega(d_1) = d_1,$$

其中 $\mathbb{C}_q$ 上的实线性函数 $^-$ 有 $\overline{\lambda t_0^m t_1^n} = \bar{\lambda}t_1^{-n}t_0^{-m}$, $\bar{\lambda}$ 为复数 λ 的复共轭.

引理 6.4 如果 $|q| = 1$, 则 ω 为高维仿射李代数 $\widehat{\mathfrak{gl}_n(\mathbb{C}_q)}$ 上的一个反线性反对合映射.

令

$$V = \mathbb{C}[x_{(m,n)} \mid (m, n) \in \mathbb{Z}^2]$$

为无穷个变量的多项式环. 线性算子 $x_{(m,n)}$ 和 $\dfrac{\partial}{\partial x_{(m,n)}}$ 在 V 上的作用分别为乘法以及对相应变量的求导.

给定一组 2×2 下三角矩阵 $X = \{X_{m,n} \mid (m, n) \in \mathbb{Z}^2\}$, 其中

$$X_{m,n} = \begin{pmatrix} a_{(m,n)} & 0 \\ c_{(m,n)} & d_{(m,n)} \end{pmatrix} \in \mathrm{SL}_2(\mathbb{C}).$$

定义如下算子

$$P_{\mathbf{A}} = a_{\mathbf{A}}\frac{\partial}{\partial x_{\mathbf{A}}},$$

$$Q_{\mathbf{A}} = c_{\mathbf{A}}\frac{\partial}{\partial x_{\mathbf{A}}} + d_{\mathbf{A}}x_{\mathbf{A}},$$

其中 $\mathbf{A} = (m, n) \in \mathbb{Z}^2$. 对于给定的复常数 $\mu \in \mathbb{C}$, 在线性空间 V 上定义如下算

子:

$$e_{21}(m_1, n_1) = Q_{(m_1, n_1)},$$

$$e_{12}(m_1, n_1) = -q^{-m_1 n_1}\mu P_{(-m_1, -n_1)} - \sum q^{n_1 m' + nm_1 + nm'}$$
$$\cdot Q_{(m+m'+m_1, n+n'+n_1)} P_{(m,n)} P_{(m',n')},$$

$$e_{11}(m_1, n_1) = -\sum_{(m,n)\in\mathbb{Z}^2} q^{nm_1} Q_{(m+m_1, n+n_1)} P_{(m,n)} - \frac{1}{2}\mu\delta_{m_1,0}\delta_{n_1,0},$$

$$e_{12}(m_1, n_1) = \sum_{(m,n)\in\mathbb{Z}^2} q^{mn_1} Q_{(m+m_1, n+n_1)} P_{(m,n)} + \frac{1}{2}\mu\delta_{m_1,0}\delta_{n_1,0},$$

$$D_1 = \sum_{(m,n)\in\mathbb{Z}^2} m Q_{(m,n)} P_{(m,n)},$$

$$D_2 = \sum_{(m,n)\in\mathbb{Z}^2} n Q_{(m,n)} P_{(m,n)}.$$

定理 6.5[33] 如下定义的线性映射 $\pi_{X,\mu} : \widetilde{\mathfrak{gl}_2(\mathbb{C}_q)} \to \mathfrak{gl}(V)$

$$\pi_{X,\mu}(E_{ij}(t_0^{m_1} t_1^{n_1})) = e_{ij}(m_1, n_1), \quad \pi_{X,\mu}(d_0) = D_1,$$

$$\pi_{X,\mu}(d_1) = D_2, \quad \pi_{X,\mu}(c_0) = \pi_{X,\mu}(c_1) = 0$$

是一个李代数同态, 也就是 $V = \mathbb{C}[x_{(m,n)} \,|\, (m,n)\in\mathbb{Z}^2]$ 是高维仿射李代数 $\widetilde{\mathfrak{gl}_2(\mathbb{C}_q)}$ 的一个表示. 特别地, 对所有的 X 和 μ 表示 V 都是最高权表示.

设 $|q| = 1$, 则由引理 6.4 知 ω 为 $\widetilde{\mathfrak{gl}_2(\mathbb{C}_q)}$ 上的一个反线性反对合映射.

定理 6.6[33] 设参数 μ 为一个实数. 则空间 $V = \mathbb{C}[x_{(m,n)} \,|\, (m,n)\in\mathbb{Z}^2]$ 上存在一个关于 $\pi_{X,\mu}$ 和 ω 的共变埃尔米特型 $(\cdot, \cdot)$ 使得

$$(\pi_{X,\mu}(a)(f), g) = (f, \pi_{X,\mu}(\omega(a))(g))$$

对所有 $f, g \in V$ 以及 $a \in \widetilde{\mathfrak{gl}_2(\mathbb{C}_q)}$ 成立.

定义 6.7 如果上述埃尔米特双线性型是正定的, 则称 $\widetilde{\mathfrak{gl}_2(\mathbb{C}_q)}$ 的表示 $(V, \pi_{X,\mu})$ 关于 ω 是可以酉化的.

郜–曾在文献 [33] 中给出了双线性型正定的充分必要条件.

定理 6.8[33] 表示 $(V, \pi_{X,\mu})$ 关于 ω 是可以酉化的当且仅当实参数 μ 是正数.

注记 6.9 (1) 上述引理和定理的具体证明参阅文献 [33];

(2) 曾在文献 [53] 中对 A_2 型高维仿射李代数 $\widetilde{\mathfrak{gl}_3(\mathbb{C}_q)}$ 的酉表示进行了详细的讨论;

(3) 郜在文献 [31] 中对高维仿射李代数 $\widetilde{\mathfrak{gl}_N(\mathbb{C}_q)}$ 的泊松和费米表示进行了构造.

3.7 A 型高维仿射李代数的量子化

坐标代数是量子环面的 A 型高维仿射李代数被金茨伯格-卡普拉诺夫-瓦塞洛特在研究代数曲面的朗兰兹互反律时进行了量子化. 设 $d, q \in \mathbb{C}^\times$, 并且 q 不是单位根. 瓦塞洛特等[34, 48] 给出了 A_{n-1} 型量子环形代数的定义.

定义 7.1 A_{n-1} 型量子环形代数 $U_q(\mathfrak{sl}_{n,\text{tor}})$ 是由 $e_{i,k}, f_{i,k}, h_{i,l}, k_i^{\pm 1}$ 及中心元素 $c^{\pm 1}$ 生成的含幺结合代数, 其中 $i = 0, 1, \cdots, n-1$, $k \in \mathbb{Z}, l \in \mathbb{Z}^\times$. 具体表达式和关系有

$$e_i(z) = \sum_{k \in \mathbb{Z}} e_{i,k} z^{-k}, \quad f_i(z) = \sum_{k \in \mathbb{Z}} f_{i,k} z^{-k}$$

及

$$k_i^\pm(z) = k_i^{\pm 1} \exp\left(\pm (q - q^{-1}) \sum_{k=1}^\infty h_{i,\pm k} z^{\mp k} \right),$$

满足

$$k_i k_i^{-1} = k_i^{-1} k_i = cc^{-1} = 1, \quad [k_i^\pm(z), k_j^\pm(w)] = 0,$$

$$\theta_{-a_{ij}}\left(c^2 d^{-m_{ij}} \frac{w}{z} \right) k_i^+(z) k_j^-(w) = \theta_{-a_{ij}}\left(c^{-2} d^{-m_{ij}} \frac{w}{z} \right) k_j^-(w) k_i^+(z),$$

$$k_i^\pm(z) e_j(w) = \theta_{\mp a_{ij}}\left(c^{-1} d^{\mp m_{ij}} \left(\frac{w}{z} \right)^{\pm 1} \right) e_j(w) k_i^\pm(z),$$

$$k_i^\pm(z) f_j(w) = \theta_{\pm a_{ij}}\left(c d^{\mp m_{ij}} \left(\frac{w}{z} \right)^{\pm 1} \right) f_j(w) k_i^\pm(z),$$

$$[e_i(z), f_j(w)] = \frac{\delta_{ij}}{q - q^{-1}} \left(\delta\left(c^{-2} \frac{z}{w} \right) k_i^+(cw) - \delta\left(c^2 \frac{z}{w} \right) k_i^-(cz) \right),$$

$$(d^{m_{ij}} z - q^{a_{ij}} w) e_i(z) e_j(w) = (q^{a_{ij}} d^{m_{ij}} z - w) e_j(w) e_i(z),$$

$$(q^{a_{ij}} d^{m_{ij}} z - w) f_i(z) f_j(w) = (d^{m_{ij}} z - q^{a_{ij}} w) f_j(w) f_i(z),$$

$$\{e_i(z_1) e_i(z_2) e_j(w) - (q + q^{-1}) e_i(z_1) e_j(w) e_i(z_2) + e_j(w) e_i(z_1) e_i(z_2)\}$$

$$+ \{z_1 \leftrightarrow z_2\} = 0, \quad \text{若 } a_{ij} = -1,$$

$$\{f_i(z_1) f_i(z_2) f_j(w) - (q + q^{-1}) f_i(z_1) f_j(w) f_i(z_2) + f_j(w) f_i(z_1) f_i(z_2)\}$$

$$+ \{z_1 \leftrightarrow z_2\} = 0, \quad \text{若 } a_{ij} = -1,$$

$$[e_i(z), e_j(w)] = [f_i(z), f_j(w)] = 0, \quad \text{若 } a_{ij} = 0,$$

其中

$$\theta_m(z) = \frac{q^m z - 1}{z - q^m} \in \mathbb{C}[[z]].$$

由泰勒 (Taylor) 级数展开得到, 而 A 为 A 型广义卡当矩阵

$$A = (a_{ij}) = \begin{pmatrix} 2 & -1 & \cdots & 0 & -1 \\ -1 & 2 & \cdots & 0 & 0 \\ \vdots & \vdots & & \vdots & \vdots \\ 0 & 0 & \cdots & 2 & -1 \\ -1 & 0 & \cdots & -1 & 2 \end{pmatrix}$$

以及 n 阶斜对称方阵

$$M = (m_{ij}) = \begin{pmatrix} 0 & -1 & \cdots & 0 & 1 \\ 1 & 0 & \cdots & 0 & 0 \\ \vdots & \vdots & & \vdots & \vdots \\ 0 & 0 & \cdots & 0 & -1 \\ -1 & 0 & \cdots & 1 & 0 \end{pmatrix}.$$

注记 7.2 (1) 量子环形代数 $U_q(\mathfrak{sl}_{n,\mathrm{tor}})$ 是双圈李代数泛中心扩张 (也就是环形李代数) 包络代数的双参数量子形变.

(2) 量子环形代数 $U_q(\mathfrak{sl}_{n,\mathrm{tor}})$ 包含两个重要的子代数: 水平子代数 $\dot{U}_h$ 和垂直子代数 $\dot{U}_v$, 并且都同构于量子仿射代数 $U_q(\widehat{\mathfrak{sl}_n})$.

(3) 瓦拉诺罗 (Varagnolo) 和瓦塞洛特在文献 [48] 中证明了量子环形代数 U_q $(\mathfrak{sl}_{n,\mathrm{tor}})$ 是李代数 $\widehat{\mathfrak{gl}_n(\mathbb{C}_q)}$ 包络代数的量子化.

(4) 郜和景在文献 [32] 中在福克空间上构造了量子环形代数 $U_q(\mathfrak{sl}_{n,\mathrm{tor}})$ 的顶点算子表示.

参 考 文 献

[1] Allison B, Azam S, Berman S, et al., Extended affine Lie algebras and their root systems. Mem. Amer. Math. Soc., 1997, 126(603): 122.

[2] Allison B N, Benkart G. Unitary Lie algebras and Lie tori of type BC_r, $r \geqslant 3$. Quantum affine algebras, extended affine Lie algebras, and their applications, 1-47, Contemp. Math., 506, Amer. Math. Soc., Providence, RI, 2010.

[3] Allison B N, Benkart G, Gao Y. Central extensions of Lie algebras graded by finite root systems. Math. Ann., 2000, 316(3): 499-527.

[4] Allison B N, Benkart G, Gao Y. Lie algebras graded by the root systems BC_r, $r \geqslant 2$. Mem. Amer. Math. Soc., 2002, 158(751): 313-360.

[5]   Allison B N, Gao Y. The root system and the core of an extended affine Lie algebra. Selecta Math. (N.S.), 2001, 7(2): 149-212.

[6]   Allison B N, Yoshii Y. Structurable tori and extended affine Lie algebras of type BC_1. J. Pure Appl. Algebra, 2003, 184(2): 105-138.

[7]   Azam S. Extended affine root systems. J. Lie Theory, 2002, 12: 515-527.

[8]   Benkart G, Smirnov O. Lie algebras graded by the root system BC_1. J. Lie Theory, 2003, 13: 91-132.

[9]   Benkart G, Zelmanov E. Lie algebras graded by finite root systems and intersection matrix algebras. Invent. Math., 1996, 126(1): 1-45.

[10]   Berman S, Cox B. Enveloping algebras and representations of toroidal Lie algebras. Pacific J. Math., 1994, 165: 239-267.

[11]   Berman S, Gao Y, Krylyuk Y. Quantum tori and the structure of elliptic quasi-simple Lie algebras. J. Funct. Anal, 1996, 135(2): 339-389.

[12]   Berman S, Gao Y, Krylyuk Y, et al. The alternative torus and the structure of elliptic quasi-simple Lie algebras of type A_2. Trans. Amer. Math. Soc., 1995, 347(11): 4315-4363.

[13]   Berman S, Gao Y, Tan S. A unified view of some vertex operator constructions. Israel J. Math, 2003, 134(1): 29-60.

[14]   Berman S, Moody R V. Lie algebras graded by finite root systems and the intersection matrix algebras of Slodowy. Invent. Math., 1992, 108(1): 323-347.

[15]   Bourbaki N. Groupes et Algèbres de Lie. Ch. IV, V, VI., Hermann, Paris, 1968.

[16]   Chen H, Gao Y. BC_N-graded Lie algebras arising from fermionic representations. J. Algebra, 2007, 308: 545-566.

[17]   Rao S E. Classification of irreducible integrable modules for multi-loop algebras with finite-dimensional weight spaces. J. Algebra, 2001, 246(1): 215-225.

[18]   Rao S E. A class of integrable modules for the core of EALA coordinatized by quantum tori. J. Algebra, 2004, 275(1): 59-74.

[19]   Rao S E. Classification of irreducible integrable modules for toroidal Lie algebras with finite dimensional weight spaces. J. Algebra, 2004, 277: 318-348.

[20]   Rao S E, Jiang C. Classification of irreducible integrable representations for the full toroidal Lie algebras. J. Pure Appl. Algebra, 2005, 200(1-2): 71-85.

[21]   Rao S E, Moody R. Vertex representations for n-toroidal Lie algebras and a generalization of the Virasoro algebra. Comm. Math. Phys., 1994, 159(2): 239-264.

[22]   Rao S E, Moody R, Yokonuma T. Toroidal Lie algebras and vertex representations. Geom. Dedicata, 1990, 35(1-3): 283-307.

[23]   Rao S E, Moody R, Yokonuma T. Lie algebras arising from vertex operator representations. Nova J. Algebra and Geometry, 1992, 1: 15-57.

[24]   Rao S E, Zhao K. Integrable representations of toroidal Lie algebras co-ordinatized by

rational quantum tori. J. Algebra, 2012, 361(4): 225-247.

[25]　Fang Y, Peng L. Generalized Heisenberg algebras and toroidal Lie algebras. Algebra Colloq, 2010, 17(03): 375-388.

[26]　Faulkner J R. Lie tori of type BC_2 and structurable quasitori. Comm. Algebra, 2008, 36(7): 2593-2618.

[27]　Fu J, Jiang C. Integrable representations for the twisted full toroidal Lie algebras. J. Algebra, 2007, 307(2): 769-794.

[28]　Gao Y. The degeneracy of extended affine Lie algebras. Manuscripta Math., 1998, 97(2): 233-249.

[29]　Gao Y. Vertex operators arising from the homogeneous realization for $\widehat{\mathfrak{gl}}_N$. Comm. Math. Phys., 2000, 211(3): 745-777.

[30]　Gao Y. Representations of extended affine Lie algebras coordinatized by certain quantum tori. Compositio Math., 2000, 123(1): 1-25.

[31]　Gao Y. Fermionic and bosonic representations of the extended affine Lie algebra $\widetilde{\mathfrak{gl}}_N(\mathbb{C}_q)$. Canad. Math. Bull., 2002, 45: 623-633.

[32]　Gao Y, Jing N. $U_q(\widehat{\mathfrak{gl}}_N)$ actiong on $\widehat{\mathfrak{gl}}_N$-modules and quantum toroidal algebras. J. Algebra, 2004, 273(1): 320-343.

[33]　Gao Y, Zeng Z. Hermitian representations of the extended affine Lie algebra $\widetilde{\mathfrak{gl}}_2(\mathbb{C}_q)$. Adv. Math., 2006, 207(1): 244-265.

[34]　Ginzburg V, Kapranov M, Vasserot E. Langlands reciprocity for algebraic surfaces. Math. Res. Lett., 1995, 2(2): 147-160.

[35]　Guo H, Tan S, Wang Q. Some categories of modules for toroidal Lie algebras. J. Algebra, 2014, 401: 125-143.

[36]　Høegh-Krohn R, Torrésani B. Classification and construction of quasisimple Lie algebras. J. Funct. Anal, 1987, 89(1): 106-136.

[37]　Jiang C, Meng D. Vertex representations for the $\nu + 1$-toroidal Lie algebra of type B_l. J. Algebra, 2001, 246(2): 564-593.

[38]　Jiang C, Meng D. Integrable representations for generalized Virasoro-toroidal Lie algebras. J. Algebra, 2003, 270: 307-334.

[39]　Lin W, Su Y. Modules for the core extended affine Lie algebras of type A_1 with coordinates in rank 2 quantum tori. Pacific J. Math, 2009, 242(1): 143-166.

[40]　Liu D, Hu N. Vertex representations for toroidal Lie algebra of type G_2. J. Pure Appl. Algebra, 2005, 198(1): 257-279.

[41]　Mao X, Tan S. Vertex operator representations for TKK algebras. J. Algebra, 2007, 308(2): 704-733.

[42]　Neher E. Systemes de racines 3-gradues. C.R. Acad. Sci. Paris Ser. I, 1990, 310: 687-690.

[43]　Saito K. Extended affine root systems. I. Coxeter transformations. Publ. Res. Inst.

Math. Sci., 1985, 21: 75-109.

[44]   Seligman G B. Rational Methods in Lie Algebras. Lect. Notes in Pure and Applied Math. 17. New York: Marcel Dekker, 1976.

[45]   Tan S. TKK algebras and vertex operator representations. J. Algebra, 1999, 211: 298-342.

[46]   Tan S. Principal construction of the toroidal Lie algebra of type A_1. Math. Z, 1999, 230(4): 621-657.

[47]   Tits J. Une classe d'algebres de Lie en relation avec les algebres de Jordan. Indag. Math., 1962, 65: 530-535.

[48]   Varagnolo M, Vasserot E. Double-loop algebras and the Fock space. Invent. Math., 1998, 133(1): 133-159.

[49]   Xia L, Hu N. Irreducible representations for Virasoro-toroidal Lie algebras. J. Pure Appl. Algebra, 2004, 194(1): 213-237.

[50]   Yamada H. Extended affine Lie algebras and their vertex representations. Publ. Res. Inst. Math. Sci., 1989, 25: 587-603.

[51]   Yoshii Y. The coordinate algebra of extended affine Lie algebras of type $A(1)$. Thesis (Ph.D.) – University of Ottawa (Canada), 1999. 184 pp.

[52]   Yoshii Y. Coordinate algebras of extended affine Lie algebras of type A_1. J. Algebra, 2000, 234(1): 128-168.

[53]   Zeng Z. Unitary representations of the extended affine Lie algebra $\widetilde{\mathfrak{gl}_3(\mathbb{C}_q)}$. Pacific J. Math., 2012, 233(1): 481-509.

4 特殊拉格朗日方程

袁 域①

本文介绍特殊拉格朗日方程和相关完全非线性椭圆方程的定义、几何背景、基本性质以及相关研究进展. 包括整体解的刚性、二阶导数先验估计、奇异解反例的构造和对应抛物方程以及孤立子解的性质.

4.1 特殊拉格朗日方程的引入

4.1.1 方程的定义

假设 u 是定义在 $\mathbb{R}^n$ 中一个开区域上的光滑函数, 其一阶导数 Du 与二阶导数 D^2u 分别称为梯度 (gradient) 和黑塞 (Hessian) 矩阵. 实对称矩阵 D^2u 有 n 个实特征根 $\lambda_1, \cdots, \lambda_n$. 将其相加得到拉普拉斯 (Laplace) 方程

$$\Delta u = \lambda_1 + \cdots + \lambda_n = c,$$

相乘得到蒙日–安培 (Monge-Ampère) 方程

$$\ln \det D^2 u = \ln \lambda_1 + \cdots + \ln \lambda_n = c. \tag{1}$$

将对数函数换成反正切函数得到特殊拉格朗日 (special Lagrangian) 方程

$$\arctan D^2 u = \arctan \lambda_1 + \cdots + \arctan \lambda_n = \Theta. \tag{2}$$

上述 n 个特征根的一般基本代数对称组合形成一般的 σ_k-方程

$$\sigma_k(\lambda) := \sum_{1 \leqslant i_1 < \cdots < i_k \leqslant n} \lambda_{i_1} \cdots \lambda_{i_k} = c.$$

更广泛的分析组合形成二阶方程

$$F(D^2 u) = f(\lambda) = 0, \tag{3}$$

---
① 谨此纪念吾师吾友丁伟岳教授.

如果 $f(\lambda)$ 关于 λ_i 是单调的, 则方程属于椭圆型 (图 1). 一般来说, 如果方程定义函数 f 是凸的 (或者凹的), 则解的正则性相对简单, 否则就会更加复杂.

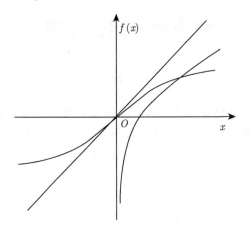

图 1　椭圆方程对应单调函数

4.1.2　方程的几何背景

为了介绍特殊拉格朗日方程的几何背景, 我们先定义拉格朗日子流形的概念. 在 $\mathbb{R}^{2n}$ 里的半余维图 $(x, F(x)) \in \mathbb{R}^n \times \mathbb{R}^n$, 若有势函数 u 使得 $F(x) = Du(x)$, 则称为拉格朗日图. 显然 $F(x)$ 有势函数等价于 $F(x)$ 是无旋向量场; 另一方面, 若子流形 $(x, F(x))$ 每点的切空间 T 满足 $JT \perp T$, 其中 J 是 $\mathbb{R}^n \times \mathbb{R}^n = \mathbb{C}^n$ 中的复结构, 则可以推出 $F(x)$ 有势函数. 更一般地, 假设 (M, ω) 是一个 $2n$ 维辛流形, L 是 M 的一个 n 维子流形, 如果 ω 限制在 L 上为 0, 称 L 是一个拉格朗日子流形 (图 2); 换句话说, 假设 M 上有一个相容的近复结构 J, 我们要求 L 上每点的切空间 T 满足 $JT \perp T$. 所谓特殊拉格朗日子流形是指面积最小的拉格朗日子流形, 即特殊拉格朗日子流形在所有固定边界的 (拉格朗日或非拉格朗日) 子流形中面积最小.

Harvey 和 Lawson[14] 利用微积分基本定理作用到标度 (Calibration), 即一个闭的实 n 形式 $\operatorname{Re}(e^{-\sqrt{-1}\Theta} dz_1 \wedge \cdots \wedge dz_n)$ 上, 从而证明了梯度图 $(x, Du(x))$ 的面积最小当且仅当其为特殊梯度图, 即 u 满足特殊拉格朗日方程 (2). 通过解此方程, 则可得到奇或偶数维高余维的面积最小的子流形. 此前高余维面积最小子流形中只有偶维数复子流形的例子. 其面积最小是 Wirtinger 利用微积分基本定理作用到闭实形式 $\frac{1}{k!} \omega^k$ 得到的, 这里 $\omega = \frac{1}{2\sqrt{-1}} \sum_{i=1}^{n} dz_i \wedge d\bar{z}_i$. 另外, 定义在凸区域上余一维极小图 $(x, f(x))$ 的面积最小性质也是通过微积分基本定理作用到变系数闭

n 形式:

$$\frac{1}{\sqrt{1+|Df|^2}}\left[dx_1 \wedge \cdots \wedge dx_n + \sum_{i=1}^{n}(-1)^{i-1}f_i dx_1 \wedge \cdots \wedge \widehat{dx_i} \wedge \cdots \wedge dx_n \wedge dx_{n+1}\right]$$

得到的, 其闭性是因为 f 满足极小曲面方程 $\mathrm{div}\left(Df/\sqrt{1+|Df|^2}\right)=0$.

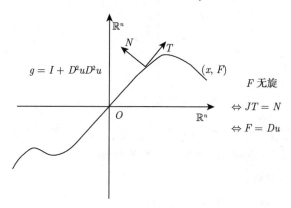

图 2 拉格朗日子流形

有意思的是, 蒙日–安培方程也有类似的描述. 实际上, 若在 $\mathbb{R}^n \times \mathbb{R}^n$ 中赋予形如 $dx^2 - dy^2$ 或 $dxdy$ 的伪欧度量, 我们也可以考虑其中类空的拉格朗日子流形. 可以证明在上述空间中由一个函数 u 的类空梯度图给出的子流形是体积最大的拉格朗日子流形, 当且仅当 u 满足蒙日–安培方程 (1). 最后, 我们回顾一下 3 维引力场 $-(x_1, x_2, x_3)|x|^{-3}$ 的势函数 $|x|^{-1}$ 满足拉普拉斯方程 $\Delta|x|^{-1}=0$.

4.1.3 方程的代数形式

由 D^2u 的特征根 $\lambda_1, \cdots, \lambda_n$ 可以定义一个复数

$$z := (1+i\lambda_1)\cdots(1+i\lambda_n) = (1-\sigma_2+\cdots)+i(\sigma_1-\sigma_3+\cdots).$$

若记相角为 $\Theta = \arctan D^2u$, 复数 z 还可以写成

$$z = \sqrt{(1+\lambda_1^2)\cdots(1+\lambda_n^2)}(\cos\Theta + i\sin\Theta).$$

显然 z 与复数 $-\sin\Theta + i\cos\Theta$ 垂直 (图 3), 从而 u 满足方程

$$\Sigma := \cos\Theta(\sigma_1-\sigma_3+\cdots) - \sin\Theta(1-\sigma_2+\cdots) = 0. \tag{4}$$

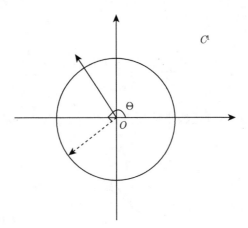

图 3 相角 $\Theta = \arctan D^2 u$

注意到 σ_k 有散度形式, 故当 u 满足方程 (2) 即 Θ 是一个常数时, (4) 是一个散度型方程. 特别地, 方程 (4) 有如下的特殊情形:

(1) $n=2, \Theta = 0$ 时, $\sigma_1 = 0$;

(2) $n=2$ 或 $3, \Theta = \dfrac{\pi}{2}$ 时, $\sigma_2 = 1$;

(3) $n=3, \Theta = 0$ 或 π 时, $\sigma_3 = \sigma_1$, 即 $\det D^2 u = \Delta u$.

值得一提的是, u 的梯度图上的度量可以表示为 $g = I + (D^2 u)D^2 u$, 从而其体积元为

$$\sqrt{\det g} = \sqrt{(1+\lambda_1^2)\cdots(1+\lambda_n^2)} = \cos\Theta(1-\sigma_2+\cdots) + \sin\Theta(\sigma_1-\sigma_3+\cdots).$$

在 Θ 为常数时, 上式也具有散度形式.

4.1.4 方程的水平集

前面已经提到过, 方程 (3) 的椭圆性是指函数 f 的单调性. 实际上, 我们也可以用水平集 (level set) 的观点给方程的椭圆性一个更为几何的解释. 考虑 f 在 λ-空间中的水平集, 容易看出椭圆性等价于水平集的法向 $N := D_\lambda f$ 落在第一卦限对应的正锥 (positive cone)Γ 当中, 即 N 的所有分量都严格大于零. 而一致椭圆性则是说 N 落在正锥 Γ 的某个紧子集当中, 也就是 N 单位化后每个分量有正的上下界. 例如, 图 4 给出了三维情形特殊拉格朗日方程对应的水平集示意图. 我们在 [33] 观察到特殊拉格朗日方程对应的水平集是凸的当且仅当 $|\Theta| \geqslant (n-2)\dfrac{\pi}{2}$. 自然地, 把 $(n-2)\dfrac{\pi}{2}$ 称为临界相位. 方程凸时解的性状会更规范一些. 由此可得方程在超临界时相应的伯恩斯坦 (Bernstein) 型定理, 以及在临界和超临界时解的

先验估计和正则性. 另一方面, 在次临界情形, 会存在奇性解.

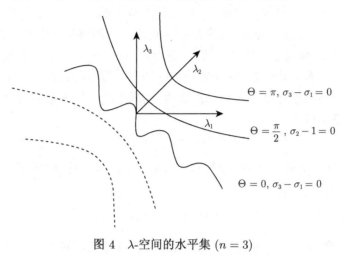

图 4 λ-空间的水平集 $(n = 3)$

4.2 相关结果

4.2.1 概述

给定了方程, 首先需要解答的问题是解的存在性. 光滑解的存在性一般不能一步到位, 甚至往往并不存在. 通常的办法是先寻求弱解, 若方程有散度结构, 则可以在积分意义下定义弱解; 或者若方程满足比较原理, 则可以考虑在"逐点分部积分"意义下的黏性解. 得到弱解之后就可以研究解的正则性及其他性质. 比如, 整体解的刚性, 即刘维尔 (Liouville)–伯恩斯坦型定理. 这些性质都依赖于解的高阶导数的先验估计:

$$\|D^2 u\|_{L^\infty(B_1)} \leqslant C(\|Du\|_{L^\infty(B_2)}) \leqslant C(\|u\|_{L^\infty(B_3)}).$$

而一旦有了二阶导数的 L^∞ 估计, 就可以由椭圆方程的 Evans-Krylov-Safonov 理论 (对带一定凸性的方程, 可以是非散度型) 或者 Evans-Krylov-De Giorgi-Nash 理论 (对散度型方程) 进一步得到解的 $C^{2,\alpha}$ 估计. 特别地, 对于特殊拉格朗日方程, 还可以用几何测度论的方法; 对于蒙日–安培方程, Calabi 早在 20 世纪 50 年代用几何理解得到了 C^3 估计. 然后迭代经典的 Schauder 估计可得到光滑性甚至解析性, 如果光滑方程还是解析的.

4.2.2 整体解的刚性

经典的刘维尔定理告诉我们, 定义在整个 $\mathbb{R}^n$ 上的整体调和函数若有上界或者下界, 则必然是常值函数. 因此, 如果一个整体调和函数是半凸的, 那么它的二阶导数是有下界的整体调和函数, 从而只能是常数. 故半凸的整体调和函数必然是二次函数. 类似地, 蒙日–安培方程 $\det D^2 u = 1$ 的整体凸解也只有二次函数. Jörgens 最先在二维情形证明这一结论, 进而 Calabi, Pogorelev 以及 Cheng-Yau 把该结果推广到所有其他维数. 对于特殊拉格朗日方程 $\arctan D^2 u = \Theta$, Yuan[32] 同样证明了一个凸的整体解只能是二次函数. 实际上这一结果中的凸性限制能够放宽到如下半凸条件

$$D^2 u \geqslant -\tan\frac{\pi}{6} - \varepsilon(n),$$

其中 $\varepsilon(n)$ 是只与维数有关的常数. 另一方面, Yuan[33] 发现解的凸性条件也可以改为相角所满足的条件

$$|\Theta| > (n-2)\frac{\pi}{2}.$$

也就是说, 角度 $(n-2)\frac{\pi}{2}$ 确是一个临界值, 大于该值的特殊拉格朗日方程的整体解只能是二次函数. 这是一个伯恩斯坦型结果. Chang-Yuan[4] 对 σ_2-方程也证明了类似刘维尔型结论: 如果 u 是方程 $\sigma_2(D^2 u) = 1$ 的一个解并且存在 $\delta > 0$ 使得

$$D^2 u \geqslant \left(\delta - \sqrt{\frac{2}{n(n-1)}}\right) I,$$

则 u 是二次函数. 以上刚性定理中都需要 u 有一定的凸性, 或者说要求 $D^2 u$ 有下界. 如果没有凸性要求, 就有反例证明结论是不正确的. 例如, $n = 2$ 时, $u = \sin x_1 e^{x_2}$ 是方程 $\arctan D^2 u = 0$ 的一个解. 而 $n = 3$ 时, Warren[28] 发现

$$u = (x_1^2 + x_2^2)e^{x_3} - e^{x_3} + \frac{1}{4}e^{-x_3}$$

是方程 $\arctan D^2 u = \frac{\pi}{2}$ 或 $\sigma_2(D^2 u) = 1$ 的一个稀有的显式非平凡解.

下面以二维情形为例说明特殊拉格朗日方程整体解刚性的证明想法. 给定一个整体解 u 满足方程 $\arctan\lambda_1 + \arctan\lambda_2 = \Theta > 0$. 首先注意到, 梯度图 $(x, Du) \subset \mathbb{R}^2 \times \mathbb{R}^2$ 的切面与 x 平面的每一个二面角 $\arctan\lambda_1$ 或 $\arctan\lambda_2$ 都有下界 $\Theta - \frac{\pi}{2}$. 因此, 当我们把坐标 x 面旋转成平面 $\bar{x} = x\cos\frac{\Theta}{2} + y\sin\frac{\Theta}{2}$ 时, 原切面与新的坐标 $\bar{x}$ 面的二面角就变成了 $\left(\arctan\lambda_1 - \frac{\Theta}{2}, \arctan\lambda_2 - \frac{\Theta}{2}\right)$, 这两个角都落在区间 $\left(-\frac{\pi}{2} + \frac{\Theta}{2}, \frac{\pi}{2} - \frac{\Theta}{2}\right)$ 之内. 另一方面, 原梯度图在新的坐标系 $\bar{x}$ 和 $\bar{y} = -x\sin\frac{\Theta}{2} + y\cos\frac{\Theta}{2}$ 上仍是一个图, 并且是另一个势函数对应的梯度图 $(\bar{x}, D\bar{u})$. 容易看出新的

势函数 $\bar{u}$ 的二阶导 $D^2\bar{u}$ 有界, 并且其特征值满足方程 $\arctan\bar{\lambda}_1 + \arctan\bar{\lambda}_2 = 0$. 所以就得到了一个二阶导数有界的整体调和函数 $\bar{u}$, 其必为二次函数. 由此可知梯度图是平面, 从而原来的整体解 u 亦为二次函数.

高维时, 如果特殊拉格朗日方程的整体解是超临界的, 则通过类似的旋转变换, 就会得到一个二阶导数有界并且满足对应临界方程的整体解. 进一步应用 Evans-Krylov 的 $C^{2,\alpha}$ 估计及其在整个空间的拉缩形式, 可以推出解的所有二阶导数只能为常数. 从而原来的整体解 u 亦为二次函数.

上述 σ_2-方程的刘维尔型结果类似可证. 而在证明特殊拉格朗日方程的有限半凸整体解的刚性时, 在旋转之后还要费些周折, 原因是新的方程失去了凸性.

4.2.3 蒙日-安培方程的先验估计

20 世纪 50 年代, Heinz[15] 研究了二维蒙日-安培方程并得到了二阶导数的先验估计. 其中一个特殊情形如下: 如果 u 是方程 $\det D^2u = 1$ 在单位球上的一个解, 那么

$$|D^2u(0)| \leqslant C(\|u\|_{L_\infty(B_1)}).$$

这一结果后来被 Pogorelov[20] 推广到高维情形, 但是要加上解是严格凸的限制条件. Chou-Wang[10] 利用 Pogorelov 的技巧证明了 σ_k-方程 $(k \geqslant 2)$ 的凸解有类似的估计. Trudinger[23], Urbas[24] 和 Bao-Chen[1] 分别对 σ_k-方程给出了基于哈塞的积分形式的二阶导数估计. Bao-Chen-Guan-Ji[2] 则对 $\frac{\sigma_n}{\sigma_k}$ 类型的方程的严格凸解给出了类似估计. 如果没有严格凸性的限制, Pogorelov[20] 给出了蒙日-安培方程 $\det D^2u = 1$ 的 $C^{1,1-\frac{2}{n}}$ 解的著名反例. Caffarelli 对右端是非常数的蒙日-安培方程给出了 Lipschitz 解的例子. Caffarelli-Yuan 进一步构造了蒙日-安培方程 $\det D^2u = 1$ 的 Lipschitz 和 $C^{1,\alpha}$ 解, 其中 α 可以是 $\left(0, 1-\frac{2}{n}\right]$ 中的任意有理数.

4.2.4 临界及超临界相角的特殊拉格朗日方程的先验估计

对于相角大于等于临界值的特殊拉格朗日方程

$$\arctan D^2u = \Theta, \quad |\Theta| \geqslant (n-2)\frac{\pi}{2}, \tag{5}$$

Wang-Yuan[25] 证明了如下的二阶导数先验估计 (图 5). 假设 u 是 n 维 $(n \geqslant 3)$ 单位球 $B_1 \subset \mathbb{R}^n$ 上的特殊拉格朗日方程 (5) 的光滑解. 那么当 $|\Theta| \geqslant (n-2)\frac{\pi}{2}$ 时,

$$|D^2u(0)| \leqslant C(n)\exp(C(n)\|Du\|_{L^\infty(B_1)}^{2n-2}). \tag{6}$$

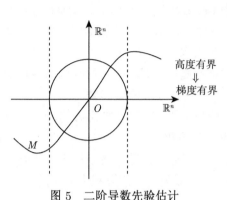

高度有界
⇓
梯度有界

图 5　二阶导数先验估计

而且当 $|\Theta| = (n-2)\frac{\pi}{2}$ 时,

$$|D^2u(0)| \leqslant C(n)\exp(C(n)\|Du\|_{L^\infty(B_1)}^{2n-4}).$$

(7)

结合以上结果和 Warren-Yuan 对于方程 (5) 的梯度估计

$$\max_{B_R(0)} |Du| \leqslant C(n)\left(\text{osc}_{B_{2R}(0)}\,\frac{u}{R} + R\right),$$

我们马上可以得到 D^2u 依赖于解 u 本身的估计. 实际上, 方程 (5) 的梯度估计结果可以改进为[34]

$$\max_{B_R(0)} |Du| \leqslant C(n)\,\text{osc}_{B_{2R}(0)}\,\frac{u}{R}.$$

在 $n = 3$ 时, Warren-Yuan [30, 31] 早先对临超界方程解得到了二阶导数的估计. Chen-Warren-Yuan [9] 则对凸解证明了类似结果. Warren-Yuan [29] 对二维的特殊拉格朗日方程证明了

$$|D^2u(0)| \leqslant C(2)\exp\left(\frac{C(2)}{|\sin\Theta|^{\frac{3}{2}}}\|Du\|_{L^\infty(B_1)}\right).$$

利用 Finn 的极小曲面的例子[13] 经由 Heinz 变换[16] 可以观察到以上线性指数估计是最佳的. 当 $n \geqslant 3$ 时, 相应的最佳 Hessian 估计现在仍未可知. 作为以上估计的一个应用, 我们马上知道方程 (5) 的 C^0 黏性解是光滑的, 而且是解析的. 作为比较, 20 世纪 80 年代 Caffarelli-Nirenberg-Spruck[3] 在 $|\Theta| = \left[\frac{n-1}{2}\right]\pi$ 的情形对边界具有 C^4 光滑性的特殊拉格朗日方程的解得到了内部正则性. 另一个直接的推论是, 临界相角的特殊拉格朗日方程

$$\arctan D^2u = (n-2)\frac{\pi}{2}$$

的整体解如果具有二次多项式增长率的话, 那么它一定是一个二次多项式.

以下我们简单解释上述二阶导数估计的证明原理. 直观地说, 方程 (5) 的解的二阶导数的模某种意义上是下调和的, 从而它的倒数是上调和函数. 所以如果二阶导的倒数在某一点为零, 那么它必须处处为零. 也就是说, 如果二阶导 D^2u 本身在某一点趋于无穷, 那么它只能处处是无穷. 这显然与我们的出发点, 即特殊拉格朗日子流形是解的梯度对应的函数图像 (x, Du) 这一事实矛盾. 为了具体

实现这一证明想法, 其中关键的一步是证明

$$\Delta_g \frac{1}{\sqrt{1+\lambda_{\max}^2}} \leqslant 0,$$

其中 $\lambda_{\max}$ 是 D^2u 的最大特征根, Δ_g 是拉格朗日子流形上诱导度量对应的拉普拉斯算子. 上式等价于 Jacobi 型不等式

$$\Delta_g \ln \sqrt{1+\lambda_{\max}^2} \geqslant |\nabla_g \ln \sqrt{1+\lambda_{\max}^2}|^2.$$

证明的具体实施方案是从极小曲面上下调和均值不等式出发, 利用 Sobolev 不等式、Jacobi 不等式及 σ_k 的散度结构, 将 $\ln \sqrt{1+\lambda_{\max}^2}$ 的平均值用解的梯度界来控制. 这一过程可以视为调和函数高阶导数被低阶导数估计的均值证法的艰难非线性化.

4.2.5 次临界相角的特殊拉格朗日方程的奇异解

对于次临界相角, 即满足 $|\Theta| < (n-2)\frac{\pi}{2}$ 的特殊拉格朗日方程, 上述二阶导数的先验估计是不成立的. Nadirashvili-Vladuct[17] 首先对三维的特殊拉格朗日方程

$$\sum_{i=1}^{3} \arctan \lambda_i = 0$$

构造出了只有 $C^{1,\frac{1}{3}}$ 光滑性的解. Wang-Yuan[26] 进一步对三维的次临界相角的特殊拉格朗日方程, 即 $n=3, |\Theta| \in \left(-\frac{\pi}{2}, \frac{\pi}{2}\right)$ 给出了 $C^{1,r}$ 解的例子, 其中 $r = \frac{1}{2m-1} \in \left(0, \frac{1}{3}\right], m=2,3,\cdots$. 进而对于更高维数 $n \geqslant 4$, 只需要对上述奇异解添加一些只依赖于多出变量的二次函数, 也可以得到相同正则性的次临界相位奇异解. Wang-Yuan 构造奇异解主要是利用 $U(n)$ 旋转的方法, 其难点在于证明旋转之后的解仍然是某一个函数的梯度图像. 具体步骤如下: 首先考虑临界相位方程 $|\Theta| = \frac{\pi}{2}$, 其代数方程是一个二次函数的形式, 即 σ_2-方程:

$$\sigma_2(D^2u) = \lambda_1\lambda_2 + \lambda_2\lambda_3 + \lambda_3\lambda_1 = 1. \tag{8}$$

我们可以构造一族逼近的 $2m$ 阶多项式函数 P, 使得它们的相角约为 $\left(0^-, \frac{\pi}{4}, \frac{\pi}{4}\right)$ (图 6). 然后以这族逼近函数为初值, 利用 Cauchy-Kowalevskaya 方法可以得到方程 (8) 相应的解 u. 接下来对 u 作角度为 $-\frac{\pi}{2}$ 的 $U(3)$ 旋转, 即勒让德变换,

得到相角约为 $\left(\dfrac{\pi^-}{2}, -\dfrac{\pi}{4}, -\dfrac{\pi}{4}\right)$ 且满足 $\Theta = 0$ 的奇异解 $\tilde{u}$. 最后通过保持 z_1 平面不变的"水平"旋转, 我们可以调整 $\tilde{u}$ 的相角到任意的 $\Theta \in \left(0, \dfrac{\pi}{2}\right)$, 从而得到所求奇异解.

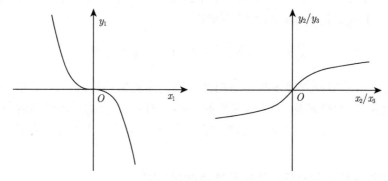

图 6　构造解 u 的相角

4.3　具有势函数的曲率流

4.3.1　欧氏空间中的拉格朗日平均曲率流

平均曲率流描述一个黎曼流形中的子流形沿着它的平均曲率向量演化的过程. 其一般方程为

$$\partial_t X = \mathbf{H} = \Delta_g X,$$

其中 $X(\cdot, t)$ 为一族浸入子流形, $\mathbf{H}$ 为平均曲率, g 为子流形上诱导的度量. 一个为人们所知的事实是平均曲率流下拉格朗日子流形保持其拉格朗日结构[21].

另一方面, 可以考虑势函数满足的完全非线性抛物方程

$$\partial_t u = \arctan D^2 u. \tag{9}$$

对其两边求空间导数得到

$$\partial_t(x, Du) = \sum_{i,j=1}^{n} g^{ij} \partial_{ij}(x, Du), \tag{10}$$

其中抛物系数 g^{ij} 是梯度图 (x, Du) 在欧氏空间 $(\mathbb{R}^n \times \mathbb{R}^n, dx^2 + dy^2)$ 中诱导度量 $g = I + D^2 u D^2 u$ 的逆矩阵. 方程 (10) 在梯度图法向投影是其平均曲率向量. 从而该梯度图形变的有效部分确是沿其平均曲率向量. 一维情形时, (9) 和 (10) 分别

简化为

$$\partial_t u = \arctan u_{xx} \quad \text{和} \quad \partial_t u_x = \frac{u_{xxx}}{1 + u_{xx}^2}.$$

对于拉格朗日平均曲率流势函数方程 (9) 的初值问题, Smoczyk-Wang[22] 对周期解的情形, 也就是初值 u_0 的梯度 Du_0 是一个从 $\mathbb{T}^n$ 到自身的映射在 $\mathbb{R}^n$ 上的提升的情形, 应用 Krylov 关于带凹性的一致抛物完全非线性方程的理论, 证明了在初值一致凸条件下, 即满足 $0 \leqslant D^2 u_0 \leqslant C$ 或者

$$-(1-\delta)I_n \leqslant D^2 u_0 \leqslant (1-\delta)I_n, \quad \delta > 0,$$

方程 (9) 的整体解的存在性. Chau-Chen-He[5] 则证明了在 Du_0 没有周期性假设且满足一致凸条件时的整体解存在性, 其中他们得到的先验估计在 $\delta \to 0$ 时会爆破. 而对于方程 (9) 的弱解, Chen-Pang[8] 证明了连续初值对应的黏性弱解的整体存在性和唯一性. 值得注意的是定义在整个欧氏空间上的标准热方程 $u_t = \Delta u$ 有 Tikhonov 非唯一解及有限时间爆破解 $u(x,t) = \frac{1}{\sqrt{1-t}} \exp\left(\frac{x^2}{4(1-t)}\right)$. 这些现象可解释为标准热方程具有一致热传导系数, 而完全非线性热方程 (9) 的热传导系数在空间二阶导数无界时会退化. 此外方程 (9) 的鞍面形状解的高阶导数在有限时间会爆破.

这里介绍 Chau-Chen-Yuan[6] 证明的如下整体存在性结果. 如果初始势函数 u_0 满足

$$-(1+\eta)I \leqslant D^2 u_0 \leqslant (1+\eta)I, \tag{11}$$

其中 $\eta = \eta(n)$ 是一个只与维数有关的小常数, 则拉格朗日平均曲率流方程 (9) 存在一个唯一的整体解 $u(x,t) : \mathbb{R}^n \times [0,\infty) \to \mathbb{R}^1$. 在 $t > 0$ 时 u 是光滑的, 并满足:

(1) 对任意 $t > 0$ 有 $-\sqrt{3}I \leqslant D^2 u(x,t) \leqslant \sqrt{3}I$;

(2) 对任意 $t > 0, l \geqslant 3$ 有 $\|D^l u\|_{L^\infty(\mathbb{R}^n)} \leqslant C_l t^{2-l}$;

(3) 在初始时刻 $t = 0$, $Du(x,t)$ 关于时间 t 是 $C^{\frac{1}{2}}$ 的.

利用此结果, 通过前述 $U(n)$ 坐标旋转的方法, 马上可以得到对于局部 $C^{1,1}$ 的凸函数初值或满足 $\arctan D^2 u_0 \geqslant (n-1)\frac{\pi}{2}$ 的大相角初值对应的整体解的存在性和相关估计.

需要指出的是, Krylov 关于带凹性的一致抛物完全非线性方程的理论对于只满足 "近凸" 条件 (11) 的拉格朗日平均曲率流方程 (9) 并不适用. 为了克服这一困难, Chau-Chen-Yuan 利用逼近的思想和解空间紧性的讨论, 其中关键工具是 Chen-Pang 的唯一性结果和 Nguyen-Yuan[18] 得到的对于拉格朗日平均曲率流的抛物型 Schauder 模估计. 而 Nguyen-Yuan 的估计又依赖于相应椭圆型特殊拉格

朗日方程的伯恩斯坦以及刘维尔型定理. 此外, Neves-Yuan[19] 构造的例子表明以上整体存在性结果的条件都是最优的. 实际上, "近凸" 条件 (11) 在方程 (9) 下并不保持. 而如果初值只满足 $D^2 u_0 \geqslant -\eta I$ 或者 $\arctan D^2 u_0 \geqslant (n-1)\frac{\pi}{2} - \eta$, 在初始坐标系里, 解的整体图像性质在方程 (9) 下不能保持, 也就是说 $D^2 u$ 可能会在有限时间爆破; 但另一方面在该反例中, 通过前述坐标旋转再应用 Chau-Chen-Yuan 的结果, 可以发现拉格朗日平均曲率流本身是整体光滑存在的.

4.3.2 伪欧氏空间中的拉格朗日平均曲率流和凯莱流形上的凯莱-里奇流

我们已经介绍了拉格朗日方程的抛物形式, 即

$$\partial_t v = \arctan D^2 v. \tag{12}$$

对于蒙日-安培方程, 我们一样可以考虑其抛物形式

$$\partial_t v = \ln \det D^2 v. \tag{13}$$

同样对方程求空间导数得到

$$\partial_t(x, Dv) = \sum_{i,j=1}^{n} g^{ij} \partial_{ij}(x, Dv),$$

其中抛物系数 g^{ij} 是类空梯度图在伪欧氏空间 $(\mathbb{R}^n \times \mathbb{R}^n, dxdy)$ 中诱导度量 $g = D^2 v$ 的逆矩阵. 同样, 上面向量形式方程在梯度图法向投影是其平均曲率向量. 从而该梯度图形变的有效部分确是沿其平均曲率向量. 还可考虑复蒙日-安培方程, 即一个在 $\mathbb{C}^m$ 上实值函数满足

$$\partial_t v = \ln \det \partial \bar{\partial} v. \tag{14}$$

对方程方程求二次空间导数得到

$$\partial_t g_{i\bar{k}} = -R_{i\bar{k}},$$

其中凯莱度量 $g_{i\bar{k}} = v_{i\bar{k}}$, 右端凯莱-里奇曲率 $R_{i\bar{k}} = -\partial_i \bar{\partial}_k \ln \det \partial \bar{\partial} v$. 由此看出二阶势方程 (14) 实际上对应着几何分析中著名的凯莱-里奇 (Kähler-Ricci) 流.

以上三个方程都可以考虑一类自相似解, 称之为收缩孤立子解, 即形如

$$v(x,t) = -tu\left(\frac{x}{\sqrt{-t}}\right)$$

的解. 容易验证, 如果上式定义的 v 是三个抛物方程 (12)—(14) 的孤立子解, 那么 u 分别是下面三个椭圆方程的解:

$$\arctan D^2 u = \frac{1}{2} x \cdot Du(x) - u(x), \tag{15}$$

$$\ln \det D^2 u = \frac{1}{2} x \cdot Du(x) - u(x), \tag{16}$$

$$\ln \det \partial \bar{\partial} u = \frac{1}{2} x \cdot Du(x) - u(x). \tag{17}$$

关于上述收缩孤立子解, Chau-Chen-Yuan[7] 证明了下面的刚性结果.

(1) 如果 u 是方程 (15) 在 $\mathbb{R}^n$ 中的整体光滑解, 则 $u(x) = u(0) + \frac{1}{2} \langle D^2 u(0) x, x \rangle$;

(2) 如果 u 是方程 (16) 在 $\mathbb{R}^n$ 中的整体光滑凸解并在无穷远处满足 $D^2 u(x) \geqslant \dfrac{2(n-1)}{|x|^2}$, 则 u 是二次函数;

(3) 如果 u 是方程 (17) 在 $\mathbb{C}^m$ 中的整体光滑的多重次调和或复凸 (plurisubharmonic) 解 (即 $\partial \bar{\partial} u \geqslant 0$) 并且在无穷远处满足 $\partial \bar{\partial} u(x) \geqslant \dfrac{2m-1}{2|x|^2}$, 则 u 是二次函数.

对方程求时间导数, Chau-Chen-Yuan 观察到收缩孤立子解对应的相位函数在整个空间上满足一个带放大项的二阶椭圆方程, 一维情形此方程可以理解为加速度正比于速度, 从而有界相位函数的变化率不可能非零, 故必为常数. 又注意到自相似解方程右端是对函数 "非齐二次性" 的衡量, 这说明光滑势函数只能是二次函数.

接下来我们以本节 Chau-Chen-Yuan 结果的第一种情形, 也就是拉格朗日收缩孤立子为例, 进一步说明证明思路. 令 $\Theta = \arctan D^2 u$. 简单的计算表明当 u 满足方程 (15) 时, 相函数 Θ 满足方程

$$\sum_{i,j=1}^{n} g^{ij} \partial_{ij} \Theta(x) = \frac{1}{2} x \cdot D\Theta(x), \tag{18}$$

其中 g^{ij} 为诱导度量 $g = I + D^2 u D^2 u$ 对应的逆矩阵, 从而有上界. 上述带放大项的二阶椭圆方程容许我们构造合适的闸函数, 进而证明 Θ 只能在有限点达到最小值. 强极值原理迫使 Θ 只能为常数. 再由欧拉齐次函数定理应用到方程 (15) 即知 u 为二次函数.

事实上, 上述蒙日-安培情形中, 诱导度量的平方反比下界是一个具体的完备性条件. 此时若度量完备, 则上述收缩孤立子刚性结果对蒙日-安培 (实或复) 情形

也对. 这是在文献 [12] 里得到的结果. 进一步的观察是, 相位函数的径向导数为对应凯莱度量的负数量曲率 (18). 而收缩孤立子的数量曲率又是非负的, 所以相位函数在原点达到其最大值. 类似地应用强极值原理即得结论. 这里数量曲率 R 非负可由其满足方程看出

$$\Delta_g R \leqslant \frac{1}{2} r R_r + R - \frac{1}{m} R^2.$$

若 R 在某点达到最小值, 则 $0 \leqslant R_{\min} - \frac{R_{\min}^2}{m}$, 所以数量曲率非负. 度量完备时证明可实现.

Ding-Xin[11] 和 Wang[27] 分别证明了实蒙日–安培自相似方程 (16) 和复一维 (17) 的伯恩斯坦定理, 即其整体光滑解必为二次函数.

4.4   未解决的问题

问题 4.1   能否找出上述特殊拉格朗日方程二阶导数估计的一个逐点 (pointwise) 证明方法? 我们的证明是积分形式的. 若可行, 会对一个长期未解决的二次对称 Hessian 方程即 $\sigma_2(D^2 u) = 1$ 的二阶导数估计有促进. 理由是该方程在高维时 $(n \geqslant 4)$ 还未看到有低维 $(n \leqslant 3)$ 时的极小曲面结构, 因而未见有效平均值不等式可用. 回顾极小曲面方程 $\mathrm{div}\left(\dfrac{Df}{\sqrt{1 + |Df|^2}} \right) = 0$ 之经典梯度估计

$$|Df(0)| \leqslant C(n) \exp\left[C(n) \|f\|_{L^\infty(B_1)} \right].$$

Bombieri-De Giorgi-Miranda 于 20 世纪 60 年代及 Trudinger 于 70 年代的简化证明都是积分形式的. Korevaar 于 80 年代找到了一个简短逐点证明. 它们都基于 Jacobi 不等式

$$\Delta_g \ln \sqrt{1 + |Df|^2} \geqslant |\nabla_g \ln \sqrt{1 + |Df|^2}|^2.$$

问题 4.2   构造高维 $(n \geqslant 3)$ 临界相位特殊拉格朗日方程 $\arctan D^2 u = (n - 2)\dfrac{\pi}{2}$ 的非平凡整体解. Warren 在三维情形的构造是通过分离变量加调整得出的. 系统办法的关键应是找出非平凡上下解, 因为我们已有后续完成手段, 即导数估计. 一个更为迫切的问题是高维 $(n \geqslant 5)$ 次临界特殊拉格朗日方程有无非平凡齐二次解? 一般特殊拉格朗日方程解的刚性、正则性等都与之有关.

问题 4.3   复蒙日–安培自相似方程 $\ln \det \partial \bar{\partial} u = \dfrac{1}{2} x \cdot Du(x) - u(x)$ 的整体解一

定是二次函数吗？如上所述复一维确是. 虽然现在复蒙日–安培方程 $\ln \det \partial \bar{\partial} u = 0$ 已知有众多对应凯莱度量完备 (非平坦) 的非平凡解, 可自相似方程的右端自相似项会对整体解增加强烈限制以至于使之平凡. 正如余一维极小曲面自相似方程及拉格朗日自相似方程整体解均有刚性, 皆源于自相似性; 一旦失去了自相似性, 对应的余一维极小曲面方程和拉格朗日方程都有非平凡整体解.

致谢 非常感谢王友德教授安排此系列讲座和宋翀教授协助翻译与整理讲稿及制图!

参 考 文 献

[1] Bao J G, Chen J Y. Optimal regularity for convex strong solutions of special Lagrangian equations in dimension 3. Indiana Univ. Math. J., 2003, 52(5): 1231-1249.

[2] Bao J G, Chen J Y, Guan B, Ji M. Liouville property and regularity of a Hessian quotient equation. Amer. J. Math, 2003, 125(2): 301-316.

[3] Caffarelli L, Nirenberg L, Spruck J. The Dirichlet problem for nonlinear second-order elliptic equations, III: Functions of the eigenvalues of the Hessian. Acta Math., 1985, 155(1): 261-301.

[4] Chang A S Y, Yuan Y. A Liouville problem for the sigma-2 equation. Discrete Contin. Dyn. Syst., 2010, 28(2): 659-664.

[5] Chau A, Chen J Y, He W Y. Lagrangian mean curvature flow for entire Lipschitz graphs. Calc. Var. Partial Differ. Eq, 2012, 44: 199-220.

[6] Chau A, Chen J Y, Yuan Y. Lagrangian mean curvature flow for entire Lipschitz graphs II. Math. Ann., 2013, 357(1): 165-183.

[7] Chau A, Chen J Y, Yuan Y. Rigidity of entire self-shrinking solutions to curvature flows. J. Reine Angew. Math., 2012, 664: 229-239.

[8] Chen J Y, Pang C. Uniqueness of viscosity solutions of a geometric fully nonlinear parabolic equation. C.R. Math. Acad. Soc. Paris Ser., 2009, 347: 1031-1034.

[9] Chen J Y, Warren M, Yuan Y. A priori estimate for convex solutions to special Lagrangian equations and its application. Comm. Pure Appl. Math., 2010, 62(4): 583-595.

[10] Chou K S, Wang X J. A variational theory of the Hessian equation. Comm. Pure Appl. Math., 2010, 54(9): 1029-1064.

[11] Ding Q, Xin Y L. The rigidity theorems for Lagrangian self-shrinkers. J. Reine Angew. Math., 2014, 692: 109-123.

[12] Drugan G, Lu P, Yuan Y. Rigidity of complete entire self-shrinking solutions to Kahler-Ricci flow. Int. Math. Res. Not. IMRN, 2015, 2015(12): 3908-3916.

[13] Finn R. New estimates for equations of minimal surface type. Arch. Rational Mech. Anal., 1963, 14(1): 337-375.

[14] Harvey R, Lawson H B. Calibrated geometries. Acta Mathematica, 1982, 148(1): 47-157.

[15] Heinz E. On elliptic Monge-Ampère equations and Weyl's embedding problem. J. Analyse Math., 1959, 7: 1-52.

[16] Jörgens K. Über die Lösungen der Differentialgleichung $rt - s^2 = 1$. Math. Ann., 1954, 127(1): 130-134.

[17] Nadirashvili N, Vlǎduţ S. Singular solution to special Lagrangian equations. Ann. Inst. H. Poincaré Anal. Non Linéaire, 2010, 27(5): 1179-1188.

[18] Nguyen T, Yuan Y. A priori estimates for Lagrangian mean curvature flows. Int. Math. Res. Not. IMRN, 2011, 242(19): 4376-4383.

[19] Neves A, Yuan Y. Finite time blow-up of graphical Lagrangian mean curvature flows, preprint.

[20] Pogorelov A V. The Minkowski Multidimensional Problem. Translated from the Russian by Vladimir Oliker, Introduction by Louis Nirenberg, Scripta Series in Mathematics, V. H. Winston & Sons, Washington, DC, 1978.

[21] Smoczyk K. Angle theorems for the Lagrangian mean curvature flow. Math. Z, 2002, 240(4): 849-883.

[22] Smoczyk K, Wang M T. Mean curvature flows of Lagrangian submanifolds with convex potentials. J. Differ. Geom., 2002, 62(2): 243-257.

[23] Trudinger N S. Regularity of solutions of fully nonlinear elliptic equations. Boll. Un. Mat. Ital. A (6), 1984, 3(3): 421-430.

[24] Urbas J. Some interior regularity results for solutions of Hessian equations. Calc. Var. Partial Differential Equations, 2000, 11(1): 1-31.

[25] Wang D K, Yuan Y. Singular solutions to special Lagrangian equations with subcritical phases and minimal surface systems. Amer. J. Math., 2013, 135(5): 1157-1177.

[26] Wang D K, Yuan Y. Hessian estimates for special Lagrangian equations with critical and supercritical phases in general dimensions. Amer. J. Math., 2011, 136(2): 481-499.

[27] Wang W L. Rigidity of entire self-shrinking solutions to Kähler-Ricci flow on the complex plane. Proc. Amer. Math. Soc., 2016, 145(7): 3105-3108.

[28] Warren M. Nonpolynomial entire solutions to σ_k equations. Comm. Partial Differential Equations, 2015, 41(5): 848-853.

[29] Warren M, Yuan Y. Explicit gradient estimates for minimal Lagrangian surfaces of dimension two. Math. Z, 2009, 262(4): 867-879.

[30] Warren M, Yuan Y. Hessian estimates for the sigma-2 equation in dimension 3. Comm. Pure Appl. Math., 2009, 62(3): 305-321.

[31] Warren M, Yuan Y. Hessian and gradient estimates for three dimensional special

Lagrangian equations with large phase. Amer. J. Math., 2010, 132(3): 751-770.

[32] Yuan Y. A Bernstern problem for special Lagrangian equations. Invent. Math., 2002, 150: 117-125.

[33] Yuan Y. Global solutions to special Lagrangian equations. Proc. AMS, 2006, 134(5): 1355-1358.

[34] Yuan Y. Lecture Notes on Special Lagrangian Equations, 2015.

5 从太阳系的稳定性问题谈起

尚在久

本报告主要围绕基于牛顿运动方程提出的太阳系的稳定性问题, 简要介绍经典力学和数学的若干交叉发展历史片段, 从中窥探科学如何推动数学基础理论发展, 数学的基础理论成果如何应用于解释自然现象或者解决科学问题.

科学的发展经历了一个漫长而曲折的过程, 人类对于所处世界的正确的认识其实也就三百多年. 我们很幸运身处在这样一个时代, 前辈伟人的智慧开辟出了一个光明的世界, 那些隐藏在黑暗中困惑了人类漫长岁月的很多奥秘在这三百年间被揭开. 在所有这些奥秘中, 宇宙天体, 特别是太阳系及其各大行星的运动规律曾是长期受关注的一个, 是使数学发挥有效作用同时也极大地推动了数学发展进程的一个.

这个报告主要基于牛顿运动方程从太阳系的稳定性问题(简称 "稳定性问题", 作为一个数学问题更精确的叙述见第四节) 谈起, 简要介绍天体力学和动力系统的若干交叉发展历史片段, 侧重于介绍在解决 "稳定性问题" 的过程中发展起来的某些动力系统、基本方法和基本结果, 特别局限于与著名的 "小除数" 问题相关的部分.

关于太阳系的稳定性问题及其研究历史, 已有过一些很好的科普性质的介绍文章, 如 [1,8,10,11,16]. 本报告主要参考了这些文献. 特别向读者推荐近期的中文文章 [16], 其中已经概述了 "稳定性问题" 的一些历史发展和主要成果, 本报告有若干重复.

5.1 牛顿力学

我们就从牛顿谈起. 牛顿于 1687 年出版了《自然哲学的数学原理》[17] (简称《原理》), 这标志着自然科学形成体系, 科学研究进入了一个实验观测和理论研究交叉发展的新时代. 特别是微积分的发明和运用使得数学开始发挥不可替代的巨大作用, 牛顿力学诞生了. 在这巨著中牛顿首次系统阐述了伽利略的时空观, 明确了物体的质量和物体之间作用力等基本概念, 提出了时空中物体运动和受力之关系的三大定律, 根据开普勒关于行星运动的三大定律 (此三定律是基于第谷和开普勒本人的观测资料研究总结而成) 用数学方法推导出行星间的引力满足平方反比定律, 提出更一般的万有引力定律 (据记载, 胡克与牛顿就引力问题有过实质性交流), 建立了牛顿运动方程, 奠定了经典力学的基础.

设有 N 个大小可忽略不计的质点, 其质量分别为 $m_1, m_2, \cdots, m_N$. 第 i 个质点受第 j 个质点的万有引力为

$$\boldsymbol{F}_{ij} = G \frac{m_i m_j}{|\boldsymbol{r}_j - \boldsymbol{r}_i|^2} \cdot \frac{\boldsymbol{r}_j - \boldsymbol{r}_i}{|\boldsymbol{r}_j - \boldsymbol{r}_i|},$$

其中 G 是万有引力常数. 此力是伽利略三维空间中的矢量, 根据矢量的叠加原理, 第 i 个质点受到其他 $N-1$ 个质点的总的作用力是

$$\boldsymbol{F}_i = \sum_{j \neq i} \boldsymbol{F}_{ij} = G \sum_{j \neq i} \frac{m_i m_j}{|\boldsymbol{r}_j - \boldsymbol{r}_i|^2} \cdot \frac{\boldsymbol{r}_j - \boldsymbol{r}_i}{|\boldsymbol{r}_j - \boldsymbol{r}_i|}.$$

设第 i 个质点在时刻 t 的位置矢量为 (规定伽利略空间的某点为坐标原点, 同时确定一个坐标系) $\boldsymbol{r}_i = \boldsymbol{r}_i(t)$, 牛顿于 1665 年就知道此质点在时刻 t 的瞬时速度矢量是 $\dot{\boldsymbol{r}}_i = \dfrac{d}{dt} \boldsymbol{r}_i(t)$ (见《牛顿传》[18]), 瞬时加速度矢量是 $\ddot{\boldsymbol{r}}_i = \dfrac{d^2}{dt^2} \boldsymbol{r}_i(t)$, 根据牛顿第二定律, 此 N 个质点系统的运动方程即为

$$\ddot{\boldsymbol{r}}_i = G \sum_{j \neq i} \frac{m_j}{|\boldsymbol{r}_j - \boldsymbol{r}_i|^2} \cdot \frac{\boldsymbol{r}_j - \boldsymbol{r}_i}{|\boldsymbol{r}_j - \boldsymbol{r}_i|}, \quad i = 1, 2, \cdots, N.$$

上述方程是否表达真实的运动规律? 今天我们都相信这个方程组能够精确描述万有引力作用下物体在低速情况下的运动规律, 但在牛顿时代这是个问题. 基于上述方程的逻辑推理结果与实际的例子进行对比验证是牛顿在《原理》出版后一段时期的主要任务. 譬如他针对二体问题在数学上严格论证了开普勒的三大运动定律, 在英国皇家天文学家弗拉姆斯蒂德提供的观测数据基础上, 通过计算木星卫星和月球的运动轨迹验证万有引力理论, 解释潮汐现象, 计算彗星的运动轨迹, 预言地球形状呈扁球体, 指出太阳对赤道凸出部分的摄动引起岁差等. 他讨论了三体问题 ($N = 3$), 研究月球的运动 (主要受地球和太阳的引力作用), 因为没有通用的解析解可用 (现在知道三体问题不可积, 根本不可能通过积分获得解析解), 认识到求解三体问题的巨大困难, 没有得到关于月球运动的满意的结果. 他关心太阳系的稳定性, 认为一个仅受太阳引力作用的行星围绕太阳在椭圆轨道上运动 (太阳位于椭圆的一个焦点), 但是多个行星由于受相互间的引力作用也许会破坏这种椭圆轨道. 由于其他行星和彗星的引力摄动使得这种稳定性受到怀疑, 因为在牛顿时代还并不知道行星和彗星的质量相比太阳实际上小很多, 没有摄动

理论的三体问题和行星轨道运动无法得到满意的结果. 实际上牛顿之后三体问题和太阳系的稳定性成为力学和数学家们一个长期的研究课题, 在推动力学和数学的发展上居功至伟.

牛顿之后, 围绕运动方程对更一般的微分方程 (组) 进行求解 (或者积分) 成为数学研究的一个主题. 伯努利家族特别是约翰·伯努利及其学生欧拉在这方面做了大量的研究. 约翰·伯努利和赫尔曼 (雅各布·伯努利的学生) 于 1710 年给出了开普勒二体问题一个绝妙的解法, 运用能量守恒、动量守恒和角动量守恒等定律 (这些定律已被牛顿阐明) 确定了天体轨道根数, 行星相对太阳的位置矢量 (以太阳为该矢量的起点) 随时间在以太阳为焦点的圆锥曲线上运动, 圆锥曲线分为三种情况: 椭圆 (离心率小于 1, 离心率为零的情况是圆)、抛物线 (离心率等于 1) 和双曲线 (离心率大于 1). 现在的教科书仍然使用这个解法, 堪为经典 (作为莱布尼茨的信徒, 约翰·伯努利在关于微积分的优先权的争论中积极捍卫莱布尼茨, 攻击牛顿). 但是三体问题和 "稳定性问题" 长期没有进展.

实际上, 18 世纪一个基本的科学问题是: 首先, 牛顿的引力定律和运动方程是否能够完全解释天体的运动? 其次, 尽管受行星之间相互的引力摄动, 太阳系的稳定性是否仍然能够得到保证? 即便如目前所知, 太阳系内行星的质量相比太阳质量小得多 (最大的木星质量是太阳质量的大约千分之一), 行星的运动受其他行星的摄动很弱, 是否仍然能够保证在经历非常长的时间周期之后行星的轨道不会有下面的显著变化: 或者发生碰撞, 或者逃离太阳系, 导致太阳系崩溃? 这就是太阳系的稳定性问题.

但是天文观测表明: 木星的轨道在收缩, 土星的轨道在膨胀. 为解释此现象, 哈雷在木星和土星的平均运动的计算中引入了一个久期项, 久期项是类似于 $t^\alpha f(t), \alpha > 0$ 的函数, 其中 t 是时间变量, $f(t)$ 是一个当时间趋于无穷时不趋于零的函数. 哈雷的一项重要成就是于 1682 年发现了一颗后来以他的名字命名的彗星, 而且他推断这颗星与 1531 年阿皮安努斯和 1607 年开普勒分别发现的两颗星应该是同一颗星, 并且根据牛顿理论推断出这颗星围绕太阳的运转周期大约是 76 年, 同时预言这颗星的下一次返回太阳近日点的时间是 1758 年. 哈雷的这个预言后来被证实, 但遗憾的是他已于 1742 年去世. 后来的观测多次证实了哈雷的预言. 哈雷彗星是验证牛顿万有引力定律和运动方程的一个绝好的例子. 久期项的出现让 "稳定性问题" 变得更加重要, 以致巴黎科学院为此设立了奖金. 欧拉于 1748 年和 1752 年两度获奖. 在 1752 年的著作中, 欧拉相信他根据牛顿定律能够推知木星和土星的平均运动具有久期项, 不过与观测结果相反, 这两项符号相同, 因此同时靠近或者远离太阳. 事实上欧拉的结果是错的! 不过他的工作为后来蓬勃发展且在科学研究中行之有效的摄动法奠定了基础. 1766 年拉格朗日计算得到了与观测到的行为一致的结果 (木星的平均经度有久期项 $2''.7402n^2$, 土星的平均经度有久期项 $-14''.2218n^2$, 其中 n 是绕太阳的旋转圈数), 木星在加速而土星在变慢. 尽管如此, 拉格朗日的结果仍然是错的. 拉格朗日关于月球和彗星运动的研究也多次获得巴黎科学院的奖金.

5.2 拉普拉斯、拉格朗日和拉格朗日力学

对 "稳定性问题" 的第一个重要突破是拉普拉斯. 1776 年拉普拉斯发表文章声称木星和土星的相互引力作用并不导致其轨道大小的长期变化, 平均运动中椭圆半轴不出现久期项. 但他意识到围绕太阳运动的大量的彗星, 如果其中偶尔有某些足够接近木星和土星的话, 也许会改变其运动轨道. 如果获知彗星的数目、质量及其运动就能确定其对这两颗行星的运动的影响. 这引导拉普拉斯吸收概率论方法评估彗星轨道变化. 但这是另一个问题, 虽然确实很现实. 我们这里不考虑彗星和其他宇宙尘埃, 只考虑太阳系内主要行星及其与太阳的相互作用, 在这种理想化的情况下问题变得相对简单, 是比较纯粹的数学问题. 18 世纪后半叶欧洲最耀眼的科学明星当属拉格朗日和拉普拉斯. 他们差不多同时研究 "稳定性问题", 期间发生了一件有趣的事. 事实上, 拉普拉斯于 1773 年在巴黎科学院报告了他 1776 年发表的结果: 关于椭圆轨道半主轴的平均运动没有久期项, 只有周期变化. 随后于 1774 年, 在柏林的拉格朗日向巴黎科学院提交了一个报告, 是关于行星的升交点和倾角的长期运动的新结果. 该文首次提出并研究了所有行星轨道的一阶平均运动 (按现在的说法就是平衡点处线性化), 得到一个常系数线性常微分方程组, 应用于当时已知的太阳系 6 个主要行星, 证明了这个方程组的解没有久期项, 只有周期项 (按现在的说法, 平衡点是椭圆型), 所有的解表示成六个周期函数的叠加, 平均运动是拟周期运动, 精确计算了 6 个基本频率 (线性方程组系数矩阵的特征值), 结果与拉斯卡 (巴黎天文台研究员, 法国科学院院士)2004 年的计算结果出入不大 (拉斯卡考虑了更多更复杂的因素), 令人惊奇! 要知道当年人们对太阳系的内行星 (水星、金星和火星) 的质量大小一无所知. 拉普拉斯对拉格朗日的结果印象至深, 理解到拉格朗日工作的重要性, 暂时放下他自己关于行星轨道问题的研究, 立即应用拉格朗日的方法研究行星轨道离心率和远日点的长期行为, 也得到只有周期变化的结果. 但有意思的是, 拉普拉斯的结果很快于 1775 年发表, 而拉格朗日的结果直到 1778 年才发表. 根据拉普拉斯与拉格朗日的通信交流显示, 拉普拉斯把他的论文寄给了拉格朗日, 拉格朗日回信表示本来打算随后研究离心率和远日点问题, 但由于拉普拉斯捷足先登, 他向拉普拉斯表示放弃. 但是这个问题实在重要, 拉格朗日并不甘心, 另外向巴黎科学院的达朗贝尔写信说

明继续他的独立研究, 不过不再接受拉普拉斯给他邮寄文章. 之后拉格朗日的工作陆续发表 (1781, 1782, 1783a, 1783b, 1784), 首次给出关于六个主要行星的平均运动的完整解答. 不过他的论文不再投给巴黎科学院, 而是在柏林科学院发表.

拉普拉斯进一步深入考察了三体系统 "太阳–木星–土星". 虽然已经证明木星和土星的平均运动轨道半主轴没有久期项, 但是木星轨道收缩和土星轨道膨胀原因何在? 他根据能量守恒定律推知木星和土星平均运动的加速度之比与它们的质量及半主轴的关系式, 与观测结果吻合, 因此相信木星轨道收缩及土星轨道膨胀是此二星之间的引力作用所致. 但他认为仍然有必要从牛顿运动方程寻求原因. 根据计算和观测得出的结果, 木星和土星大致做周期运动的频率比大约是 5 : 2, 即木星绕太阳 5 圈的时间差不多土星绕太阳两圈. 拉普拉斯意识到由于这两个频率接近可公度, 会产生共振, 长时间后的效果会看上去像久期项. 他在木星和土星的经度展开中引入了新的震荡项, 通过对离心率做高阶展开 (实际上他展开到二阶), 经过复杂的计算, 结果与历史观测数据非常吻合, 从而解释了木星轨道收缩而土星轨道膨胀的原因, 仅仅是由于它们的频率接近可公度引起, 牛顿定律和运动方程又经受住了考验. 拉普拉斯的这个发现就是后来在 "稳定性问题" 的证明中最让人头疼的著名的 "小除数问题" 的萌芽. 他关于 "太阳–木星–土星" 的研究确实很成功, 这个结果的副产品就是也推知太阳系内彗星的质量其实很小, 不然的话, 计算结果与观测数据不会吻合得这么好, 因为他的计算中完全没有考虑彗星的影响. 他声称已经证明了太阳系的稳定性, 没有继续追踪频率之间的可公度性带来的更深刻的问题. 不过正如 100 多年后的索末菲所说, 那只是一个 "模拟证明". 这个稳定性结果只能保证在太阳系的生命周期里很短的时间, 因为他省略了太多的因素. 不过当时看, 这个结果已经非常令人鼓舞了, 至少说明在相当大程度上牛顿理论是值得信赖的.

首次明确提出小除数问题的是 60 年后的勒维耶 (他于 1846 年发现了海王星). 1840 年, 勒维耶重新考察了拉普拉斯和拉格朗日的计算, 在两位前辈只考虑线性近似的基础上增加了高阶项, 立即发现情况大不一样了: 对太阳系内各行星的方程进行积分时出现了带有除数的项, 当行星质量变化时, 此除数可以等于零! 问题是那时太阳系的内行星的质量还不确定. 由于小除数的问题, 即便对运动方程做高阶近似, 也有可能出现高阶项反而大于低阶项的情况, 逐次逼近的方法难以保证解的收敛性.

拉格朗日和拉普拉斯的行星轨道与开普勒椭圆轨道完全不同, 会有双重 "进动" 发生. 其一是近日点在轨道面上慢慢转动, 其二是升交点在空间转动. 拉普拉斯关于行星半主轴长期不变性的结果只考虑了关于离心率和倾角的二阶展开. 拉格朗日利用他的常数变易法可以对离心率不做任何展开, 适用于任意离心率, 证明特别简洁. 他们的工作都说明轨道的离心率和倾角只发生小的变化, 不会导致轨道相交从而发生碰撞. 1808 年泊松发表了 80 页的长文, 证明了拉普拉斯的稳定性结果在平均运动中关于行星质量与太阳质量之比 (作为小参数) 展开到二阶也成立 (此前的工作都是只展开到一阶项). 拉格朗日同年以太阳系的重心为原点的坐标把泊松的结果大大做了简化 (以前都利用太阳为原点的坐标). 那时拉格朗日已在巴黎任职, 他的《分析力学》已于 1788 年在巴黎出版. 他把力学纳入数学分析的框架, 考虑受约束的质点系统的运动, 即研究构型空间为流形的质点系的力学, 发展了变分法, 引进广义坐标、广义速度和作用量等概念, 把以力为基本概念的牛顿运动方程改写成以能量 (动能和势能) 为基本概念的欧拉–拉格朗日方程, 后者使得拉格朗日作用量 (拉格朗日函数连接构型空间任意给定两点的路径积分) 的一阶变分为零. 拉格朗日函数是一个力学量 (动能与势能之差), 其在不同的构型坐标下数学表达式可能不同, 但是欧拉–拉格朗日方程的形式在坐标变换下不变! 这一不变性其实就等价于牛顿第二定律. 拉格朗日把力学纳入到数学分析的一般框架, 力学原理就是变分原理, 建立了拉格朗日力学. 拉格朗日力学使得数学在物理的很多领域有了更广泛的应用.

5.3 哈密顿力学

没有证据显示哈密顿研究过 "稳定性问题", 但是他建立的哈密顿力学对 "稳定性问题" 的研究取得突破性进展至关重要, 也成为天体力学的主要数学框架. 事实上, "一切耗散忽略不计的物理过程, 无论是有限个自由度的还是无限多个自由度的, 无论是经典的还是量子的, 都可以表达成这样或那样的哈密顿形式." [15]

1824 年, 哈密顿在研究非均匀介质中光线的传播问题 (几何光学问题) 时提出下面一组典则方程

$$\frac{dp_i}{dt} = -\frac{\partial H}{\partial q_i}, \quad \frac{dq_i}{dt} = \frac{\partial H}{\partial p_i}, \qquad i = 1, 2, \cdots, n,$$

其中 $H(p_1, \cdots, p_n, q_1, \cdots, q_n)$ 是哈密顿函数. 事实上, 基于费马的 "光线以最短时间传播" 的原理, 哈密顿把几何光学问题归结为拉格朗日变分原理. 这里拉格朗日作用量就是光线连接某两点的路径积分, 即传播时间 t, 光线的真实传播路径就是传播时间最短的路径, 即作用量一阶变分为零的那条路径, 此时作用量即为光程. 再根据惠更斯关于波前的描述, 作用量 (即光程) 的水平集就是某时刻的波前面, 波前面的运动方向 (作用量的梯度, 即力学中的动量) 与光线的传播方向 (速度) 不一定一致 (只有在均匀介质才一致). 哈密顿用描述波前面的 "位置–动量" 坐标代替拉格朗日的描述射线的 "位置–速度" 坐标, 以此描述光线在非均匀介质

中的运动状态, 拉格朗日变分原理自然就有相应的等价原理, 即哈密顿变分原理, 其中哈密顿函数就是拉格朗日函数的勒让德变换 (勒让德在蒙日关于最小曲面研究的启发下引进了这个变换), 欧拉–拉格朗日方程在 "位置–动量" 坐标系自然就是上述形式. 这个想法很自然地可以类比地推广到力学问题, 因此十年后, 哈密顿把拉格朗日用 "广义位置–广义速度" 为状态空间坐标表达的力学改写为用 "广义位置–广义动量" 为相空间坐标表达的力学, 而且在力学问题中, 哈密顿函数就是力学系统的总能量. 一种描述守恒力学系统动力学的新的数学形式 —— 哈密顿力学建立了. 值得深思的是, 就几何光学而言, 拉格朗日形式还没有脱离牛顿的框架, 是描述光作为粒子的运动的; 哈密顿形式既描述光作为粒子的运动, 另外由于基于惠更斯原理, 同时描述波前的运动, 因此也是描述波动问题的运动方程. 哈密顿力学完美地表达了光的波粒二象性, 由此联想量子力学用哈密顿形式描述也是很自然的了.

哈密顿力学的典则形式在数学上具有优美的对称性和简洁性. 最根本的, 它具有下面三条性质:

(1) 能量守恒, 即哈密顿函数在系统的演化过程中保持不变;

(2) 相流保持辛结构, 即系统的时间演化是相空间上的辛变换;

(3) 哈密顿系统的典则形式在辛坐标变换下保持不变, 即如果 $\Phi:(P,Q) \to (p,q)$ 是辛变换, 则在新坐标 (P,Q) 下, 运动方程仍然是上述典则形式, 其中哈密顿函数是 $K(P,Q) = H \circ \Phi(P,Q)$.

在哈密顿建立了典则方程之后不久, 雅可比就致力于哈密顿系统的求解问题, 发展了著名的哈密顿–雅可比方程和辛变换的生成函数理论, 给出了一套完整的哈密顿系统的积分方法, 经博尔、刘维尔、索菲斯·李等的工作, 微分方程的积分理论特别是可积性理论得到了很大发展. 哈密顿–雅可比方程实际上是前面作用量函数所满足的如下一阶非线性偏微分方程:

$$\frac{\partial S}{\partial t} + H\left(\frac{\partial S}{\partial q}, q\right) = 0,$$

其中 $q = (q_1, \cdots, q_n), S = S(q,t), \frac{\partial S}{\partial q} = \left(\frac{\partial S}{\partial q_1}, \cdots, \frac{\partial S}{\partial q_n}\right)$. 这里作用量函数 S 自然是拉格朗日函数沿作用量泛函取到极小值的那条路径的积分. 雅可比利用哈密顿–雅可比方程和生成函数方法, 给出了哈密顿系统的第一个一般的积分方法, 如完全解决了三轴椭球面上的测地线问题和在两个固定引力中心的吸引下质点的运动问题等. 在雅可比之后, 刘维尔引进了作用–角坐标, 提出了完全可积性的概念, 即一个自由度数为 n 的哈密顿典则系统是完全可积的, 如果能够找到作用–角坐标 $(I, \theta) = (I_1, \cdots, I_n, \theta_1, \cdots, \theta_n)$ 和辛变换 $\Phi : (I, \theta) \to (p, q)$, 使得哈密顿函数

$K(I, \theta) = H \circ \Phi(I, \theta)$ 不依赖角坐标. 对完全可积系统, 我们有如下现代版本的刘维尔–阿诺德定理 (假设涉及的函数都是充分光滑的函数):

定理 3.1 (刘维尔–阿诺德定理)   如果 n 个自由度的哈密顿系统存在 n 个两两对合的首次积分 $F_1, \cdots, F_n : (F_i, F_j) = 0, i, j = 1, \cdots, n$, 其中 (F, G) 表示两个函数 F, G 的泊松括弧. 考虑水平集

$$M_f = \{(p, q) : F_i(p, q) = f_i, i = 1, \cdots, n\}.$$

如果函数 $F_i, \cdots, F_n$ 在水平集 M_f 上处处独立, 且此水平集是紧的, 则 M_f 是系统的光滑不变流形, 且微分同胚于 n 维环面. 在此环面上系统的运动是具有 n 个确定频率的拟周期运动.

这个定理由阿诺德于 1963 年在他 26 岁时给出一个漂亮的证明, 阿诺德的证明体现了数学的优美, 值得爱好数学的人欣赏 [1]. 对于 "稳定性问题", 在泊松之后七十年没有大的进展. 1878 年刘维尔在哈密顿系统框架下大大简化了泊松的证明, 他的罗马尼亚学生哈瑞图证明了: 行星轨道半长轴关于与太阳质量比的幂级数展开中三阶项出现了久期项, 从而明确得出与拉普拉斯、拉格朗日和泊松相反的结论. 1887 年布茹恩斯断言, 除了幂级数展开法外, 没有其他定量方法能解决稳定性问题. 因此刘维尔 - 哈瑞图的结果表明定量方法已经走向了死胡同, "稳定性问题" 离解决路途似乎仍然遥远.

5.4 庞加莱和动力学基本问题

在 "稳定性问题" 上打开突破口并且指向正确道路的是庞加莱. 1885 年瑞典国王奥斯卡二世所设的一项有奖问题 (*Acta Mathematica*, Vol. 7, 1885):

一个只受牛顿引力作用的质点系统, 假设没有任何两个质点发生碰撞, 则各个质点的坐标作为时间的函数可表示为一个一致收敛的幂级数, 其中幂级数的每一项由已知函数给出.

这个问题由当时欧洲的数学权威魏尔斯特拉斯受命给出 (评奖委员会还有厄米特和米塔格–莱夫勒). 据 20 世纪 70 年代公布的魏尔斯特拉斯和他的俄罗斯学生科瓦列夫斯卡娅的通信显示, 狄利克雷曾于 1858 年声称证明了上面的命题, 但是由于其很快去世, 手稿遗失. 但魏尔斯特拉斯深信狄利克雷是对的, 因为狄利克雷以严格著称. 魏尔斯特拉斯把此问题设奖的目的是想找到狄利克雷的证明 [10].

1888 年, 庞加莱提交了关于这个问题的论文《关于三体问题的动态方程》(*Sur le probleme des trois corps et les equations de la dynamique. Acta Math*, 1890: 270), 但并不是证明这样的级数一致收敛, 相反, 他证明了这样的级数一般发散, 想求得

"N 体问题"的通解是不可能的. 发散的原因是幂级数的每一项的系数都包含所谓的"小除数"(除数是一个固定频率映射和可任意取值的整数向量的内积, 因此这个内积随着级数项数的增大可任意小. 而且在一个稠密但零测度集合上取值为零! 但那时测度论的严格理论还没有建立!). 这个结果对魏尔斯特拉斯是个打击. 但是评奖委员会还是决定把奖颁给庞加莱, 认为他的工作深化了人们对"N 体问题"的理解, 深刻揭示了其动力学的复杂性. 庞加莱引进了相空间、相流以及相轨线等微分方程研究新观点, 深入研究了"限制性三体问题"(在"三体问题"中假设第三体的质量为零) 的一个特殊情形 —— 平面圆形限制性三体问题 (假设两个质量为正的天体相对做圆周运动, 质量为零的第三体与另外两个天体在同一平面上运动), 证明了大量的 (具连续统势) 周期解的存在性. 伴随着这项研究, 庞加莱发现, 即便如限制性三体问题这样的简化模型, 已经呈现了足够复杂的动力学图景: 稳定的椭圆型平衡点及其周围大量的周期解与不稳定的双曲型平衡点及其同宿、异宿轨线以及横截相交的纠缠结构和由此导致的后人称之为"混沌"的不稳定现象 —— 稳定运动和不稳定运动在相空间中犬牙交织彼此共存的一幅复杂的几何图像. 这幅图像蕴含了极其丰富的数学内容, 就当时而言, 大多数还不清楚, 但是庞加莱提出了很多新的概念和问题, 把几何、拓扑和代数方法运用于研究微分方程, 极大地开拓了研究视野, 开辟了动力系统新方向. 他的工作总结在专著 *Les Methods Nouvelles de la Mecanique Celeste, Tom I 1892, Tom II 1893, Tom III 1899* —《天体力学新方法》(3 卷). 庞加莱之后, 动力系统逐步摆脱天体力学的局限, 发展成为一门独立的学科. 特别是分析学的发展和强有力的几何、拓扑和代数方法的应用, 使得动力系统领域不断扩展, 理论不断完善, 产生了广泛而重要的应用. 与"小除数"相关的问题 (简称"小除数问题") 就是其中的一个重要方面.

自拉格朗日和拉普拉斯起, 肇始于"稳定性问题"的研究, 非线性微分方程特别是哈密顿系统的摄动理论得以逐步完善, 摄动理论的核心方法 —— 基于可积系统拟周期解的傅里叶展开以及摄动参数的幂级数展开以消除"快变量"为目的的"平均方法"被发展起来. 魏尔斯特拉斯的问题归结为研究完全可积系统的拟周期解在系统的小的摄动下能否存续的问题. 传统的摄动理论得到的近似解一般总会产生"久期项". 在庞加莱之前, 林德斯泰特提出了一种新的方法, 把频率也展开成摄动参数的幂级数, 运用通常的摄动原理, 幂级数的各阶系数恰好可以通过消除"久期项"来确定. 庞加莱把林德斯泰特的思想运用于魏尔斯特拉斯的问题, 基于辛变换的生成函数理论和哈密顿系统的典则形式在辛变换下的不变性, 发展了一套形式上消除"快变量"从而把近可积系统化为可积系统的有效方法. 核心思想是假设定义辛变换的生成函数可以表达为一个系数待定的形式幂级数, 在此辛变换下扰动系统约化为一个形式上的完全可积系统, 即约化后的哈密顿函数不依赖角变量, 且展开成一个同样变元的系数待定的形式幂级数, 通过比较等式两边形式幂级数同次项的系数, 得到辛变换生成函数形式幂级数和约化后的哈密顿函数形式幂级数各待定系数所满足的方程. 这些方程可以递推地求解, 亦即形式幂级数的各阶系数都可明确表达成一些确定的函数, 其完全由系统的哈密顿函数关于摄动参数幂级数展开的更低阶系数确定. 这些函数都满足环面上同样形式的一阶线性偏微分方程, 其系数就是可积系统的频率映射. 这个方程被称为同调方程, 形式如下:

$$\left\langle \omega, \frac{\partial \phi}{\partial \theta} \right\rangle = h - \langle h \rangle,$$

其中 $\omega = \omega(I) = (\omega_1, \omega_2, \cdots, \omega_n)$ 是 n 个自由度的完全可积系统的频率映射 (依赖于作用变量), $h = h(I, \theta)$ 是相空间上定义的函数, $\langle h \rangle$ 表示函数 h 在环面上关于所有角变量的平均, $\left\langle \omega, \frac{\partial \phi}{\partial \theta} \right\rangle = \sum_{j=1}^{n} \omega_j \frac{\partial \phi}{\partial \theta_j}$. 求解上述方程, 即可得到傅里叶级数解

$$\phi = \phi(I, \theta) = \sum_{k \neq 0} \frac{h_k}{i \langle k, \omega \rangle} \exp(i \langle k, \theta \rangle), \quad i = \sqrt{-1},$$

其中 $h = \langle h \rangle + \sum_{k \neq 0} h_k \exp(i \langle k, \theta \rangle)$ 是 h 在环面上的傅里叶展开. 庞加莱称上述方法产生的级数 (关于摄动参数的幂级数, 其系数为关于频率映射的傅里叶级数) 为林德斯泰特级数. 他对林德斯泰特方法给予高度评价, 认为本质上改进了之前在研究 "稳定性问题" 中消除 "久期项" 的 "老的" 平均方法, 并发现林德斯泰特级数中的系数不包含任何关于时间的 "久期项", 因此称之为 "新的" 方法. 但是林德斯泰特级数中含有 $\langle k, \omega(I) \rangle$ 做分母, 当此分母为零或者与分子相比异常小时, 此级数没有定义. 而一般情况下 (如假设可积系统非退化, 即频率映射是局部微分同胚), 这个级数没有定义的集合在相空间中处处稠密. 这就是著名的 "小除数难题", 在摄动理论中具有基本的重要性. 庞加莱证明了:

定理 4.1 一般情况下, 林德斯泰特级数在相空间的一个稠密集合上发散, 因此不可能在任何开集上收敛, 一般的近可积系统 (即完全可积系统的小的哈密顿摄动) 不存在独立于哈密顿函数的首次积分.

如果林德斯泰特级数收敛, 那么近可积系统可望存在拟周期解, 魏尔斯特拉斯的命题即被证明. 但是林德斯泰德级数是否存在收敛的情况, 魏尔斯特拉斯的命题是否能被证明在庞加莱时代还是个公开问题. 庞加莱称研究近可积哈密顿系统的拟周期解是动力学的基本问题.

5.5 柯尔莫哥洛夫–阿诺德–莫泽定理 (KAM 定理)

对近可积系统拟周期解的重大突破是由柯尔莫哥洛夫开启并与阿诺德和莫泽完成的. 1954 年柯尔莫哥洛夫在国际数学家大会上作大会报告, 宣读了下面的结果:

定理 5.1 如果一个非退化的完全可积哈密顿系统是解析的, 那么对于充分小的解析哈密顿摄动, 可积系统的大多数维数等于系统自由度数的具非共振频率的不变环面不会消失, 只是发生了小的形变, 其上出发的相轨线仍然是相同频率的拟周期解, 稠密地环绕在此不变环面上; 这样的不变环面在相空间上形成一个大测度的无处稠密集合, 当摄动趋于零时, 此集合的测度趋于整个相空间的测度.

柯尔莫哥洛夫的定理在一定程度上肯定地回答了魏尔斯特拉斯的问题. 其证明不是验证林德斯泰德级数的收敛性, 而是独辟蹊径, 设计了一条新的技术路线, 运用类似函数求根的牛顿迭代法, 先给定一个具非共振频率的环面 (它是可积系统的非共振不变环面) 作为近可积系统的近似不变环面, 在此近似不变环面的邻域构造一个辛变换, 在新的作用–角坐标下, 近可积系统存在一个相同频率的环面, 此环面应该更接近于近可积系统的真正的不变环面. 事实上, 如果哈密顿函数是解析的, 且可积系统非退化 (即频率映射关于作用变量的雅可比行列式不等于零), 则在此新的近似不变环面的邻域中, 近可积哈密顿系统的扰动部分变得更小, 即近可积哈密顿函数关于新的作用变量的泰勒展开的零阶项 (要求其关于角坐标的平均为零) 和一阶项系数向量与指定频率向量之差几乎是老的作用–角坐标下相应项的二阶小量 —— 这恰恰是牛顿迭代法的思想. 如果摄动充分小, 且给定的频率向量满足所谓的丢番图条件, 这样的过程可以逐次递归地进行下去, 柯尔莫哥洛夫声称这样构造出的辛变换序列在相空间的一个同伦于可积系统非共振不变环面的开集中一致收敛, 其极限仍然是一个辛变换, 在最终的作用–角坐标下近可积哈密顿系统关于作用变量的泰勒展式不含关于角坐标平均为零的零阶项 (即零阶项的傅里叶级数展开中不含角坐标的三角函数项), 而一阶项系数等于指定的频率向量, 这就证明了近可积系统存在不变环面, 其上出发的每个解都是给定频率的拟周期解. 简单的测度论计算可知, 丢番图非共振频率的集合是全测集 (即不满足丢番图条件的频率在频率空间只是零测集). 柯尔莫哥洛夫在他四个页面的论文中给出了完整的证明过程, 按照这个思路的证明细节 (主要是牛顿迭代过程的收敛性的证明) 由美国天体力学家巴拉尔 (R. Barrar) 于 1970 年补充完成.

柯尔莫哥洛夫定理的严格证明由阿诺德 (1963) 和莫泽 (1962) 完成. 阿诺德没有完全采用柯尔莫哥洛夫构造辛变换的方法, 而是把林德斯泰特–庞加莱消除作用变量的方法结合到柯尔莫哥洛夫的牛顿迭代法中, 所构造出的辛变换序列不能被保证在相空间的开集中收敛, 而是在一个丢番图环面分层的正测度集合 (此集合在相空间的补集的测度随着摄动趋于零亦趋于零) 上收敛, 同时近可积哈密顿系统在此集合上不依赖角坐标, 因此这个集合全部由近可积系统的不变环面构成, 其上出发的解都是具有丢番图频率的拟周期解. 事实上, 拉祖特金 (V. F. Lazutkin) 于 1974 年对 2 个自由度情形和波依舍尔 (J. Poeschel) 于 1982 年对一般情形证明了阿诺德构造的辛变换在丢番图不变环面构成的大测度集合上是光滑的 (在惠特尼 (Whitney) 意义下), 此即说明近可积系统虽然在刘维尔意义下一般不再是完全可积的, 但是如果可积系统非退化, 哈密顿函数是解析的, 则在相空间的一个大测度的闭集上在惠特尼意义下仍然完全可积. 哈密顿函数的解析性使得其关于角坐标的傅里叶展开的系数关于多重展开指标 (与频率向量作内积的整数向量) 随着阶数增加指数级衰减, 因此可以抵消 "小除数" 带来的系数异常增长, 因为当频率满足丢番图条件时, 相应于 "小除数" 的系数随着多重展开指标的增长最多仅是幂级数级别, 从而仍然能够保证牛顿迭代过程是收敛的, 而且这样的不变环面是解析的拉格朗日子流形.

莫泽于 1962 年发表的论文证明了平面环域上定义的满足相交性质的扭转映射具有丢番图旋转数的不变闭曲线的存在性, 被称为莫泽扭转定理. 两个自由度的近可积哈密顿系统 (其等能面上的庞加莱映射即是莫泽考虑的映射) 对应于这种情况. 莫泽的创新之处在于突破了关于哈密顿函数的解析性限制, 仅要求映射有限次可微 (比如莫泽的论文中要求 333 次可微, 后来德国数学家吕斯曼 (H.Rue-ssmann) 和法国数学家赫尔曼 (M. Herman) 把这个可微性大大降低, 最好的结果是赫尔曼的, 要求映射的 3 次导数具有霍尔德连续性, 即 $3 + \delta$ 次可微, 其中 $\delta > 0$ 任意小). 突破的关键在于运用了光滑化技巧, 即连续函数可以被任意高阶可微的函数逼近. 运用光滑技巧利用其高阶可微逼近函数构造坐标变换 (定义坐标变换的函数满足一个环域上间隔为给定非共振频率的差分方程 —— 称之为同调方程). 如果近可积映射具有相交性质 (即任一非平凡的闭曲线都与它在近可积映射下的像相交), 且给定的非共振频率满足丢番图条件, 对于具足够可微性的足够小摄动, 经过一些复杂的估计, 莫泽证明了这样构造的坐标变换能够在一个适当小的环域内把近可积映射约化为一个具更高阶小摄动项的近可积映射 (牛顿迭代), 而且这个过程可以递归地迭代下去, 最终收敛到一个定义在闭曲线 (无穷个越来越小的环域 —— 环域套 —— 的交集) 上的拟周期旋转, 此闭曲线就是近可积映射的不变闭曲线, 旋转数等于给定的丢番图频率. 具相交性质的环域扭转映射还包含了一类重要的可逆映射, 因此莫泽的结果具有更广的应用价值. 莫泽的证明方法也适用于高维情形.

柯尔莫哥洛夫–阿诺德–莫泽定理无疑是动力系统和天体力学的一项重大突破性成果, 它打开了一扇大门, 让人们看到这样一幅景象: 对一般情形的近可积系统, 相空间中遍布不变环面, 其上的运动都是在环面上遍历的规则的拟周期运动, 这些不变环面在相空间中占据一个大测度的无处稠密的闭集 (拓扑上可以忽略不计 —— 因为它不包含任何开集, 但度量上是个大集合 —— 因为它的勒贝格测度可以很大), 所有的复杂的动力学现象都发生在不变环面外的小测度开集中, 如更低维数的不变环面 (包括周期解 —— 一维不变环)、不变环面的稳定流形和不稳定流形、扩散轨道等. 当系统自由度数等于 2 时, 这些 2 维不变环面把 3 维等能面分割成互不连通的开集, 初值在两个不变环面之间的轨道永远被约束在这两个环面之间, 这就保证了一般情形的近可积系统是运动稳定的. 但当自由度数 $n > 2$ 时, n 维不变环面不能把 $2n-1$ 维等能面分割成不连通的部分, 即不变环面外的这个小测度开集在等能面上是道路连通的, 根据庞加莱的关于一般情形的近可积系统不存在独立于哈密顿函数的首次积分定理, 这个小测度开集中应该包含不稳定轨道, 即等能面上任何两个区域中都存在一条轨道连接它们, 这就是著名的阿诺德扩散问题或者阿诺德扩散猜想. 如果这个猜想被证明, 那么这个小测度开集实际上就是不稳定域, 即一般情形的近可积系统是动力学不稳定的 (等能面的任何两个区域都有动力学轨道连接). 研究这个不稳定域中的动力学现象成为其后近可积系统的主要研究课题, 最显著的成果有: 涅克哈罗谢夫 (N. N. Nekhoroshev) 的指数稳定性定理 (对于解析的满足 "陡性" 条件的哈密顿函数, 作用变量在关于摄动参数指数大级别的长时间之后仍然没有显著变化 —— 这种现象首先被阿诺德发现并被称为阿诺德慢扩散), 奥布瑞–马瑟 (Aubry-Mather) 的极小不变集和极小不变测度的理论, 弱 KAM 理论以及著名的阿诺德扩散问题的最新进展等. 感兴趣的读者可参阅著作 [3] 及其中的相关参考文献. 就柯尔莫哥洛夫–阿诺德–莫泽定理本身的一些更精细的结果和进一步的推广和应用, 以及阿诺德扩散猜想的研究, 过去半个多世纪积累了大量文献, 成果丰富, 我国学者做出了大量很有意义的工作 [19], 在此不再赘述. 下面我们仅选取 "小除数" 方面的几个典型基本结果做特别介绍.

5.5.1   圆周的保向微分同胚

庞加莱系统研究了圆周上的微分自同胚映射, 其表示为数轴上的提升映射:

$$A(y) = y + a(y), \quad a(y + 2\pi) = a(y), \quad a'(y) > -1.$$

他定义了旋转数 (如果下面的极限存在的话):

$$\mu = \frac{1}{2\pi} \lim_{k \to \infty} \frac{a(y) + a(A(y)) + \cdots + a(A^{k-1}(y))}{k}.$$

定理 5.2 (庞加莱) 保向微分自同胚映射存在旋转数, 且旋转数不依赖圆周上点的选取. 旋转数是有理数当且仅当同胚的某个有限次迭代映射有不动点 (迭代的最小次数等于有理旋转数的简约分数的分母).

值得注意的是, 旋转数是一个拓扑不变量.

当茹瓦证明了如下一个漂亮的结果, 证明是极优美的 [2]:

定理 5.3 (当茹瓦, 1932) 圆周的保向微分自同胚属于 C^1, 其一阶导数总变差有界, 且旋转数 μ 是无理数, 则它拓扑共轭于标准旋转

$$R_\mu(y) = y + 2\pi\mu(mod\,2\pi), \quad y \in S^1,$$

即存在圆周自同胚映射 T, 使得 $A \circ T = T \circ R_\mu$.

这个定理由庞加莱在 1885 年猜测 (对三角多项式函数). 当茹瓦还举出反例说明仅要求保向同胚属于 C^1 定理不再成立. 如果要求拓扑共轭还是光滑共轭, 目前能保证共轭映射最低光滑性 (从而不变测度绝对连续, 或者不变测度的密度函数是霍尔德连续的) 的最好结果如下:

定理 5.4 (哈宁, 捷普林斯基, 2009) $A : S^1 \to S^1$ 是 $C^{2+\alpha}$ 保向微分自同胚, 旋转数满足 δ- 丢番图条件, $0 \leqslant \delta < \alpha \leqslant 1, \alpha - \delta < 1$, 则 A 是 $C^{1+\alpha-\delta}$- 光滑共轭于标准旋转.

有反例表明这个结果是最优的.

阿诺德于 1961 年首先证明了一个局部结果: 如果圆周自同胚是标准的丢番图旋转的一个解析扰动, 且其旋转数仍然是此丢番图数, 则一定解析共轭于此丢番图旋转; 如果旋转数不是丢番图数, 则有反例说明共轭映射不是光滑的. 赫尔曼于 1979 年首次对圆周的光滑自同胚证明了一个整体结果, 约克兹于 1984 年推广完善了赫尔曼的结果: 对圆周的一个 C^k 微分同胚 A, 对任一 δ- 丢番图旋转数 μ, 如果 $k > 2\delta + 1$, 则存在圆周的 $C^{k-1-\delta-\varepsilon}$- 微分同胚 T, 使得 $A \circ T = T \circ R_\mu$, 其中 ε 是充分小的正数. 约克兹的结果中 $k \geqslant 3$. 约克兹和赫尔曼的结果表明: 对给定的数 μ, 旋转数为 μ 的每一个 C^∞- 圆周自同胚都是 C^∞- 共轭于一个旋转当且仅当 μ 是丢番图数.

对于圆周的具有临界点的解析保向自同胚映射, 约克兹于 1984 年证明了: 若旋转数是无理数, 则其拓扑共轭于标准旋转. 哈宁和捷普林斯基于 2007 年证明: 如果圆周的两个具有相同无理旋转数的解析保向自同胚映射, 只要临界点有相同的阶, 则它们是光滑 (C^1) 共轭的.

对于具有非光滑点 (左、右导数有跳跃间断点) 的圆周保向同胚, 有下面的结果:

定理 5.5 (哈宁, 赫梅列夫, 2003) 若两个圆周保向同胚具有相等的二次无

理旋转数, 都存在唯一的非光滑点, 且在此点左、右导数都为正数, 而且比值相等, 在其余点都是 $(2+\alpha)$ 次光滑的, 则存在 $\delta > 0$, 使得此二同胚 $(1+\delta)$ 次光滑共轭.

捷普林斯基和哈宁于 2010 年把上述结果推广到旋转数是一般无理数情形, 但此时光滑共轭为 C^1.

上述定理可通过重整化技术和运用交叉比的方法来证明.

5.5.2　环域的保面扭转映射

定理 5.6 (赫尔曼, 1983)　环域上 $3+\delta$ 次可微的标准保面扭转映射的 $3+\delta$ 次扰动 (扰动后的映射还是保面映射), 存在同伦于边界的不变闭曲线, 而且不变闭曲线所占据环面的集合的测度随着扰动的消失趋于环面的测度.

这个结果是莫泽平面环域扭转定理的最佳结果. 吕斯曼于 1970 年最先把莫泽扭转定理中关于映射的可微性次数改进到 $k = 5$, 莫泽在对吕斯曼结果的评论中猜测 $k = 3+\delta$ 结果也对, 赫尔曼确证了莫泽的猜测.

定理 5.7 (庞加莱–伯克霍夫)　环域上保面且限制在内外边界反向扭转的同胚映射至少存在两个不动点.

这是一个基本的重要结果, 有各种有意义的推广, 如研究紧的无边辛流形上确切辛微分同胚的不动点的个数以及拉格朗日子流形与其在辛微分同胚下的像的相交数. 阿诺德猜想: 如前所述的不动点个数或者相交数不小于辛流形上光滑函数临界点个数的下界. 阿诺德猜想在 20 世纪 90 年代取得了重大突破, 对阿诺德猜想的研究极大地推动了辛几何的发展.

关于平面环域保面扭转映射, 再介绍一个有趣的结果:

定理 5.8 (马瑟, 1982)　设 A 是环域到自身保持边界旋转的单调扭转同胚, 其在边界的旋转数为 $\alpha < \beta$, 对任一 $\gamma : \alpha < \gamma < \beta$, 存在实轴上一个弱保序映射 $f(t)$ 使得

- $f(t+1) = f(t) + 1$;
- $A(f(t), g(t)) = (f(t+\gamma), g(t+\gamma))$,

其中 $g(t)$ 也是一个弱保序的单位圆周的提升映射, 由 f 和 A 唯一确定, 与 f 有相同的连续点和间断点.

在这个定理中, 若 t 是 f 的连续点, 则 $t+\gamma$, $t-\gamma$ 也是. 若 $\gamma = \dfrac{p}{q}$, 则存在 (x, y) 使得 $A^q(x, y) = (x+p, y)$; 若 γ 是无理数, 则 f 在任何区间上不为常数. 曲线 $x = f(t), y = g(t), -\infty < t < +\infty$ 是一条环形不变曲线 (可能间断), 其闭包可能是康托集.

5.5.3 解析函数的线性化

最早突破 "小除数" 困难的是西格尔在研究解析函数线性化问题时证明的如下结果:

定理 5.9 (西格尔, 1942)   复平面原点邻域的一个保持原点不动的解析函数, 若其在零点的导数在单位圆上, 且满足丢番图条件, 则在原点邻域解析共轭于线性部分 (此性质称为可线性化).

证明中利用逐次逼近的办法构造共轭变换, 牛顿二次收敛的迭代思想用于逐次提升非线性部分的次数, 通过抵消 "小除数" 的影响, 最终证明迭代过程是收敛的, 共轭变换是解析的, 解析函数共轭于它的线性部分.

关于解析函数可线性化的最好的结果是由约克兹给出的:

定理 5.10 (约克兹, 1988)   给定 $\mu > 0$. 设其连分数表示为 $[a_1, a_2, \cdots, a_n, \cdots]$. 设 $[a_1, a_2, \cdots, a_n] = \dfrac{p_n}{q_n}$ 是既约分数. 每一个解析函数 $f(z) = e^{2\pi i\mu}z + O(z^2)$ 可线性化当且仅当 μ 是布鲁诺 (Bryuno) 数, 即满足条件: $\sum\limits_{n=1}^{\infty} q_n^{-1} \log q_{n+1} < +\infty$. 若不满足布鲁诺条件, 则二次函数不可线性化 (此时在原点的任何邻域内存在非平凡周期点).

1993 年, 马尔科给出原点邻域解析函数不可线性化且没有非平凡周期点的充要条件是其在原点的导数不满足布鲁诺条件.

早年庞加莱的一个结果是: 如果一个解析函数在原点的导数不在单位圆上, 则总可以线性化. 这个结果的证明相对简单, 不涉及"小除数"难题.

5.6   太阳系稳定吗?

太阳是有寿命的, 已经过了近 50 亿年, 大约还有 50 亿年的生存时间, 严格地说讨论太阳系在无限长时间的稳定性没有意义. 但是在有限的太阳寿命期内, 即便对于理想化的 N 体问题, 研究相对长时间内各行星的运动及其稳定性还是有重大意义的. 事实上相比牛顿时代, 人类对宇宙天体特别是太阳系的长时间动力学行为的了解定性上正确多了, 定量上精确多了, 三百多年来积累了丰富的知识, 认识能力得到了极大的提升. 另一方面, 通过对 "稳定性问题" 这个纯粹的数学问题的研究不仅数学得到了发展, 而且作为一个具有普适重要性的模型问题在物理和工程的诸多领域都有不同程度的应用. 更重要的是, 计算技术和计算方法的进步, 使得人们可以通过计算来对天体演化进行长时间模拟. 如近年雅克·拉斯卡 (J.Laskar) 等的计算表明太阳系可能是不稳定的: 由于水星离心率增大, 有可能导致水星与金星、火星或地球发生碰撞. 就目前的统计和数值计算结果, 如果不考虑相对论效应, 大约在 50 亿年内碰撞的概率有 60%. 如果考虑相对论效应, 约 1% 的概率发生碰撞. 计算中关于牛顿运动方程的数值积分使用了辛算法, 辛算法保持哈密顿系统的辛结构, 具有显著的长时间稳定性, 适合模拟天体轨道的长时间演化, 我国冯康院士领导开展了辛算法的系统研究并取得了奠基性的成果.

参 考 文 献

[1]   Arnold V I. Mathematical Methods of Classical Mechanics. New York: Springer-Verlag, 1978.

[2]   Arnold V I. Geometrical Methods in the Theory of Ordinary Differential Equations. New York: Springer-Verlag, 1983.

[3]   Arnold V I, Kozlov V V, Neishtadt A I. Mathematical Aspects of Classical and Celestial Mechanics. Third Edition. Berlin Heidelberg: Springer-Verlag, 2006.

[4]   Herman M. Sur les courbes invariantes par les difféomorphismes de l'anneau. Vol. 2. With a correction to: On the curves invariant under diffeomorphisms of the annulus, Vol. 1 (French) [Astérisque No. 103-104, Soc. Math. France, Paris, 1983; MR0728564]. Astérisque, 1986, 144: 248.

[5]   Khanin K, Khmelev D. Renormalizations and rigidity theory for circle homeomorphisms with singularities of the break type. Comm. Math. Phys., 2003, 235(1): 69-124.

[6]   Khanin K, Teplinsky A. Robust rigidity for circle diffeomorphisms with singularities, Invent. Math., 2007, 169(1): 193-218.

[7]   Khanin K, Teplinsky A. Herman's theory revisited. Invent. Math., 2009, 178: 333-344.

[8]   Laskar J. Is the Solar system stable? Chaos, 239-270, Prog. Math. Phys., 66, Birkhuser/ Springer, Basel, 2013.

[9]   Mather J. Existence of quasiperiodic orbits for twist homeomorphisms of the annulus. Topology, 1982, 21(4): 457-467.

[10] Moser J. Is the Solar system stable? The Mathematical Intelligence, 1978, 1(2): 65-71.

[11] Poincaré H. Sur la stabilité du Système Solaire//Annuaire du Bureau des Longitudes pour l'an 1898. Paris: Gauthier-Villars, 1897: B1-B16.

[12] Yoccoz J C. Linéarisation des germes de difféomorphismes holomorphes de (C,0). (French) [Linearization of germs of holomorphic diffeomorphisms of (C,0)] C. R. Acad. Sci. Paris Sér. I Math., 1988, 306(1): 55-58.

[13] Yoccoz J C. Conjugaison différentiable des difféomorphismes du cercle dont le nombre de rotation vérifie une condition diophantienne. (French) Ann. Sci. école Norm. Sup., 1984, 17(4): 3, 333-359.

[14] Yoccoz J C. Il n'y a pas de contre-exemple de Denjoy analytique. (French) C. R. Acad.

Sci. Paris Sér. I Math., 1984, 298(7): 141-144.

[15]　冯康. 如何正确计算牛顿运动方程? 中国物理学会年会报告, 1990.

[16]　龙以明, 孙善忠. 太阳系的稳定性: 历史与现状. 中国科学: 数学, 2016 年第 5 期.

[17]　牛顿. 自然哲学的数学原理. 商务印书馆, 2006.

[18]　理查德 · 韦斯特福尔. 牛顿传. 郭先林等译. 北京: 中国对外翻译出版公司, 1998.

[19]　孙义燧. 非线性科学若干前沿问题 (第一章: KAM 理论与 Arnold 扩散). 合肥: 中国科学技术大学出版社, 2009.

6 典型李群和它们的表示

孙斌勇

6.1 群和拓扑群

对称性广泛出现于自然万物中. 比如, 我们的身体是左右对称的, 你的左手对应着你的右手, 你的左眼对应着你的右眼等. 数学家用群作用来描述事物的对称性. 如果把人体看作一个点集, 那么人体的左右对称性可以描述成一个二阶群在这个点集上的作用.

伽罗瓦最早对群论进行系统性研究, 他用群论解决了历史上长期悬而未决的高次多项式方程根式求解问题. 我们回忆一下, 伽罗瓦引入的群是指一个集合 G, 它带有一个元素 $e \in G$, 以及一个映射

$$G \times G \to G, \quad (a,b) \mapsto a \cdot b,$$

满足以下三个条件:

(1) 对任意 $a \in G$, $e \cdot a = a \cdot e = a$;

(2) 对任意 $a, b, c \in G$, $(a \cdot b) \cdot c = a \cdot (b \cdot c)$;

(3) 对任意 $a \in G$, 存在 $b \in G$ 使得 $a \cdot b = b \cdot a = e$.

这个元素 e 叫做群的单位元, 这个映射叫做群的乘法. 可以证明第 3 个条件中的 b 是唯一的, 我们称它为 a 的逆元, 用 a^{-1} 来表示它. 我们经常会把 $a \cdot b$ 简写成 ab. 我们再回忆一下, 一个群 G 在一个集合 X 上的作用是指一个满足以下两个条件的映射

$$G \times X \to X, \quad (a,x) \mapsto a \cdot x.$$

(1) 对任意 $x \in X$, $e \cdot x = x$;

(2) 对任意 $a, b \in G$, $x \in X$, $(a \cdot b) \cdot x = a \cdot (b \cdot x)$.

很多数学对象可以描述成一个集合 X 加这个集合上的一些结构. 如果群 G 在 X 上的作用保持了这些结构, 我们就认为这个作用描述了这个数学对象的对称性.

举个例子, 比如说 X 是任意一个集合, G 是所有 X 到 X 的双射组成的集合. 定义恒等映射是 G 的单位元, 而映射的复合是群的乘法, 那么 G 就称为一个群, 映射

$$G \times X \to X, \quad (f, x) \mapsto f(x)$$

就称为群 G 在 X 上的一个作用. 这个例子告诉我们一个不带其他任何结构的集合具有最大的对称性.

除了群, 拓扑空间是另一类非常基本的数学对象, 拓扑空间用于描述事物的连续性. 根据定义, 一个拓扑空间是指一个集合 X, 并且指定了它的一些子集, 这些子集被称为开集, 要求满足以下三个条件:

(1) 空集和 X 都是开集;

(2) 任意两个开集的交还是开集;

(3) 任意多个开集的并还是开集.

比如, 当我们把所有实数组成的集合 $\mathbb{R}$ 想象成一条直线时, 我们其实已经默认了 $\mathbb{R}$ 的连续性质, 也就是说, 我们已经把 $\mathbb{R}$ 看成了一个拓扑空间. 严格来说, 这个拓扑空间是这样确定的: 我们把 $\mathbb{R}$ 的一个子集指定为开集当且仅当它是一些开区间的并. 如果 X 是一个拓扑空间, 那么它的每个子集和每个商集都自然地成为一个拓扑空间. 几个拓扑空间作为集合的乘积也自然是一个拓扑空间. 所以从 $\mathbb{R}$ 出发, 我们可以得到很多有意思的拓扑空间. 比如, $\mathbb{R}^n$ 的任意一个子集都自然是一个拓扑空间. 复数集 $\mathbb{C}$ 可以等同于 $\mathbb{R}^2$, 所以它自然也是一个拓扑空间. 关于拓扑空间, 还有一个和开集相对的概念, 叫做闭集: 一个拓扑空间的一个子集, 如果它的补集是开集, 那么我们就称这个子集为一个闭集. 比如, $\mathbb{R}$ 中的每个单点集都是闭集, 但不是开集.

连续映射是联系不同拓扑空间的纽带. 它的确切定义如下: 给定两个拓扑空间之间的一个映射, 如果在这个映射下, 开集的原像总是开集, 那么这个映射就被称为一个连续映射. 如果一个连续映射是双射, 并且它的逆映射也是连续的, 那么我们就把这个连续映射称为一个同胚. 两个拓扑空间之间如果存在一个同胚, 那么我们就称这两个拓扑空间是同胚的. 比如, $\mathbb{R}^2$ 和 $\mathbb{R}^2$ 中的一个开圆盘是同胚的, 但和一个闭圆盘不同胚.

把群结构和拓扑空间结构自然融合就产生了拓扑群的概念. 我们要讲的李群就是一些特殊的拓扑群. 根据定义, 一个拓扑群是指一个群 G, 它同时又是一个拓扑空间, 并且乘法映射

$$G \times G \to G, \quad (a, b) \mapsto a \cdot b$$

和逆映射

$$G \to G, \quad a \mapsto a^{-1}$$

都是连续的. 比如, 把 0 看成 $\mathbb{R}$ 的单位元, 那么 $\mathbb{R}$ 在通常的加法下就成为一个群. 而 $\mathbb{R}$ 又已经是一个拓扑空间, 我们不难验证这样 $\mathbb{R}$ 就成为一个拓扑群. 注意 $\mathbb{R}$ 中的加法满足交换律: $a + b = b + a$. 一般地, 满足交换律的群被称为交换群. 这样 $\mathbb{R}$ 就是个交换群.

6.2 典型李群

下面引入更多拓扑群的例子, 它们被称为典型李群, 广泛出现于数学和物理的研究中. 典型群的名称来自于 Hermann Weyl 写的 *The Classical Groups* 这本书, 这是 1939 年出版的一本非常经典的典型群的书 [13]. 典型群可以在各种各样不同的系数上讨论. 我们只考虑系数是实数和复数的情况, 这时的典型群被称为典型李群. 我们后面会解释什么叫李群, 并且知道典型李群真的都是李群. 关于一般李群的基础理论, 可以参考文献 [12].

复系数的典型群只有以下三类:

$$\mathrm{GL}_n(\mathbb{C}), \quad \mathrm{O}_n(\mathbb{C}), \quad \mathrm{Sp}_{2n}(\mathbb{C}) \quad (n \geqslant 0).$$

它们分别被称为复一般线性群、复正交群、复辛群. 这里 $\mathrm{GL}_n(\mathbb{C})$ 表示所有 $n \times n$ 的可逆复矩阵组成的集合, 它是一个明显的拓扑群. $\mathrm{O}_n(\mathbb{C})$ 表示所有 $n \times n$ 的复正交矩阵组成的集合:

$$\mathrm{O}_n(\mathbb{C}) := \{g \in \mathrm{GL}_n(\mathbb{C}) \mid g^t g = 1_n\},$$

这里 g^t 表示矩阵 g 的转置, 1_n 表示 $n \times n$ 的单位矩阵. $\mathrm{Sp}_{2n}(\mathbb{C})$ 表示所有 $2n \times 2n$ 的复辛矩阵组成的集合:

$$\mathrm{Sp}_{2n}(\mathbb{C}) := \left\{ g \in \mathrm{GL}_{2n}(\mathbb{C}) \;\middle|\; g^t \begin{bmatrix} 0 & 1_n \\ -1_n & 0 \end{bmatrix} g = \begin{bmatrix} 0 & 1_n \\ -1_n & 0 \end{bmatrix} \right\}.$$

同样地, $\mathrm{O}_n(\mathbb{C})$ 和 $\mathrm{Sp}_{2n}(\mathbb{C})$ 也是明显的拓扑群.

实系数的典型群都是复系数典型群的 "实形式", 它们有以下七类:

实一般线性群、四元数一般线性群和酉群:

$$\mathrm{GL}_n(\mathbb{R}), \quad \mathrm{GL}_n(\mathbb{H}), \quad \mathrm{U}(p, q) \quad (p, q \geqslant 0).$$

实正交群和四元数正交群:

$$\mathrm{O}(p, q), \quad \mathrm{O}^*(2n).$$

实辛群和四元数辛群:

$$\mathrm{Sp}_{2n}(\mathbb{R}), \quad \mathrm{Sp}(p,q),$$

这里

$$\mathbb{H} := \{a + b\boldsymbol{i} + c\boldsymbol{j} + d\boldsymbol{k} \mid a,b,c,d \in \mathbb{R}\}$$

是哈密顿四元数集合, $\mathrm{GL}_n(\mathbb{R})$ 和 $\mathrm{GL}_n(\mathbb{H})$ 分别是所有 $n \times n$ 的可逆实矩阵和可逆四元数矩阵组成的集合. 酉群 $\mathrm{U}(p,q)$ 是如下一个集合:

$$\mathrm{U}(p,q) := \left\{ g \in \mathrm{GL}_{p+q}(\mathbb{C}) \ \middle| \ g^* \begin{bmatrix} 1_p & 0 \\ 0 & -1_q \end{bmatrix} g = \begin{bmatrix} 1_p & 0 \\ 0 & -1_q \end{bmatrix} \right\},$$

这里 g^* 表示 g 的共轭转置. 剩下的四类典型李群也有类似的描述:

$$\mathrm{O}(p,q) := \left\{ g \in \mathrm{GL}_{p+q}(R) \ \middle| \ g^t \begin{bmatrix} 1_p & 0 \\ 0 & -1_q \end{bmatrix} g = \begin{bmatrix} 1_p & 0 \\ 0 & -1_q \end{bmatrix} \right\};$$

$$\mathrm{O}^*(2n) := \{ g \in \mathrm{GL}_n(\mathbb{H}) \mid g^* i_n g = i_n \} \ (i_n \text{ 表示对角元都是 } i \text{ 的 } n \times n \text{ 的对角矩阵});$$

$$\mathrm{Sp}_{2n}(\mathbb{R}) := \left\{ g \in \mathrm{GL}_{2n}(\mathbb{R}) \ \middle| \ g^t \begin{bmatrix} 0 & 1_n \\ -1_n & 0 \end{bmatrix} g = \begin{bmatrix} 0 & 1_n \\ -1_n & 0 \end{bmatrix} \right\};$$

$$\mathrm{Sp}(p,q) := \left\{ g \in \mathrm{GL}_{p+q}(\mathbb{H}) \ \middle| \ g^* \begin{bmatrix} 1_p & 0 \\ 0 & -1_q \end{bmatrix} g = \begin{bmatrix} 1_p & 0 \\ 0 & -1_q \end{bmatrix} \right\}.$$

这些实系数的典型群同样也都是明显的拓扑群.

　　用更加几何的语言说, 一般线性群 $\mathrm{GL}_n(\mathbb{R})$, $\mathrm{GL}_n(\mathbb{C})$, $\mathrm{GL}_n(\mathbb{H})$ 分别是向量空间 $\mathbb{R}^n$, $\mathbb{C}^n$, $\mathbb{H}^n$ 的对称群, 也就是说, 它们分别等同于这些向量空间的所有可逆线性变换组成的集合. 其他典型李群都是带有某种度量的向量空间的对称群. 比如, 对复正交群, 定义一个双线性映射

$$\mathbb{C}^n \times \mathbb{C}^n \to \mathbb{C}, \quad ((a_1, a_2, \cdots, a_n), (b_1, b_2, \cdots, b_n)) \mapsto a_1 b_1 + a_2 b_2 + \cdots + a_n b_n,$$

那么 $\mathrm{O}_n(\mathbb{C})$ 就是带有这个双线性映射的复向量空间 $\mathbb{C}^n$ 的对称群.

　　这些典型李群作为拓扑空间至少具有以下两个共同点: 第一它们都是 Hausdorff 的, 第二它们都是局部欧氏的. 回忆一下一个拓扑空间 X 如果满足以下条件那么它就被称为是 Hausdorff 的: 对 X 中的任意两个不同元素 x_1, x_2, 存在 X 中两个不相交的开集 U_1 和 U_2 使得 $x_1 \in U_1$, $x_2 \in U_2$. X 如果满足以下条件那么它就被称为是局部欧氏的: 对 X 中的任意一个元素 x, 存在 X 中的一个开集 U 使得它包含 x 并且同胚于某个 $\mathbb{R}^n$. 我们把满足这两个条件的拓扑群称为李群.

这样所有典型李群真的都是李群. 补充说明一下, 这里的 "李" 表示挪威数学家 Sophus Lie, 他最早为了研究一些偏微分方程引进了局部群的概念. 而李群的整体理论由 H. Weyl, E. Cartan 和 O. Schreier 等在 20 世纪 20 年代建立.

以下是一些典型李群在物理学的各个分支扮演重要角色的例子. O(3,0)——欧几里得空间和物理基本定律; O(3,1)—— 时空和狭义相对论; U(3,0)—— 量子色动力学; $\mathrm{Sp}_{2n}(\mathbb{R})$—— 哈密顿力学.

6.3　极大紧子群和极大环面子群

拓扑学家最钟爱紧拓扑空间. 这里我们不想讨论一般的紧拓扑空间, 而只是给出一些例子, 以满足我们目前最基本的需求. 首先, 作为拓扑空间 $\mathbb{R}$ 的子集, 闭区间 $[0,1]$ 是紧的拓扑空间. 对任意正整数 n, $[0,1]^n$ 的每个闭子集也都是紧拓扑空间. 一般地, 我们只需知道一个 Hausdorff 的、局部欧氏的拓扑空间是紧的当且仅当它同胚于某个 $[0,1]^n$ 的闭子集.

不难看出, 下面这些典型李群都是紧的, 也就是说, 它们作为拓扑空间是紧的:

$$\mathrm{U}(n) := \mathrm{U}(n,0), \quad \mathrm{O}(n) := \mathrm{O}(n,0), \quad \mathrm{Sp}(n) := \mathrm{Sp}(n,0).$$

子群是群论中非常基本的一个概念. 根据定义, 群 G 的一个子集 H 如果满足以下条件, 就被称为 G 的一个子群: H 包含单位元, 并且在乘法运算和逆运算下封闭. 比如, $\mathrm{U}(p,q)$ 是 $\mathrm{GL}_{p+q}(\mathbb{C})$ 的一个子群. 其他的典型群也都明显是一些一般线性群的子群.

注意每个子群都自然是一个群, 可以证明李群的每个闭子群都是李群, 我们想理解典型李群的紧子群有哪些. 下面介绍一个关于紧子群的很一般的定理.

Cartan-Iwasawa-Malcev 定理　设 G 是一个只有有限多个连通分支的李群.

(a) G 有一个极大紧子群 K.

(b) G 的所有极大紧子群都是共轭的, 也就是说, 如果 K_1, K_2 是 G 的两个极大紧子群, 那么存在 G 中的元素 g 使得 $gK_1g^{-1} = K_2$.

(c) G 的每个紧子群都包含于一个极大紧子群中.

(d) 存在 G 的一个闭子集 S 使得 S 同胚于某个 $\mathbb{R}^n$, 并且乘法映射

$$K \times S \to G$$

是同胚.

这里我们复习一下连通分支的概念. 如果一个拓扑空间可以写成两个非空开集的不相交并, 我们就称这个拓扑空间是不连通的, 反之就称它是连通的. 比如, $\mathbb{R}$ 是连通的, 但 $\mathbb{R}$ 中一个点的补集是不连通的. 一个拓扑空间的一个极大非空连通子集称为这个拓扑空间的一个连通分支. 可以证明每个拓扑空间是它的所有连通分支的不相交并, 并且每个连通分支都是闭的. 作为例子, 我们知道 U(n) 和 Sp(n) 都是连通的. 但只要 $n \geqslant 1$, 正交群 O(n) 都正好有两个连通分支, 其中一个是特殊正交群

$$\mathrm{SO}(n) := \{g \in \mathrm{O}(n) \mid g \text{ 的行列式等于 } 1\}.$$

下面对每个典型李群列出它的一个极大紧子群:

$$\mathrm{U}(n) \subset \mathrm{GL}_n(\mathbb{C}), \quad \mathrm{O}(n) \subset \mathrm{O}_n(\mathbb{C}), \quad \mathrm{Sp}(n) \subset \mathrm{Sp}_{2n}(\mathbb{C}).$$

$$\mathrm{O}(n) \subset \mathrm{GL}_n(\mathbb{R}), \quad \mathrm{Sp}(n) \subset \mathrm{GL}_n(\mathbb{H}), \quad \mathrm{U}(p) \times \mathrm{U}(q) \subset \mathrm{U}(p,q).$$

$$\mathrm{O}(p) \times \mathrm{O}(q) \subset \mathrm{O}(p,q), \quad \mathrm{U}(n) \subset \mathrm{O}^*(2n).$$

$$\mathrm{U}(n) \subset \mathrm{Sp}_{2n}(\mathbb{R}), \quad \mathrm{Sp}(p) \times \mathrm{Sp}(q) \subset \mathrm{Sp}(p,q).$$

根据 Cartan-Iwasawa-Malcev 定理的 (d) 部分, 如果我们只关心典型李群的拓扑空间结构, 我们只需研究紧典型李群 U(n), O(n) 和 Sp(n). 至少对于典型李群, Cartan-Iwasawa-Malcev 定理的 (d) 部分中的 S 有一个标准的选择. 比如, 对 $G = \mathrm{GL}_n(\mathbb{C})$, 我们可以取 S 为 G 中所有正定 Hermitian 矩阵组成的集合. 这时等式 $G = KS$ 就称为 G 的 Cartan 分解. 其他典型李群也都有类似的 Cartan 分解.

接着我们讲讲环面群. 先看 U(1), 它是所有模长为 1 的复数组成的集合, 所以是一个圆周. 把两个圆周乘起来得到 $(\mathrm{U}(1))^2$, 它作为拓扑空间就是一个救生圈的表面. 一般地, $(\mathrm{U}(1))^n$ 是一个李群, 并且它是紧的、连通的、交换的. 我们抽象地把一个紧的、连通的、交换的李群称为一个环面群. 但其实这样定义的环面群都跟某个 $(\mathrm{U}(1))^n$ 是一样的. 类似于 Cartan-Iwasawa-Malcev 定理, 我们有下面关于环面子群的定理.

Cartan 极大子环面定理 设 G 是一个李群.

(a) G 有一个极大环面子群.

(b) G 的所有极大环面子群都是共轭的, 也就是说, 如果 T_1, T_2 是 G 的两个极大环面子群, 那么存在 G 中的元素 g 使得 $gT_1g^{-1} = T_2$.

(c) G 的每个环面子群都包含于一个极大环面子群中.

(d) 如果 G 是紧的、连通的, 那么 G 的每个点都包含于 G 的某个极大环面子群中.

对每个紧典型群列出它的一个极大环面子群:

$$(U(1))^n \subset U(n), \quad (SO(2))^{\lfloor \frac{n}{2} \rfloor} \subset O(n), \quad (U(1))^n \subset Sp(n).$$

注意, 作为李群, SO(2) 其实是可以和 U(1) 等同起来的. 但问题是, 我们有两种不同的方法把它们等同起来, 而且没有发现其中一种方法比另一种更好.

对其他的典型李群, 比如, U(p,q), 我们先取出它的一个极大紧子群 U(p) × U(q), 然后取出 U(p) × U(q) 的一个极大环面子群 $(U(1))^{p+q}$, 这样得到的环面子群 $(U(1))^{p+q}$ 也是典型群 U(p,q) 的极大环面子群. 这样找极大环面子群的方法当然适用于所有的典型李群.

6.4 有限维表示

表示可以理解为线性化的对称性. 因为复数域集中了众多好性质, 我们这里只考虑拓扑群在复向量空间上的表示. 注意每一个有限维复向量空间 V 都自然是个拓扑空间: 取 V 的一组基并把 V 和 $\mathbb{C}^n$ 等同起来, 再把 $\mathbb{C}^n$ 的拓扑空间结构复制到 V 上从而 V 也成为一个拓扑空间. 这样得到的拓扑空间和基的选取没有关系.

给定一个拓扑群 G, 如果一个有限维复向量空间 V 带有一个连续线性作用

$$G \times V \to V, \quad (g,v) \mapsto g \cdot v,$$

就称 V 是 G 的一个有限维表示. 这里连续指的是上面这个映射是连续的, 线性指的是对每个 $g \in G$, 映射 $V \to V, v \mapsto g \cdot v$ 都是线性映射. 比如, 把 $\mathbb{C}^n$ 看成列向量的集合, 那么它自然是 $GL_n(\mathbb{R})$ 的一个表示: 这个连续线性作用就是矩阵和列向量的乘法 $GL_n(\mathbb{R}) \times \mathbb{C}^n \to \mathbb{C}^n$. 我们注意 G 的有限多个有限维表示的直和明显还是 G 的一个有限维表示.

如果 G 的有限维表示 V 的一个线性子空间 V_0 在 G 的作用下不变, 也就是说, 对所有 $g \in G, g \cdot V_0 \subset V_0$, 那么我们就称 V_0 是 V 的一个子表示. 当然零空间 $\{0\}$ 和全空间 V 都是 V 的子表示. 如果 V 不是零空间, 并且除了 $\{0\}$ 和 V 本身外, V 没有其他的子表示, 那么我们就称 V 是一个不可约表示. 比如, 前面提到的 $\mathbb{C}^n$ ($n \geqslant 1$), 它作为 $GL_n(\mathbb{R})$ 的表示是不可约的. 一般的表示可以想成是不可约表示以各种方式搭建起来的. 当然直和是最直接的搭建方式. 如果一个表示可以写成不可约表示的直和, 我们就称它是完全可约的. 由著名的 Weyl 的酉技巧, 我们知道紧李群的有限维表示都是完全可约的. 经过进一步的论证我们可以知道, 对很多典型群, 比如, O(p,q) ((p,q) ≠ (1,1)), 它们的有限维表示也都是完全可约的.

　　下面关于同态和同构的讨论在代数学中是非常标准的. 同一个拓扑群的不同表示之间是用表示的同态联系起来的. 给定拓扑群 G 的两个有限维表示 V_1 和 V_2, V_1 到 V_2 的一个同态是指满足下面性质的一个线性映射 f: $V_1 \to V_2$: 对所有 $g \in G$, 图 1 是可换的, 也就是说对所有 $v \in V_1$, $f(g \cdot v) = g \cdot f(v)$. 如果一个同态是双射, 那么就称它为一个同构. 如果两个表示之间存在一个同构, 那么就称这两个表示是同构的.

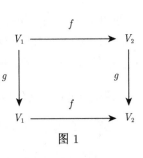

图 1

　　我们来看一个简单的例子. 假设 $G = \mathrm{U}(1)$ 是圆周群. 那么 G 的一个有限维表示是不可约的当且仅当它是一维的. 设 V 是 G 的一个一维表示, 那么存在唯一的整数 n_V 使得对任意 $g \in G$, $v \in V$,

$$g \cdot v = (g^{n_V}) v.$$

注意这里 g^{n_V} 表示复数 g 的 n_V-次方, 而且两个一维表示 V 和 V' 是同构的当且仅当 $n_V = n_{V'}$. 事实上, 我们建立了如下一个双射:

$$\mathrm{Irr}_f(G) \to \mathbb{Z}, \quad V \mapsto n_V,$$

这里 $\mathrm{Irr}_f(G)$ 指的是 G 的不可约有限维表示的同构等价类的集合. 当然 $\mathrm{Irr}_f(G)$ 这个记号也适用于其他拓扑群. 把以上 $G = \mathrm{U}(1)$ 的例子推广, 我们得到一个明显的双射

$$\mathrm{Irr}_f((\mathrm{U}(1))^n) \to \mathbb{Z}^n.$$

抽象地说, 如果 G 是一个环面群, 那么 $\mathrm{Irr}_f(G)$ 就自然是一个交换群.

　　我们对环面群已经确定了 $\mathrm{Irr}_f(G)$ 这个集合. 有限维表示论的一个基本问题是对更多的 G 确定这个集合. 对很多有限群, 或者数论专家关心的伽罗瓦群, 这个问题都是困难的. 所幸对连通紧李群, Cartan 的最高权理论解决了这个问题. 现在设 G 是一个紧连通李群. 设 T 是 G 的一个极大环面子群. 记

$$N_G(T) := \{g \in G \mid gTg^{-1} = T\},$$

称它为 T 在 G 中的正规化子, 这是 G 的一个子群. 定义

$$W_G(T) := (N_G(T))/T := \{gT \mid g \in N_G(T)\}.$$

这自然是一个有限群, 并且这个有限群在 $\mathrm{Irr}_f(T)$ 上有个自然的作用. Cartan 的最高权理论建立了如下一个双射:

$$\mathrm{Irr}_f(G) \to (W_G(T))\backslash(\mathrm{Irr}_f(T)) := \{(W_G(T)) \cdot x \mid x \in \mathrm{Irr}_f(T)\}.$$

下面以 $G = \mathrm{U}(n)$ 为例来描述这个双射. 这时取 $T = (\mathrm{U}(1))^n$, 把它看成一些对角矩阵组成的群. 我们已经知道 $\mathrm{Irr}_f(T) = \mathbb{Z}^n$. 不难验证 $W_G(T)$ 可以等同于所有 $n \times n$ 的置换矩阵组成的群, 从而

$$(W_G(T))\backslash(\mathrm{Irr}_f(T)) = (\mathbb{Z}^n)^+ := \{(a_1, a_2, \cdots, a_n) \in \mathbb{Z}^n \mid a_1 \geqslant a_2 \geqslant \cdots \geqslant a_n\}.$$

设 V 是 G 的一个有限维不可约表示. 定义 $\mathbb{Z}^n$ 的一个子集

$$w(V) := \{x \in \mathbb{Z}^n \mid x \text{ 对应的不可约表示同构于 } V|_T \text{ 的一个子表示}\}.$$

注意向量空间 V 自然可以看成为 T 的表示, 这个表示记为 $V|_T$, 称为 V 在 T 上的限制. 当然表示的限制这个概念可以推广到一般的拓扑群和它的子群上. 在 $\mathbb{Z}^n$ 上定义如下一种序:

$$(a_1, a_2, \cdots, a_n) \preccurlyeq (b_1, b_2, \cdots, b_n) \quad \text{当且仅当对所有 } 1 \leqslant i \leqslant n,$$
$$a_1 + a_2 + \cdots + a_i \leqslant b_1 + b_2 + \cdots + b_i.$$

可以证明在这个序之下, $w(V)$ 中存在唯一一个最大元. 把这个最大元记成 λ_V. Cartan 的理论告诉我们 λ_V 是一个支配权, 也就是说

$$\lambda_V \in (\mathbb{Z}^n)^+,$$

并且

$$\mathrm{Irr}_f(G) \to (\mathbb{Z}^n)^+ = (W_G(T))\backslash(\mathrm{Irr}_f(T)), \quad V \mapsto \lambda_V$$

是一个双射.

6.5 经典分歧律

典型李群具有一般李群所没有的独特个性, 特别地, 关于它们有两项经典理论: 经典不变量理论和经典分歧律 [3]. 因为经典分歧律比较容易描述, 我们先对它进行介绍.

构造表示有两种基本方法, 一种是诱导, 另一种是限制. 诱导是从子群的一个表示出发得到大群的一个表示, 我们会在后面提到这样的例子. 我们已经提到过限制, 它是从大群的一个表示出发得到子群的一个表示, 表示的限制对应于物理学中的对称破缺. 一个典型群总是可以看成更大的同类典型群的子群, 比如, 利用映射

$$\mathrm{U}(n-1) \to \mathrm{U}(n), \quad g \mapsto \begin{bmatrix} g & 0 \\ 0 & 1 \end{bmatrix},$$

把 $U(n-1)$ 看成 $U(n)$ 的一个闭子群. 设

$$\lambda = (a_1, a_2, \cdots, a_n) \in (\mathbb{Z}^n)^+.$$

根据 5.4 节的讨论, 它对应了 $U(n)$ 的一个不可约有限维表示, 把这个表示记作 F_λ. 把这个表示限制到 $U(n-1)$, 我们得到 $U(n-1)$ 的一个有限维表示 $(F_\lambda)|_{U(n-1)}$. 作为紧李群的表示, 我们已经知道这个限制表示是完全可约的. $U(n)$ 的经典分歧律回答了这样一个问题: 怎么把这个限制表示写成 $U(n-1)$ 的不可约有限维表示的直和. 给定

$$\nu = (b_1, b_2, \cdots, b_{n-1}) \in (\mathbb{Z}^{n-1})^+,$$

如果

$$a_1 \geqslant b_1 \geqslant a_2 \geqslant b_2 \geqslant \cdots \geqslant b_{n-1} \geqslant a_n,$$

就称 ν 插入 λ.

$U(n)$ 的经典分歧律 $(F_\lambda)|_{U(n-1)} \cong \bigoplus_{\nu \in (\mathbb{Z}^{n-1})^+, \, \nu \text{ 插入 } \lambda} F_\nu.$

也就是说, $U(n-1)$ 的一个不可约有限维表示 F_ν 出现在 $(F_\lambda)|_{U(n-1)}$ 中当且仅当 ν 插入 λ, 而这时 F_ν 在 $(F_\lambda)|_{U(n-1)}$ 中只出现一次. 经典分歧律有很多应用, 其中之一是用它造出 F_λ 的一组基并计算 F_λ 的维数. 举个例子, 取 $n = 3$, $\lambda = (4, 1, -1)$. 那么插入 λ 的向量共有以下 12 个:

$$(4, 1), \quad (4, 0), \quad (4, -1), \quad (3, 1), \quad (3, 0), \quad (3, -1),$$
$$(2, 1), \quad (2, 0), \quad (2, -1), \quad (1, 1), \quad (1, 0), \quad (1, -1).$$

插入这 12 个向量的整数的个数分别为

$$4, \quad 5, \quad 6, \quad 3, \quad 4, \quad 5, \quad 2, \quad 3, \quad 4, \quad 1, \quad 2, \quad 3.$$

把这 12 个数相加, 我们得知 $F_{(4,1,-1)}$ 的维数是 42.

紧正交群也有类似的经典分歧律, 我们这里就不具体讨论了.

6.6 经典不变量理论

这一节我们以正交群为例介绍经典不变量理论, 这要求读者对交换代数有一定了解. 把 $\mathbb{C}^n$ 看成列向量的集合, 作为经典不变量理论的一个简单例子, 我们希望知道 $\mathbb{C}^n$ 上的哪些多项式函数 f 是 $O(n)$ 不变的, 也就是说

对任意 $g \in O(n)$, $x \in \mathbb{C}^n$, 都有 $f(gx) = f(x)$.

不难验证

$$\mathbb{C}^n \to \mathbb{C}, \quad (x_1, x_2, \cdots, x_n) \mapsto x_1^2 + x_2^2 + \cdots + x_n^2$$

是 O(n) 不变的 $\mathbb{C}^n$ 上的多项式函数. 当然这个函数的多项式, 比如, $(x_1^2 + x_2^2 + \cdots + x_n^2)^2$ 也是 O(n) 不变的. 反过来, 我们可以证明每个是 O(n) 不变的 $\mathbb{C}^n$ 上的多项式函数都是 $x_1^2 + x_2^2 + \cdots + x_n^2$ 的多项式. 用公式表达, 有

$$(\mathbb{C}[\mathbb{C}^n])^{O(n)} = \mathbb{C}[x_1^2 + x_2^2 + \cdots + x_n^2],$$

这里 $\mathbb{C}[\mathbb{C}^n]$ 表示 $\mathbb{C}^n$ 上的多项式函数组成的集合, O(n) 在它上有如下一个作用:

$$O(n) \times \mathbb{C}[\mathbb{C}^n] \to \mathbb{C}[\mathbb{C}^n], \quad (g, f) \mapsto (x \mapsto f(g^{-1}x)).$$

一般地, 如果给出了一个群 G 在一个集合 X 上的作用, 我们用 X^G 表示这个作用下不动点的集合:

$$X^G := \{x \in X \mid \text{对任意 } g \in G, \text{ 都有 } g \cdot x = x\}.$$

把上面的例子推广, 我们希望理解 O(n) 在 $n \times k$ 的复矩阵组成的空间 $\mathbb{C}^{n \times k}$ 上的矩阵乘法作用, 以及在这个作用下的不变多项式函数. 考虑下面映射:

$$S : \mathbb{C}^{n \times k} \to \mathbb{C}^{k \times k}, \quad x \mapsto x^t x.$$

这个映射明显是 O(n) 不变的, 也就是说, 对任意 $g \in O(n)$, $x \in \mathbb{C}^{n \times k}$, 都有

$$S(gx) = S(x).$$

所以对 $\mathbb{C}^{k \times k}$ 上的每个多项式函数 f, $f \circ S$ 都是 $\mathbb{C}^{n \times k}$ 上 O(n) 不变的多项式函数. 经典不变量理论第一基本定理告诉我们反过来也对, 从而

$$(\mathbb{C}[\mathbb{C}^{n \times k}])^{O(n)} = \{f \circ S \mid f \in \mathbb{C}[\mathbb{C}^{k \times k}]\}.$$

注意 $(\mathbb{C}[\mathbb{C}^{n \times k}])^{O(n)}$ 是 $\mathbb{C}$ 上的一个交换代数. 根据第一基本定理

$$(\mathbb{C}[\mathbb{C}^{n \times k}])^{O(n)} \cong \frac{\mathbb{C}[\mathbb{C}^{k \times k}]}{\mathcal{I}_{n,k}},$$

其中 $\mathcal{I}_{n,k} := \{f \in \mathbb{C}[\mathbb{C}^{k \times k}] \mid f \circ S = 0\}$, 它是 $\mathbb{C}[\mathbb{C}^{k \times k}]$ 的一个理想. 为了确定 $(\mathbb{C}[\mathbb{C}^{n \times k}])^{O(n)}$, 我们只需确定这个理想. 首先, S 的像中的元素都是对称矩阵, 所以

$$x_{i,j} - x_{j,i} \in \mathcal{I}_{n,k}, \quad 1 \leqslant i, j \leqslant k. \tag{1}$$

其次, S 的像中的元素都是秩不超过 n 的矩阵, 所以

$$\det[x_{i,j}]_{i \in I_1, j \in I_2} \in \mathcal{I}_{n,k}, \quad I_1, I_2 \text{ 都是集合 } \{1, 2, \cdots, k\} \text{ 的基数为 } n+1 \text{ 的子集.}$$
(2)

当然, 当 $n \geqslant k$ 时, 这样的 I_1, I_2 并不存在. 经典不变量理论第二基本定理告诉我们 $\mathcal{I}_{n,k}$ 这个理想就是由 (1) 和 (2) 中出现的元素生成的. 这样就确定了我们关心的不变量代数 $(\mathbb{C}[\mathbb{C}^{n \times k}])^{O(n)}$ 的结构.

对于其他典型李群, 比如, 紧酉群和紧四元数辛群, 都有类似的经典不变量理论第一基本定理和第二基本定理, 这两个定理是典型李群有限维表示论进一步研究的重要基础.

6.7 无穷维表示

从这一节开始, 要求读者对泛函分析有基本的认识. 李群的无穷维表示广泛出现于调和分析、量子力学、数论等各个学科中. 典型李群, 或者更一般的"实约化群"的无穷维表示论由 Gelfand, Harish-Chandra 等奠基.

先看几个例子.

例 1　U(1) 在希尔伯特空间 $L^2(U(1))$ 上的右平移作用:

$$U(1) \times L^2(U(1)) \to L^2(U(1)), \quad (g, f) \mapsto (x \mapsto f(xg)).$$

例 2　$GL_n(\mathbb{R})$ 在希尔伯特空间 $L^2(GL_n(\mathbb{Z}) \backslash GL_n(\mathbb{R}))$ 上的右平移作用.

例 3　记 B_n 为 $GL_n(\mathbb{R})$ 中所有上三角矩阵组成的群. 设 V_0 是 B_n 的一个一维表示,

$$V := \mathrm{Ind}_{B_n}^{GL_n(\mathbb{R})} V_0 := \{f \in C^\infty(G; V_0) \mid f(bg) = b \cdot f(g), b \in B_n, g \in GL_n(\mathbb{R})\}.$$

让 $GL_n(\mathbb{R})$ 用右平移作用在 V 上.

这些都是李群无穷维表示的例子. 为了介绍一般的无穷维表示的概念, 我们先引入复拓扑向量空间的概念: 一个复拓扑向量空间是指一个复向量空间 V, 它同时又是一个拓扑空间, 并且加法映射

$$+ : V \times V \to V$$

和数乘映射

$$\cdot : \mathbb{C} \times V \to V$$

都是连续的.

李群 G 的一个表示是指一个具有一定性质的复拓扑向量空间 V, 以及 G 在 V 上的一个连续线性作用. 这里的 "一定性质" 通常指 Hausdorff、局部凸、准完备. 关于局部凸和准完备这两个概念这里就不做详细解释了. 以上三个例子各给出了一个表示. 研究第一个表示的结构是傅里叶级数的内容, 研究第二个表示的结构是自守形式理论的内容. 第三个表示被称为主序列表示, 这是之前提到的诱导表示的一个例子, 它在很多情况下是不可约的 (如果一个表示非零并且只有 0 和本身两个不变闭子空间, 我们就称这个表示是不可约的).

有一类表示, 我们称之为 Casselman-Wallach 表示, 它们在自守形式理论研究中非常有用. 我们将不解释 Casselman-Wallach 表示的确切定义. 作为例子, 例 3 中的表示是 $\mathrm{GL}_n(\mathbb{R})$ 的一个 Casselman-Wallach 表示, 而且 $\mathrm{GL}_n(\mathbb{R})$ 的每一个不可约 Casselman-Wallach 表示都同构于例 3 中某个表示的子表示.

在 Harish-Chandra 工作的基础上, Langlands 给出了实约化群不可约 Casselman-Wallach 表示的分类. 这被称为 Langlands 分类, 它是 Cartan 最高权理论由有限维表示向无穷维表示的推广.

6.8   Theta 对应理论

Theta 对应理论由美国数学家 Roger Howe 在 20 世纪 70 年代建立, 它是经典不变量理论从有限维表示向无穷维表示的发展 [5, 6]. 这个理论大致上说每类典型李群都有与它 "对偶" 的一类典型李群, 比如, 实正交李群和实辛群是对偶的, 而两个对偶典型李群的不可约 Casselman-Wallach 表示之间有一定的对应关系.

我们以实正交群为例简单介绍一下这个理论. 记 $\mathbb{R}^{(p+q)\times k}$ 为 $(p+q) \times k$ 的实矩阵组成的向量空间, 记 $\mathrm{S}(\mathbb{R}^{(p+q)\times k})$ 为 $\mathbb{R}^{(p+q)\times k}$ 上的 Schwartz 函数组成的拓扑向量空间, 它自然是正交群 $\mathrm{O}(p,q)$ 的一个表示. 给定 $\mathrm{O}(p,q)$ 的一个不可约 Casselman-Wallach 表示 V, 我们第一个想知道的问题是 V 是否在 $\mathrm{S}(\mathbb{R}^{(p+q)\times k})$ 中出现, 也就是说, 表示的连续同态的空间

$$\mathrm{Hom}_{\mathrm{O}(p,q)}(\mathrm{S}(\mathbb{R}^{(p+q)\times k}), V) \tag{3}$$

是否非零. 关于这个问题, 我们有以下两个基本规律:

(1) 如果 $\mathrm{Hom}_{\mathrm{O}(p,q)}(\mathrm{S}(\mathbb{R}^{(p+q)\times k}), V) \neq 0$, 那么 $\mathrm{Hom}_{\mathrm{O}(p,q)}(\mathrm{S}(\mathbb{R}^{(p+q)\times(k+1)}), V) \neq 0$.

(2) 记 $n(V) := \min\{k \geqslant 0 \mid \mathrm{Hom}_{\mathrm{O}(p,q)}(\mathrm{S}(\mathbb{R}^{(p+q)\times k}), V) \neq 0\}$, 那么 $n(V) + n(V \otimes \det) = p + q$.

上式中的 det 指由行列式给出的 $O(p,q)$ 的一维表示. 这里的第一条规律叫 Kudla 持续性原理, 第二条规律叫 Theta 对应守恒律 [9]. 完全确定空间 (3) 什么时候非零是一个尚未完全解决的问题.

第二个问题是理解 (3) 这个向量空间. 我们假设 $p+q$ 是偶数. 奇数的情况有需要做一点改动, 我们这里不作讨论. 事实上, 拓扑向量空间 $S(\mathbb{R}^{(p+q)\times k})$ 不仅是正交群 $O(p,q)$ 的表示, 它还可以以某种方式看成是辛群 $\mathrm{Sp}_{2k}(\mathbb{R})$ 的表示, 并且这两个群的作用互相交换. 更进一步, 存在 $\mathrm{Sp}_{2k}(\mathbb{R})$ 的一个 Casselman-Wallach 表示 $\Theta(V)$ 使得作为 $O(p,q)\times\mathrm{Sp}_{2k}(\mathbb{R})$ 的表示, $V\widehat{\otimes}\Theta(V)$ 是 $S(\mathbb{R}^{(p+q)\times k})$ 的商, 并且

$$\mathrm{Hom}_{O(p,q)}(S(\mathbb{R}^{(p+q)\times k}),V)=\mathrm{Hom}_{O(p,q)}(V\widehat{\otimes}\Theta(V),V)=\mathrm{Hom}_{\mathbb{C}}(\Theta(V),\mathbb{C}). \qquad (4)$$

Howe 对偶定理断言如果 $\Theta(V)$ 非零, 那么它有唯一一个不可约的商表示 $\theta(V)$.

这样, 从 $O(p,q)$ 的一个不可约 Casselman-Wallach 表示出发, 得到了 $\mathrm{Sp}_{2k}(\mathbb{R})$ 的一个不可约 Casselman-Wallach 表示. 比如, 当 $p=q=1$ 时, $O(1,1)$ 的不可约 Casselman-Wallach 表示比较简单, 它们都是一维或者二维的. 从这些表示出发, 我们可以构造比较复杂的群, $\mathrm{Sp}_2(\mathbb{R})$, $\mathrm{Sp}_4(\mathbb{R})$, $\mathrm{Sp}_6(\mathbb{R})$ 等的比较复杂的不可约 Casselman-Wallach 表示.

其实, Theta 对应理论的起源和数论中的 Theta 级数密切相关, 它不仅可以构造和研究典型李群的不可约表示, 还在自守形式理论中起重要作用.

6.9　局部 Gan-Gross-Prasad 猜想

局部 Gan-Gross-Prasad 猜想 [2] 是经典分歧律从有限维表示论向无穷维表示论的发展. 我们还是以正交群为例来介绍它. 和之前类似, 我们把 $O(p,q-1)$ 看成 $O(p,q)$ 的子群. 给定 $O(p,q)$ 的一个不可约 Casselman-Wallach 表示 V, 以及 $O(p,q-1)$ 的一个不可约 Casselman-Wallach 表示 V_0, 我们希望理解下面这个连续同态组成的空间:

$$\mathrm{Hom}_{O(p,q-1)}(V|_{O(p,q-1)},V_0).$$

首先, 重数一定理告诉我们这个空间最多是一维的 [8]. 至少在一些情况下, 局部 Gan-Gross-Prasad 猜想试图确定这个空间究竟什么时候是零, 什么时候是一维的. 最近何鸿宇的工作告诉我们 Theta 对应理论的结果可以用于研究这个问题 [4], 而最近颜维德等的工作又告诉我们关于 Gan-Gross-Prasad 猜想的结果又可以用于对 Theta 对应进行更深入的研究 [1].

作为总结, 我想说典型李群的表示论是内容丰富、结论优美的一个理论, 它还和数学、物理的其他分支密切相关. 读者如果感兴趣, 在完成基础数学专业研究生

的基础课程后, 可以从李群和表示论的一些经典教材开始学习, 比如, Knapp 写的比较容易读的 *Lie Groups beyond an Introduction* [7], 以及 Wallach 写的比较困难的 *Real Reductive Groups* [10,11].

参 考 文 献

[1]   Atobe H, Gan W T. Local theta correspondence of tempered representations and Langlands parameters. arXiv:1602.01299.

[2]   He H. On the Gan-Gross-Prasad Conjecture for $U(p, q)$. In Vent. Math., 2017, 209: 837-884.

[3]   Goodman R and Wallach N. Representations and Invariants of the Classical Groups. volume 68 of Encyclopedia of Mathematics and Its Applications. Cambridge: Cambridge University Press, 1998.

[4]   He H. Gan-Gross-Prasad Conjecture for $U(p, q)$. arXiv:1508.02032.

[5]   Howe R. Transcending classical invariant theory. J. Amer. Math. Soc., 1989, 2(3): 535-552.

[6]   Howe R. Remarks on classical invariant theory. Trans. Amer. Math. Soc., 1989, 313(2): 539-570.

[7]   Knapp A W. Lie Groups beyond an Introduction. 2nd ed. Progress in Mathematics, vol. 140, Boston: Birkhäuser, 2002.

[8]   Sun B, Zhu C B. Multiplicity one theorems: The Archimedean case. Ann. of Math., 2012, 175: 23-44.

[9]   Sun B, Zhu C B. Conservation relations for local theta correspondence. J. Amer. Math. Soc, 2012, 28(4): 939-983.

[10]   Wallach N R. Real Reductive Groups I. San Diego: Academic Press, 1988.

[11]   Wallach N R. Real Reductive Groups II. San Diego: Academic Press, 1992.

[12]   Warner F W. Foundations of Differentiable Manifolds and Lie Groups. Graduate Texts in Mathematics, 94. New York: Springer-Verlag, 1983.

[13]   Weyl H. The Classical Groups. Princeton, N J: Princeton University Press, 1946.

7 随机分析与几何

李向东

谨以此文献给我的母亲, 感谢她给予我的爱和一切!

7.1 序

这个报告的题目是随机分析与几何. 从 1990 年开始我就想学随机分析和微分几何的交叉学科, 1994 年我到科学院以后, 我的导师马志明院士给我的第一个建议就是让我去学随机微分几何, 1997 年又推荐我到法国跟随随机微分几何的创始人、法国科学院院士马利亚万 (P. Malliavin) 教授学习. 所以人生有好多事情既是机缘巧合又是命中注定的.

随机分析是概率论的一门分支, 是在维纳 (N. Wiener)、柯尔莫哥洛夫 (A. N. Kolmogorov)、莱维 (P. Lévy)、杜布 (J. L. Doob) 等先驱性的工作基础上, 由日本数学家伊藤 (Kyosi Itô) 在 20 世纪 40 年代初创立的一门学科, 被誉为 "随机世界中的牛顿定律". 伊藤因其开创性的工作获得了 1987 年的 Wolf 奖和 2006 年国际数学联盟所颁发的首届高斯奖. 近几十年来, 随机分析已发展成现代数学的核心领域之一, 与概率论、位势论、调和分析、偏微分方程、微分几何、遍历论、拓扑、量子场论、统计力学、通讯与信息理论、生物数学、金融数学等领域相互渗透、相互交融、相互促动, 在现代数学的研究和发展中书写了绚丽多彩的篇章. 1973 年, Fischer Black 与 Myron Scholes 利用伊藤随机分析建立了金融数学中欧式看涨期权的定价公式. 其后, Robert Merton 对 Black-Scholes 公式做了进一步的推广. 1997 年, 由于这个光辉的公式以及由此产生的期权定价理论方面一系列的贡献, Myron Scholes 与 Robert Merton 获得了诺贝尔经济学奖 (F. Black 已故). 从 2006 年到 2018 年, W. Werner、C. Villani、S. Smirnov、M. Hairer 与 A. Figalli 先后获得菲尔兹奖, 其获奖工作与概率论和随机分析有直接的联系, 另外两位菲尔兹奖得主 G. Perelman 和 T. Tao 的获奖工作与概率论和随机分析也有密切的联系. 2007 年, 美籍印度裔数学家 S. R. S. Varadhan 因其在概率论研究方面作出的杰出

中国科学院数学与系统科学研究院, 北京 100190; 中国科学院大学数学科学学院, 北京 100049 Email: xdli@amt.ac.cn 国家自然科学基金 (批准号: 11771430) 和中国科学院随机复杂结构与数据科学重点实验室 (批准号: 2008DP173182) 资助项目

贡献而获得 Abel 奖. 从这个角度来讲, 在 2006 以后的这些年, 我们见证了概率论与随机分析成为核心数学的核心部分这样一个事实. 实际上概率论与随机分析成为核心数学的一部分是从 20 世纪 70 年代到 80 年代就已经开始了.

2016 年 11 月, 我应邀在中国科学院数学研究所作数学所讲座报告: 随机分析与几何. 这个报告的目的是从随机分析与偏微分方程、调和分析、微分几何相结合的角度向从事相关数学理论研究的同行和研究生介绍并展示这些领域相互渗透、相互交融、相互促动的一些画面, 以及我个人对隐藏在这些画面背后的一些数学思想的不太成熟的思考. 马志明院士、席南华院士、尚在久研究员、张晓研究员、董昭研究员和中科院数学与系统科学研究院的许多同事及研究生对此报告给予了很大的关注和兴趣, 在此深表感谢! 本文是基于上述报告的内容和我多年来学习、研究以及从事随机分析和随机微分几何的教学工作的部分心得体会而写成的. 在本文写作过程中, 我参考和引用了随机分析与随机微分几何方面领域的几本经典著作中的部分内容, 文中不逐一详尽指出其出处. 文中部分内容取自我个人的研究成果.

感谢马志明院士、马利亚万院士 (已故) 和 A. B. Cruzeiro 教授对我的培养和支持, 感谢众多师友对我的帮助和鼓励. 因本人学识有限, 有许多学者的研究成果未能一一介绍, 在此深表歉意. 文中不足之处, 敬请同行和读者指正.

本文的初稿起笔于 2017 年 10 月. 自 2017 年 11 月起, 我的母亲身患重病, 虽经多家医院救治, 仍然卧床不起, 我身心为之沉重, 文稿亦几度中断. 2018 年 10 月 26 日, 在本文即将定稿之际, 母亲在病床上度过了她七十二岁的生日. 令人痛心的是, 短短三周后, 我的母亲竟离开了人世. 母子情深, 日日思念, 彻夜难眠. 在我痛心疾首、心似刀绞之际, 本文画上了最后的句号. 母亲一直鼓励和支持我学习数学、研究数学, 可叹斯人已去, 文稿竟无缘面呈!

"青青子衿, 悠悠我心. 但为君故, 沉吟至今." 愿这篇文章中的悠悠沉吟, 能够穿越云天, 向我的母亲转达我对她的一份思念!

是为序!

李向东

2018 年 11 月 29 日

7.2 布 朗 运 动

7.2.1 布朗的实验

1827 年, 苏格兰植物学家布朗 (R. Brown) 在显微镜下观察到花粉的运动是

无规则的. 布朗发现花粉粒子的运动具有以下的特点 (参见 Nelson[76] 的文献):

(1) 粒子的运动非常无规则, 由平移与旋转组成, 其轨道呈锯齿状, 没有切线;

(2) 两个粒子呈独立运动, 即使彼此之间的距离接近其直径;

(3) 液体的黏性越小, 粒子的运动越活跃;

(4) 粒子的半径越小, 粒子的运动越活跃;

(5) 液体的温度越高, 粒子的运动越激烈;

(6) 粒子的组成成分或密度不影响粒子的运动;

(7) 粒子的运动永不停止.

布朗曾用保存了 300 年的花粉及无机物微粒作为观察对象, 从而排除了花粉粒子是 "活的粒子" 的假设. 科学家们对这一奇异现象研究了五十年都无法解释, 直到 1877 年德尔索尔 (Delsaulx, 1828—1891) 才正确地指出: 这些运动是由花粉微粒受到周围液体分子碰撞不平衡而引起的, 从而为分子无规则运动的假设提供了十分有利的实验依据. 分子无规则假设认为: 分子之间做频繁的碰撞, 每个分子运动的方向和速率都在不断地改变. 任何时刻, 在液体内部分子的运动速率有大有小、方向也各种各样. 1888 年, 古伊 (G. Gouy) 的实验排除了其他可能原因: 例如, 机械振动、对流和光照. 因此, 布朗运动不是花粉粒子本身的运动, 而是由花粉粒子受到做无规则运动的液体分子的碰撞而产生的无规则运动.

7.2.2 爱因斯坦等关于布朗运动的研究

1905 年, 爱因斯坦在德国《物理年刊》(*Ann. der Phys.*) 上发表了一篇题为《热的分子运动论所要求的静止液体中悬浮微小粒子的运动》(*On the movement of small particles suspended in a stationary liquid demanded by the molecular kinetic theory of heat*) 的论文[①].

在这篇论文中, 爱因斯坦从统计力学和热力学的观点研究了悬浮在液体中的花粉粒子的无规则运动, 他认为悬浮在液体中花粉粒子的无规则运动是由于花粉粒子受到了大量液体分子随机撞击的结果, 并认为这种运动可能就是布朗所观察到的花粉粒子的无规则运动.

利用热力学和概率论相结合的方法, 在独立增量、质量守恒及连续性的假设条件下, 爱因斯坦证明了花粉粒子在空间位置 x 和时刻 t 的分布密度 $\rho(x,t)$ 满足扩散方程

$$\frac{\partial \rho}{\partial t} = D \frac{\partial^2 \rho}{\partial x^2},$$

---

① 原文为德文, 此处用的是英译.

其中 D 为扩散系数. 在同一文章中, 根据流体力学中的斯托克斯 (Stokes) 定律与热力学中的 Fisk 定律, 爱因斯坦证明: 扩散系数满足

$$D = \frac{RT}{N} \cdot \frac{1}{6\pi\nu r},$$

其中 R 为气体常数, T 为温度, N 为阿伏伽德罗 (Avogadro) 常数, ν 为黏性系数, r 为悬浮粒子的半径.

假定当 $t = 0$ 时花粉粒子位于原点处, 即 $\rho(\cdot, 0) = \delta_0$ 为原点处的狄拉克 (Dirac) 分布. 则扩散方程的解是

$$\rho(x, t) = \frac{1}{(4\pi Dt)^{1/2}} e^{-\frac{|x|^2}{4Dt}},$$

即花粉粒子的分布密度是高斯分布 $N(0, 2Dt)$. 事实上, 由上述扩散方程的解可以得到: 在任意固定时刻 t, 布朗运动的平均位置和方差分别是

$$\langle x_t \rangle = 0, \quad \langle x_t^2 \rangle = 2Dt.$$

1906 年, 波兰物理学家斯莫鲁霍夫斯基 (M. Smoluchowski) 在德国《物理年刊》上发表了他关于布朗运动的论文, 他获得了与爱因斯坦同样的结果. 虽然斯莫鲁霍夫斯基的论文晚于爱因斯坦发表, 但其研究是独立于爱因斯坦的. 1908 年, 爱因斯坦和斯莫鲁霍夫斯基关于布朗运动的理论被法国物理学家佩兰 (Jean Perrin) 的实验所证实. 佩兰因此获得了 1926 年的诺贝尔物理学奖. 爱因斯坦和斯莫鲁霍夫斯基关于布朗运动的理论以及佩兰关于布朗运动实验证明了分子的存在性, 并且提供了测量阿伏伽德罗常数的一种新办法.

事实上, 早在 1900 年, 法国学者巴切利尔 (L. Bachelier) 在其博士学位论文中就利用布朗运动来描述股票的演化过程[1], 在伊藤和麦基恩 (H. P. Jr. McKean) 的名著《扩散过程及其样本路径》(*Diffusion Processes and their Sample Paths*) 一书的前言中, 对布朗运动的历史有以下的叙述:

"巴切利尔导出了支配一维布朗运动的单个谷物位置的概率分布律. 他还指出布朗运动的马尔可夫性质. 1905 年, 爱因斯坦也从统计力学的角度推导出布朗运动定律, 并将其应用于分子直径的测定."(Bachelier derived the law govering the position of a single grain performing a 1-dimensional Brownian motion. He also pointed out the Markovian nature of the Brownian motion. A.Einstein (1905) also derived the law of the Brownian motion from statistical mechanical consideration and applied it to the determination of molecular diameters.)

---

[1] Bachelier L. Théorie de la Spéculation. Ann. Sci. ENS, 1900, 17: 21-86.

现在我们来描述布朗运动 (花粉粒子的不规则运动) 的数学模型. 首先, 花粉粒子的运动轨道虽然不规则, 但关于时间是连续的. 其次, 在时刻 t 到 $t+\Delta t$ 之间的时间区间内, 花粉粒子受到大量液体分子的碰撞而产生的位移, 可以看成 N 次随机碰撞所引起的随机微小位移的总和

$$X_{t+\Delta t} - X_t = \sum_{i=1}^{N} \xi_i,$$

其中 ξ_i 表示液体分子对花粉粒子的随机碰撞所引起的第 i 次随机位移, 每秒钟的碰撞次数 N 大约在 10^{20} (见 R. M. Mazo. Brownian Motion: Fluctuations, Dynamics and Applications. Oxford Univ. Press, 2009: 48.).

假定 (ξ_i) 是独立同分布随机变量列, 其均值与方差分别为 μ 与 σ^2, 即 $\mu = \mathbb{E}[\xi_i]$ 且 $\sigma^2 = \mathrm{Var}(\xi_i)$. 则中心极限定理成立: 在依分布收敛的意义下,

$$\frac{1}{\sqrt{N\sigma^2}} \left(\sum_{i=1}^{N} \xi_i - N\mu \right) \to N(0,1).$$

不妨假设 $\mu = 0$, 即液体中大量分子对花粉粒子的碰撞具有某种对称性, 则

$$X_{t+\Delta t} - X_t = \sum_{i=1}^{N} \xi_i \sim N(0, N\sigma^2).$$

显然, 在时间区间 $[t, t+\Delta t]$ 内液体分子对花粉粒子的碰撞次数 N 与时间长度 Δt 成正比, 即 $N = k\Delta t$, k 为常数. 故有

$$X_{t+\Delta t} - X_t = \sum_{i=1}^{N} \xi_i \sim N(0, k\sigma^2 \Delta t).$$

同理, 由于

$$X_{t+\Delta t} - X_t = \sum_{i=1}^{N} \xi_i, \quad X_{s+\Delta s} - X_s = \sum_{i=1}^{N'} \xi_i',$$

其中 (ξ_i) 与 (ξ_i') 相互独立, 可知 $X_{t+\Delta t} - X_t$ 与 $X_{s+\Delta s} - X_s$ 相互独立.

综合以上分析, 若取 k 和 σ 使得 $k\sigma^2 = 1$, 则可以给出了布朗运动的数学定义.

定义 2.1　称 (X_t) 为标准布朗运动, 如 (X_t) 满足以下条件:

(1) $X_0 = 0$, 且几乎所有的样本轨道 $t \mapsto X_t$ 是连续的;

(2) 对任意 $0 \leqslant t_1 < t_2 < t_3 < t_4$, $X_{t_2} - X_{t_1}$ 与 $X_{t_4} - X_{t_3}$ 相互独立,;

(3) 对任意 $0 \leqslant s < t$, $X_t - X_s \sim N(0, t-s)$.

7.2.3 布朗运动的构造与性质

问题: 满足定义 2.1 中这些性质的布朗运动是否真的存在?

在伊藤与麦基恩的著作《扩散过程及其样本路径》一书的前言中, 他们这样写道:

"巴切利尔无法获得布朗运动的清晰画面, 他的思想在当时没有得到认可, 这也不令人惊讶, 因为布朗运动的精确定义涉及路径空间的度量, 直到 1909 年, 博雷尔 (E. Borel) 才发表了关于伯努利试验的经典著作. 但是, 一旦博雷尔、勒贝格 (Lebesgue) 和丹尼尔 (Danielle) 的思想出现, 就有可能把布朗运动建立在坚实的数学基础之上; 这在 1923 年由维纳 (N.Wiener) 成功地完成[1]."

"Bachelier was unable to obtain a clear picture of the Brownian motion and his ideas were unappreciated at the time; nor is this surprising because the precise definition of the Brownian motion involves a measure on the path space, and it was not until 1909 that E. Borel published his classical memoire on Bernouill trials. But as soon as the ideas of Borel, Lebesgue and Danielle appeared, it was possible to put the Brownian motion on a firm mathematical foundation; this was achieved in 1923 by N. Wiener."

对于这个问题, 维纳于 1923 年给出了肯定的答案, 利用博雷尔、勒贝格和丹尼尔等所创立的测度与积分理论, 他证明了: 对于任意 $T > 0$, 无穷维连续函数空间 $C_0([0,T], \mathbb{R}) = \{\omega : [0,T] \to \mathbb{R} \ 连续 \ \omega(0) = 0\}$ 上存在唯一一个概率测度, 现称为维纳测度, 在这个测度下, $C([0,T], \mathbb{R})$ 上的坐标过程, $X_t(\omega) = \omega(t)$, $\omega \in C([0,T], \mathbb{R})$, $t \in [0,T]$, 就是满足定义 2.1 中所列性质的布朗运动. 20 世纪 30 年代, 维纳与佩利 (Paley) 还给出了布朗运动的随机傅里叶级数的构造:

$$X_t = \frac{\xi_0 t}{\sqrt{2\pi}} + \sum_{n \geqslant 1} \frac{1}{n\sqrt{\pi}} \left(\xi_n \sin nt + \eta_n(\cos nt - 1)\right),$$

其中 $(\xi_0, \xi_n, \eta_n, n \geqslant 1)$ 为独立同分布 $N(0,1)$ 随机变量序列, $t \in [0, 2\pi]$.

20 世纪 30—40 年代, 法国概率学家莱维 (P. Lévy) 利用哈尔 (Haar) 基给出了布朗运动的 Lévy 构造. 维纳、莱维、佩利、齐格蒙德 (Zygmund) 与辛钦 (Khinchin) 等证明了布朗运动的轨道性质.

(1) 对任意 $0 \leqslant \alpha < \frac{1}{2}$, 几乎所有的轨道具有 α-Hölder 连续性, 但对任意 $\alpha \geqslant \frac{1}{2}$, 几乎所有的轨道不具有 α-Hölder 连续性;

---

[1] Differential Space. J. Math.Phys., 1923, 2: 131-174.

(2) 几乎所有的轨道在任何时间点不可微;

(3) 几乎所有的轨道在任何时间区间上不是有界变差;

(4) 重对数律

$$\mathbb{P}\left(\varlimsup_{t\to\infty}\frac{B_t}{\sqrt{2t\log\log t}}=1\ ,\ \varliminf_{t\to\infty}\frac{B_t}{\sqrt{2t\log\log t}}=-1\right)=1;$$

(5) 布朗运动在任意有界区间上具有界二次变差: 对任意 $t>0$, 考虑 $[0,t]$ 的分划 $\pi:0=t_0<t_1<\cdots<t_{n+1}=t$, 令 $\delta(\pi)=\max_{0\leqslant i\leqslant n}|t_{i+1}-t_i|$. 则当 $\delta(\pi)\to 0$ 时, 有

$$\sum_{i=0}^{n}(B_{t_{i+1}}-B_{t_i})^2\xrightarrow{L^2}t.$$

最后, 我们提及关于布朗运动与随机游动的 Donsker 不变性原理, 它给出了布朗运动的另一种构造方法: 设 $\{\xi_i, i\in\mathbb{N}\}$ 为独立同分布实值随机变量列, $\mathbb{E}[\xi_i]=0$, $\mathbb{E}[\xi_i^2]=1$. 令 $S_0=0$, $S_n=\sum_{i=1}^{n}\xi_i$, $n\in\mathbb{N}$, $n\geqslant 1$,

$$Y_t:=S_{[t]}+(t-[t])\xi_{[t]+1},\quad t\geqslant 0,$$

其中 $[t]$ 表示 t 的整数部分. 定义

$$X_t^{(n)}:=\frac{1}{\sqrt{n}}Y_{nt},\quad t\geqslant 0, n\in\mathbb{N}, n\geqslant 1.$$

则当 n 趋于无穷时, 随机过程列 $\{X_t^{(n)}, t\geqslant 0\}$ 依分布收敛于一维标准布朗运动 $\{B_t, t\geqslant 0\}$.

7.3 伊藤随机分析

7.3.1 朗之万随机微分方程

1908 年, 法国物理学家朗之万 (P. Langevin) 提出了描述花粉粒子随机运动的动力学方程, 即朗之万随机微分方程, 从此开创了由布朗运动驱动的随机动力学和随机微分方程的研究.

根据经典力学中的牛顿第二定律, 悬浮在流体中的花粉粒子的动力学方程应该是

$$m\dot{v}_t=F,$$

其中 m 为花粉粒子的质量, v_t 为其速度, $\dot{v}_t$ 为其加速度, F 为花粉粒子所受到的外力. 在流体中悬浮着的花粉粒子, 受到两个外力 F_1 和 F_2 作用, $F=F_1+F_2$. 其

一为液体对其的黏性阻尼力 $F_1 = -\nu v_t$, ν 为黏性系数; 其二为液体分子碰撞对花粉所产生的随机干扰力 $F_2 = \sqrt{2k_B T \nu} \dot{B}_t$, 其中 k_B 为玻尔兹曼 (Boltzmann) 常数, $T > 0$ 为温度, B_t 为标准布朗运动, $\dot{B}_t$ 为其形式导数 (物理学家称为白噪声). 因此, 描述悬浮在流体中的花粉粒子运动的朗之万方程是

$$\frac{dx_t}{dt} = v_t,$$

$$m\frac{dv_t}{dt} = -\nu v_t + \sqrt{2k_B T \nu}\frac{dB_t}{dt},$$

其中 x_t 表示花粉粒子在 t 时刻的位置. 由于布朗运动的轨道关于时间 t 几乎处处不可导, 所以朗之万方程要改写为随机微分方程 (stochastic differential equation) 的形式, 即

$$dx_t = v_t dt,$$

$$dv_t = -\frac{\nu}{m} v_t dt + \frac{\sqrt{2k_B T \nu}}{m} dB_t,$$

其中 dx_t, dv_t, dB_t 分别表示 x_t, v_t 和 B_t 的无穷小增量.

注意到这个方程中的第二个方程本质上是一个一阶常系数线性常微分方程的随机扰动. 由常微分方程理论中的常数变易法, 可以求出朗之万随机微分方程中 v_t 的显式表达式

$$v_t = e^{-\frac{\nu}{m}t} v_0 + \frac{\sqrt{2k_B T \nu}}{m} \int_0^t e^{-\frac{\nu}{m}(t-s)} dB_s.$$

此过程被称为奥恩斯坦–乌伦贝克 (Ornstein-Uhlenbeck) 速度过程, 对其积分则得到奥恩斯坦–乌伦贝克位置过程 $X_t = X_0 + \int_0^t v_s ds$. 上式右边出现的积分 $\int_0^t e^{\frac{\nu}{m}s} dB_s$ 是一个维纳积分. 事实上, 对于确定性的光滑或有界变差函数 f, Paley 与 Wiener 在 1934 年的著作中利用黎曼–斯蒂尔切斯积分中的分部积分公式定义了维纳积分

$$\int_0^t f(s)dB_s := f(t)B_t - \int_0^t B_s df(s),$$

并利用 L^2 等距性质将其推广到 $L^2([0,T])$ 中的确定性函数 f: 若 $f(T) = 0$, 则

$$\mathbb{E}\left[\left|\int_0^T f(s)dB_s\right|^2\right] = \int_0^T f^2(s)ds.$$

7.3.2 柯尔莫哥洛夫问题

1931 年, 柯尔莫哥洛夫 (A. N. Kolmogorov) 在其论文《概率论中的解析方法》[①]中, 证明了连续马氏过程 (即扩散过程) 的转移密度函数满足 Kolmogorov 向

---

① Math. Ann., 1931, 104: 415-458.

前方程 (又称为 Fokker–Planck 方程) 和 Kolmogorov 向后方程, 奠定了马氏过程的现代理论基础.

给定满足一定条件的转移概率函数族, 一个基本的问题就是以此为转移概率函数族的连续马氏过程是否存在并如何构造. 依照池田 (N. Ikeda) 与渡边 (S. Watanabe) 在其著作《随机微分方程与扩散过程》(*Stochastic Differential Equations and Diffusion Processes*) 前言中的描述, 设 Y_t 为 $\mathbb{R}$ 上的马氏过程, 对任意时刻 t_0, $F_{t_0,t} = F_{t_0,t}(Y_{t_0})$ 为 Y_t 在给定 Y_{t_0} 下的条件概率分布. 当 t 趋于 t_0 时, $F_{t_0,t}^{*[(t-t_0)^{-1}]}$ 收敛到 $\mathbb{R}$ 上某个概率分布, 记为 DY_{t_0}. 这里 $[a]$ 表示 a 的整数部分, $*k$ 表示 k- 重卷积, DY_{t_0} 因此是一个无穷可分分布. 柯尔莫哥洛夫问题是: 给定初始分布, 寻找马氏过程 Y_t, 使得

$$DY_t = L(t, Y_t). \tag{1}$$

20 世纪 30—40 年代, 柯尔莫哥洛夫与费勒 (W. Feller) 利用解柯尔莫哥洛夫微分方程的方法成功地构造了连续马氏过程, 建立了概率论的解析方法. 20 世纪 40—50 年代, 这一方法与希尔-吉田 (Hille–Yosida) 半群理论结合得到了进一步的发展, 详见吉田耕作所著《泛函分析》. 其后, 马氏过程得到了更为深入的研究, 参见邓肯 (E.B. Dynkin)、Blumenthal–Gettor 及 Ethier–Kurtz 等关于马氏过程的著作.

7.3.3 随机微分方程

与上述解析理论相反, 莱维提议用概率方法直接构造马氏过程 Y_t, 使其在 t 时刻的分布满足 (1). 特别地, 考虑 $L(t, y) = N(b(t, y), a(t, y))$ 的情形, 其中 $N(a, \sigma^2)$ 为均值为 a、方差为 σ^2 的高斯分布. 1940 年代, 在莱维的建议下, 日本数学家伊藤清从概率论和微观的角度重新研究了扩散过程的构造问题.

柯尔莫哥洛夫问题指的是构造扩散过程 (X_t), 使之满足

$$\mathbb{E}[X_{t+\Delta t} - X_t | X_t = x] = b(t, x)\Delta t + o(\Delta t),$$
$$\mathrm{Var}[X_{t+\Delta t} - X_t | X_t = x] = a(t, x)\Delta t + o(\Delta t),$$

其中 $\sqrt{a}$ 为扩散系数, b 为漂移系数. 利用扩散过程的马氏性质和布朗运动的性质

$$\mathbb{E}[B_{t+\Delta t} - B_t | B_t = x] = 0,$$
$$\mathrm{Var}[B_{t+\Delta t} - B_t | B_t = x] = \Delta t,$$

可以认为 (X_t) 满足以下差分方程

$$X_{t+\Delta t} - X_t = b(t, X_t)\Delta t + \sqrt{a(t, X_t)}(B_{t+\Delta t} - B_t) + o(\Delta t).$$

令 $\Delta t \to 0$, 则得到以下形式的随机微分方程:

$$dX_t = b(t, X_t)dt + \sqrt{a(t, X_t)}dB_t.$$

记 $\sigma = \sqrt{a}$, 则得到以下形式的随机微分方程

$$dX_t = b(t, X_t)dt + \sigma(t, X_t)dB_t. \tag{2}$$

形式上两边沿 (B_t) 的轨道积分, 则得到随机积分方程

$$X_t = X_0 + \int_0^t b(s, X_s)ds + \int_0^t \sigma(s, X_s)dB_s.$$

上式右边的第一项积分为通常意义下的黎曼积分, 而第二项积分形式上是被积过程 $\sigma(s, X_s)$ 沿布朗运动的轨道 B_s 的积分. 如前所述, 维纳与莱维证明了几乎所有的布朗运动的轨道关于时间参数不仅是处处不可微的, 而且不是有界变差的. 因此, 对于一般的被积过程 $\sigma(s, X_s)$, 人们不能沿着每一条给定的布朗运动的轨道定义黎曼–斯蒂尔切斯积分. 事实上, 如何定义积分 $\int_0^t Y_s dB_s$, 其中 Y_s 是一般的随机过程 (包括 $Y_s = B_s$ 这个特例), 是随机微分方程研究中需要解决的一个本质性的困难问题.

7.3.4 伊藤随机分析的建立

1942 年, 在题为 Differential Equations Determining a Markoff Process(原文为日文, 发表于日本全国纸上数学谈话会 **244** (1942), No. 1077, 1352-1400. 英文译文见伊藤选集 [53]), 伊藤首次给出了形如 $\int_0^t Y_s dB_s$ 的随机积分的合理定义, 其中 Y_s 是关于布朗运动所生成的自然滤子流 $(\mathcal{F}_t) = \sigma(B_s, s \leqslant t)$ 的适应过程. 伊藤关于随机积分定义的第一篇英文论文 Stochastic Integrals 于 1944 年发表于 Proc. Imp. Acad. Tokyo, **20** (1944), 519-524. 当随机微分方程 (2) 中的扩散系数 σ 和漂移系数 b 满足利普希茨 (Lipschitz) 条件时, 在上面提到的 1942 年发表的论文和 1946 年发表的另一篇论文 (On a stochastic integral equation, Proc. Imp. Acad. Tokyo, **22** (1946), 32-35) 中, 伊藤证明了随机微分方程解的存在唯一性和马氏性, 从而利用随机微分方程给出了扩散过程的概率构造, 解决了柯尔莫哥洛夫问题.

定义 3.1 (Itô 积分)   设 (Y_t) 关于 $\mathcal{F}_t = \sigma(B_s, s \leqslant t)$ 适应, 轨道连续, 且满足

$$\mathbb{E}\left[\int_0^T |Y_s|^2 ds\right] < \infty.$$

则定义

$$M_t = \int_0^t Y_s \cdot dB_s = \lim_{\delta(\pi) \to 0} \sum_{i=1}^N Y_{t_i}(B_{t_{i+1} \wedge t} - B_{t_i \wedge t}),$$

其中 $0 \leqslant t \leqslant T$, $\pi : 0 = t_1 \leqslant \cdots \leqslant t_{N+1} = T$ 为 $[0, T]$ 的一个分划, $\delta(\pi) = \max_{0 \leqslant i \leqslant N} |t_{i+1} - t_i|$, $N \in \mathbb{N}$, 上式右边的极限是在 L^2 或以概率收敛的意义下取的.

由定义可知, 伊藤随机积分 $M_t = \int_0^t Y_s dB_s$ 是取左端点所定义特殊的黎曼和 $\sum_{i=1}^N Y_{t_i}(B_{t_{i+1} \wedge t} - B_{t_i \wedge t})$ 在 L^2- 收敛 (即均方收敛) 意义或依概率收敛意义下的极限, 因此伊藤随机积分不是在逐条轨道 (pathwise) 意义下定义的. 这是伊藤随机积分与沿着驱动过程的轨道所定义的黎曼–斯蒂尔切斯积分之间最本质的区别.

伊藤随机积分满足以下重要性质:

(i) M_t 为零初值 $\mathcal{F}_t$- 平方可积连续鞅, 即 $M_0 = 0$, $M_t \in L^2(\Omega, \mathbb{P})$, M_t 关于 $(\mathcal{F}_t)$- 适应且满足

$$\mathbb{E}[M_t | \mathcal{F}_s] = M_s, \quad \text{a.s.} \ \ \forall s \leqslant t \leqslant T,$$

且 M_t 的二次变差过程为

$$\langle M \rangle_t = \int_0^t Y_s^2 ds,$$

即 $A_t = \langle M \rangle_t$ 是使得 $M_t^2 - A_t$ 为 $\mathcal{F}_t$- 连续鞅的唯一零初值增过程;

(ii) L^2-等距性质

$$\mathbb{E}[M_t^2] = \mathbb{E}\left[\int_0^t |Y_s|^2 ds\right], \quad \forall t \in [0, T];$$

(iii) 杜布-极大不等式

$$\mathbb{E}[\max_{t \in [0,T]} |M_t|^2] \leqslant 4\mathbb{E}\left[\int_0^T |Y_s|^2 ds\right].$$

在上面提到的 1942 年论文及 1944 年论文中, 伊藤证明了以下变量代换公式.

定理 3.2 (伊藤公式)   设 $f \in \mathcal{C}^2(\mathbb{R}, \mathbb{R})$, 则有

$$f(B_t) - f(B_0) = \int_0^t f'(B_s) dB_s + \frac{1}{2} \int_0^t f''(B_s) ds.$$

一般地, 对于 n-维布朗运动 B_t, 设 $\forall f \in \mathcal{C}^{1,2}(\mathbb{R} \times \mathbb{R}^n, \mathbb{R})$, 则

$$f(t, B_t) - f(0, B_0) = \int_0^t \nabla f(s, B_s) dB_s + \int_0^t \left(\partial_s + \frac{1}{2}\Delta \right) f(s, B_s) ds.$$

特别地, 取 $f(x) = x^2$, 则有著名的伊藤引理

$$B_t^2 = 2 \int_0^t B_s dB_s + t.$$

事实上, 伊藤引理的证明依赖于莱维关于布朗运动二次变差过程的定理, 而一般情形的伊藤公式可以利用泰勒展开证明.

在此基础上, 利用皮卡 (Picard) 迭代, 伊藤 (1942, 1946) 证明了关于随机微分方程的基本定理并利用随机微分方程解决了 Kolmogorov 问题.

定理 3.3 (随机微分方程解的存在唯一性及 Kolmogorov 问题的解决) 设 B_t 为一维布朗运动, $b : [0,1] \times \mathbb{R} \to \mathbb{R}$ 及 $\sigma : [0,1] \times \mathbb{R} \to \mathbb{R}$ 为连续函数, 且满足 Lipschitz 条件: 存在常数 $K > 0$, 使得对任意 $t \in [0,1]$, $x, y \in \mathbb{R}$,

$$|b(t, x) - b(t, y)| + |\sigma(t, x) - \sigma(t, y)| \leqslant K|x - y|,$$

则对任意 $x_0 \in \mathbb{R}$, 随机微分方程 (2) 存在唯一解 $X_t \in C([0,1], \mathbb{R})$ 使得 $X_0 = x_0$. 进一步, X_t 是马氏过程, 其转移密度函数满足 Kolmogorov 方程, 等价地

$$DX_t = N(b(t, X_t), \sigma^2(t, X_t)).$$

伊藤随机分析因此诞生.

7.3.5 斯特拉托诺维奇积分

由伊藤公式可知, 伊藤随机微分不满足经典的牛顿–莱布尼茨链式法则. 1968 年, 苏联数学家斯特拉托诺维奇 (Stratonovich) 引进了对称随机积分及随机微分, 其优点是满足经典的牛顿–莱布尼茨链式法则.

定理 3.4 (斯特拉托诺维奇积分) 设 X 和 Y 为满足通常条件的概率空间 $(\Omega, \mathcal{F}, (\mathcal{F}_t), \mathbb{P})$ 上定义的连续半鞅, 则 Y 关于 X 的斯特拉托诺维奇积分定义为

$$\int_0^T Y_s \circ dX_s = \lim_{\delta(\pi) \to 0} \sum_{i=1}^N \frac{Y_{t_i} + Y_{t_{i+1}}}{2} (X_{t_{i+1}} - X_{t_i}),$$

其中 $\pi : 0 = t_1 \leqslant \cdots \leqslant t_{N+1} = T$ 为 $[0, T]$ 的分划, $\delta(\pi) = \max\limits_{0 \leqslant i \leqslant N} |t_{i+1} - t_i|$, $N \in \mathbb{N}$, 上式右边的极限是依概率收敛意义下取的.

图 1　伊藤

注: 这张照片是桑江一洋 (Kazuhiro Kuwae) 教授 1992 年 8 月拍摄, 并惠赠笔者在本文引用. 笔者在此
深表感谢. 未经许可, 不可复制使用.

性质: 记 $Y \circ dX$ 为 Y 沿着 X 所定义的斯特拉托诺维奇积分. 则牛顿–莱布尼茨法则成立: 设 $f \in C^3(\mathbb{R}^n)$. 则

$$d(f(X_t)) = f'(X_t) \circ dX_t.$$

关于伊藤微分与斯特拉托诺维奇微分, 伊藤于 1974 年证明了以下公式

$$Y_t \circ dX_t = Y_t \cdot dX_t + \frac{1}{2} dY_t \cdot dX_t,$$

其中 $dY_t \cdot dX_t$ 按照以下规则进行计算: 设 $B_t = (B_t^1, \ldots, B_t^n)$ 为 n 维布朗运动, 则

$$dt \cdot dt = 0, \quad dB_t^i \cdot dB_t^i = \delta_{ij}dt, \quad dt \cdot dB_t^i = dB_t^i \cdot dt = 0, \quad i, j = 1, \ldots, n.$$

7.3.6　关于随机微分方程的极限定理

下面的极限定理是随机微分方程的极限定理中最熟知的形式, 称为 Wong-Zakai 或 Stroock–Varadhan 极限定理. 它给出了常微分方程与斯特拉托诺维奇随机微分方程之间的本质联系.

定理 3.5　设 $B_t = (B_t^1, \ldots, B_t^m)$ 为 m- 维布朗运动, A_0 为 $\mathbb{R}^d$ 上的 C_b^1- 向量场, $A_1, \ldots, A_m$ 为 $\mathbb{R}^d$ 上的 C_b^2- 向量场. 令 $B_t^{i,n}$ 为 B_t^i 的二进制逐段线性插值

$$\dot{B}_t^{i,n} = 2^n \left(B_{\frac{k+1}{2^n}}^i - B_{\frac{k}{2^n}}^i \right), \quad i = 1, \ldots, m,$$

其中 $t \in [\frac{k}{2^n}, \frac{k+1}{2^n}]$, $k = 0, \ldots, 2^n - 1$, $n \in \mathbb{N}$. 设 $x \in \mathbb{R}^d$, 记 $X_t^n(x)$ 为 $\mathbb{R}^d$ 上以下常微分方程的初值问题的唯一解

$$\dot{X}_t^n = \sum_{i=1}^m A_i(X_t^n) \dot{B}_t^{i,n} + A_0(X_t^n), \qquad X_0^n = x,$$

记 $X_t(x)$ 为 $\mathbb{R}^d$ 上以下斯特拉托诺维奇随机微分方程的唯一强解

$$dX_t = \sum_{i=1}^m A_i(X_t) \circ dB_t^i + A_0(X_t)dt, \qquad X_0 = x.$$

则对任意 $N > 0$, 有

$$\lim_{n \to \infty} \sup_{\|x\| \leqslant N} \mathbb{E} \left[\sup_{t \in [0,1]} \|X_t^n(x) - X_t(x)\|^2 \right] = 0.$$

对布朗运动用它与磨光化子 (mollifiers) 做卷积所得到的光滑轨道逼近, 马利亚万 (P. Malliavin) 证明了随机微分方程相应的极限定理, 并利用这个极限定理研究随机流、随机变分学 (Stochastic Calculus of Variation, 现称为 Malliavin Calculus) 及随机微分几何. 详见 P. Malliavin, Stochastic calculus of variation and hypoelliptic operators. Proc. Intern. Symp. on SDE, Kyoto, 1976, 195-263. John Wiley 1978. 参见池田–渡边 [51] 及马利亚万 [67,68]. 关于随机流的研究, 参见毕斯穆 [11 及国田宽 (H. Kunita) 所著 Stochastic Flows and Stochastic Differential Equations, Cambridge Univ. Press, 1990.

7.3.7 扩散与偏微分方程

扩散与热的传导方程之间的联系是随机分析与偏微分方程理论之间一个十分重要的桥梁. 记 $\Delta = \sum_{i=1}^n \frac{\partial^2}{\partial x_i^2}$ 为 $\mathbb{R}^n$ 中的拉普拉斯算子, 根据傅里叶关于热的传导理论 (*Théorie analytique de la chaleur*, 1882), $\mathbb{R}^n$ 上的热方程

$$\frac{\partial u}{\partial t} = D\Delta u$$

的基本解为

$$p_t(x, y) = \frac{1}{(4\pi Dt)^{\frac{n}{2}}} \exp \left\{ -\frac{|x-y|^2}{4Dt} \right\},$$

其中 D 为扩散系数. 另一方面, 在爱因斯坦 (1905 年) 关于布朗运动的数学模型的定义中, 就已经明确的指出: $\mathbb{R}^n$ 上的布朗运动 (X_t) 的转移概率密度为 $\mathbb{R}^n$ 上

的热方程的基本解, 即对任意 $\mathbb{R}^n$ 中的开集 A,

$$\mathbb{P}(X_t \in A | X_0 = x) = \int_A p_t(x, y) dy.$$

进一步, 由伊藤关于扩散过程的随机微分方程构造可以得出扩散过程的转移概率密度与热方程基本解之间的本质联系. 事实上, 设 B_t 为 d- 维布朗运动, $b \in C_b^3(\mathbb{R}^n, \mathbb{R}^n)$ 及 $\sigma \in C_b^3(\mathbb{R}^n, \mathbb{R}^n \otimes \mathbb{R}^d)$, 对任意 $X_0 = x \in \mathbb{R}^n$, $R > 0$, 令

$$\tau_R = \inf\{t > 0 : \|X_t - x\| \geqslant R\}.$$

对于任意 $u \in C^{1,2}(\mathbb{R}^+ \times \mathbb{R}^n) \cap C_b(\mathbb{R}^+ \times \mathbb{R}^n)$, 由伊藤公式可得

$$du(T - t, X_t) = \nabla u(T - t, X_t) \cdot \sigma(X_t) dB_t + (L - \partial_t) u(T - t, X - t) dt, \tag{3}$$

其中 L 为随机微分方程 (2) 的生成元

$$L = \frac{1}{2} \sum_{i,j=1}^n a_{ij}(x) \frac{\partial^2}{\partial x_i \partial x_j} + \sum_{i=1}^n b_i(x) \frac{\partial}{\partial x_i},$$

其中 $a = \sigma\sigma^T$. 对方程 (3) 两边从 0 到 $t \wedge \tau_R$ 积分, 则得到

$$u(T - t \wedge \tau_R, X_{t \wedge \tau_R}) = u(T, X_0) + \int_0^{t \wedge \tau_R} (L - \partial_s) u(T - s, X_s) ds + M_{t \wedge \tau_R}^u, \tag{4}$$

其中

$$M_{t \wedge \tau_R}^u = \int_0^{t \wedge \tau_R} \nabla u(T - s, X_s) \cdot \sigma(X_s) dB_s$$

为一个伊藤积分. 由于 $u \in C^{1,2}(\mathbb{R}^+ \times \mathbb{R}^n) \cap C_b(\mathbb{R}^+ \times \mathbb{R}^n)$ 及关于 σ 的条件, 可知

$$\mathbb{E}_x\left[\sup_{t \in [0,T]} |M_{t \wedge \tau_R}^u|^2 \right] \leqslant 4\mathbb{E}_x\left[\int_0^{T \wedge \tau_R} |\nabla u(T - s, X_s)|^2 |\sigma(X_s)|^2 ds \right] < \infty.$$

因此 $M_{t \wedge \tau_R}^u$ 是一个零初值的平方可积连续鞅. 对等式 (4) 两边取期望, 令 $t = T$, 并令 $R \to \infty$, 则可得到

$$\mathbb{E}_x[u(0, X_T)] = u(T, x) + \mathbb{E}_x\left[\int_0^T (L - \partial_s) u(T - s, X_s) ds \right].$$

特别地, 若 u 为热方程的 Cauchy 问题

$$\partial_t u = Lu, \quad u(0, \cdot) = f \tag{5}$$

在 $C^{1,2}(\mathbb{R}^+ \times \mathbb{R}^n) \cap C_b(\mathbb{R}^+ \times \mathbb{R}^n)$ 中的唯一解, 则有以下概率表示

$$u(t,x) = \mathbb{E}_x[f(X_t)].$$

由此可知, $\mathbb{R}^n$ 上的扩散过程 (X_t) 的转移概率密度 $p_t(x,y)$ 就是 $\mathbb{R}^n$ 上的热方程 (5) 的基本解, 即对任意 $\mathbb{R}^n$ 中的博雷尔集 A, 有

$$\mathbb{P}(X_t \in A | X_0 = x) = \int_A p_t(x,y)dy.$$

进一步, 设 $V \in C_b^2(\mathbb{R}^n)$, 考虑薛定谔 (Schrödinger) 算子的热方程的 Cauchy 问题

$$\partial_t u = Lu + Vu, \quad u(0,\cdot) = f. \tag{6}$$

利用 Itô 公式可证明, 薛定谔方程 (6) 的 Cauchy 问题在 $C^{1,2}(\mathbb{R}^+ \times \mathbb{R}^n) \cap C_b(\mathbb{R}^+ \times \mathbb{R}^n)$ 中的唯一解有以下著名的费曼–卡克 (Feynman-Kac) 概率表示公式

$$u(t,x) = \mathbb{E}_x\left[f(X_t) \exp\left(\int_0^t V(X_s)ds \right) \right].$$

下面我们考虑狄利克雷问题. 设 D 为 $\mathbb{R}^n$ 中的有界区域, 具有 C^2 边界 ∂D. 给定 $f \in C(\partial D)$, 考虑狄利克雷问题

$$Lu(x) = 0, \quad x \in D,$$
$$u(x) = f(x), \quad x \in \partial D.$$

令

$$\tau = \inf\{t > 0 : X_t \notin D\}.$$

当 $a(x) = \sigma(x)\sigma(x)^{\mathrm{T}}$ 一致正定, 且 σ 与 b 满足利普希茨条件时, 则可证明狄利克雷问题具有唯一解且其解具有以下 Kakutani 概率表达式

$$u(x) = \mathbb{E}_x[f(X_\tau)].$$

1969 年, Stroock 与 Varadhan 提出了随机微分方程对应的鞅问题等价刻画. Skorohod(1965)、Stroock 与 Varadhan(1969) 在扩散系数和漂移系数连续有界或线性增长的条件下证明了随机微分方程弱解的存在性, Stroock 与 Varadhan(1969) 在扩散系数 σ 连续有界且 $a = \sigma\sigma^*$ 一致正定及漂移系数 b 有界可测的条件下证明了随机微分方程解的分布唯一性, Krylov(1969) 对于随机微分方程解的分布唯

一性也有类似的结果. 1979–1981 年, 克瑞洛夫 (N.V. Krylov) 与萨佛洛夫 (M.V. Safonov) 利用随机方法首次证明了关于具有可测系数的非散度型一致椭圆二阶微分算子的椭圆和抛物方程的哈纳克 (Harnack) 不等式与赫尔德 (Hölder) 估计及完全非线性方程的 $C^{1,\alpha}$估计, 这是偏微分方程理论中关于具有可测系数的散度型一致椭圆二阶微分算子的 De Giorgi-Nash-Moser 理论的对应. 关于随机微分方程与偏微分方程之间的深刻联系, 读者可以参看 A. Friedman[42], Ikeda–Watanabe[51], Stroock–Varadhan[81], N.V. Krylov, Controlled Diffusion Processes, Springer-Verlag, New York, 1980 及 R.F Bass, Diffusions and Elliptic Operators, Springer Science & Business Media, 1998.

7.3.8 若干注记

在结束本节之前, 我们给出几个注记.

1. 随机微分方程 (Stochastic differential equation) 这个词是由 S. Benstein 在 1934 年和 1938 年的论文中引入的. Benstein 所关注的是随机差分格式中所产生的马氏链的极限分布, 他证明了该极限分布的密度函数满足 Kolmogorov 方程.

2. P. Lévy (1940, 1948) 定义了从原点出发的平面布朗运动 (X_t, Y_t) 的轨道所扫出的区域 (轨道与弦之间) 的随机面积 (后被称为 Lévy 面积)

$$S_t = \frac{1}{2} \int_0^t X_s dY_s - Y_s dX_s.$$

事实上, Lévy 利用几何思想按照以下方式引进了随机积分

$$\int_0^t Y_s dX_s = \lim_{\delta(\pi_n)\to 0} \sum_{i=0}^n \frac{Y_{t_i} + Y_{t_{i+1}}}{2}(X_{t_{i+1}} - X_{t_i}),$$

其中 $\pi_n : 0 = t_0 < t_1 < \ldots < t_n < t_{n+1} = t$ 是 $[0,t]$ 的随机分划 $T_1, T_2 \ldots, T_n$ 的取值按照从小到大顺序排列, T_i 彼此独立服从 $[0,t]$ 上的均匀分布, $\{\pi_n\}$ 在 $[0,t]$ 中稠密, $\delta(\pi_n)$ 是 $[0,t]$ 随机分划中相邻两点之间的最大间距. 上式右边的极限是在 L^2-收敛和依概率收敛意义下取的. Lévy 所定义的随机积分 $\int_0^t Y_s dX_s$ 与 Stratonovich 随机积分本质上是十分相似的.

Lévy 利用几何方法推导了 S_t 所满足的随机微分方程. 他将随机微分方程 (2) 记为

$$dX_t = b(t, X_t)dt + \sigma(t, X_t)\xi_t\sqrt{dt}, \tag{7}$$

其中 ξ_t 为独立于 X_t 及过去 (即独立于 $\mathcal{F}_t^X = \sigma(X_s, s \leqslant t)$) 且服从标准 Gauss 分布的随机变量. 他证明了随机微分方程 (7) 的解的转移密度函数满足 Kolmogorov

向前方程. 在这个结果的证明中, 对于 $\phi \in C_b^3(\mathbb{R})$, Lévy 用到了 $\delta\phi(X_t)$ 关于 δX_t 的三阶 Taylor 展开 (注意到伊藤公式的证明是利用二阶 Taylor 展开).

在 1950 年第二届 Berkeley 概率统计大会上, Lévy 给出了随机面积的特征函数的显示表达式 (Lévy 随机面积公式)

$$\mathbb{E}\left[e^{\sqrt{-1}\alpha S_t}\right] = \left(\cosh\frac{\alpha t}{2}\right)^{-1}, \quad \alpha \in \mathbb{R}.$$

详见以下参考文献:

P. Lévy, Le mouvement brownien plan, Amer. J. of Math. Vol. 62, No. 1 (1940), 487-550.

P. Lévy, Processus stochastiques et mouvement brownien, Gauthier-Villars, Paris, 1948.

P. Lévy, Wiener's random function and other Laplacian random functions, Proc. 2nd Berkeley Sym. Math. Stat. Prob. vol 11, 171, University of California, 1950.

3. I. I. Gihman(1947, 1950) 证明了随机微分方程解的存在性和唯一性、对初值的光滑依赖性以及转移密度函数满足 Kolmogorov 方程, 其工作独立于伊藤. 详见 Gihman–Skorohod 的著作 Stochastic Differential Equations, Springer, 1972.

4. 1940 年 2 月法国科学院收到过一份文件, 寄件人 W. Doeblin 是一位在洛林 (Lorraine) 前线的法国士兵. Doeblin 不久战死, 他的论文直到 2000 年 5 月才被打开. Doeblin 在论文中给出了随机积分的构造 (与伊藤的构造略微不同) 并证明了变量代换公式 (即伊藤公式). 详见法国科学院 2000 年为 Doeblin 所发行的特刊及 M. Yor、B. Bru 与 M. Yor 关于 Doeblin 工作的介绍:

W. Doeblin, Sur l'équation de Kolmogoroff, Pli cacheté déposé le 26 février 1940, ouvert le 18 mai 2000, C. R. Acad. Sci. Paris, Série I, **331** (2000), 1031-1187.

M. Yor, Présentation du pli cacheté, C. R. Acad. Sci. Paris, Série I, **331** (2000), 1059-1102.

B. Bru, M. Yor, Comments on the life and mathematical legacy of Wolfgang Doeblin, Finance and Stochastics **6** (2002), 3-47.

5. 1976 年, 法国数学家 P. Malliavin 建立了 Wiener 空间上的随机变分计算 (Stochastic calculus of variation, 后被称为 Malliavin 计算), 证明了非退化光滑 Wiener 泛函的密度存在及光滑性. 对满足 Hörmander 条件的亚椭圆算子所对应的随机微分方程, Malliavin 证明了其强解为非退化光滑 Wiener 泛函, 从而给出了偏微分方程理论中著名的 Hörmander 定理的概率证明. 详见 P. Malliavin, Stochastic calculus of variation and hypoelliptic operators. Proc. Intern. Symp. on SDE, Kyoto, 1976, 195-263. John Wiley 1978. 参见[68, 69] 及其所引文献.

6. 1984 年, 利用 Malliavin 计算、大偏差理论和 Lévy 随机面积公式, 法国数学家 J. M. Bismut[14] 对 Dirac 算子给出了著名的 Atiyah-Singer 指标定理的概率证明.

7. 1998 年, 英国数学家 T. Lyons 借助 Lévy 面积引进了连续轨道空间上新的 p- 变差拓扑, 对于充分光滑的函数 f 证明了解微分方程 $dy_t = f(y_t)dx_t$ 所得到的输出轨道 (y_t) 关于其驱动轨道 (x_t) 在轨道空间 p- 变差拓扑意义下的连续性, 建立了 Rough path 理论. 详见 T. Lyons, Differential equations driven by rough signals, Rev. Mat. Iberoamericana 14 (2), 215 – 310, 1998.

8. 2010-2014 年, M. Hairer 将 Rough path 理论进一步发展, 提出了正则结构理论, 并成功地将其应用于随机偏微分方程的研究, 解决了著名的 KPZ 随机偏微分方程的重整化问题. 2014 年, M. Hairer 因其在随机偏微分方程的杰出贡献特别是因提出随机偏微分方程的正则结构理论而获得菲尔兹奖.

7.4 期权定价的布莱克–斯科尔斯–默顿理论

作为随机分析在金融数学研究中的应用, 我们在此简要地介绍金融数学中期权定价的布莱克–斯科尔斯–默顿理论 [64,69,84].

期权作为股票的衍生物, 它的定价问题很早就受到了人们的重视和研究. 早在 1900 年, 法国学者巴切利尔 (Louis Bachelier) 在其博士学位论文《投机的数学理论》(*Théorie de la Spéculation*)[6] 中首次提出股票价格的运行可以通过布朗运动来刻画, 并首次利用随机游动的思想给出了股票价格的随机模型, 在这篇论文中他就提出了期权的定价问题.

1964 年, 诺贝尔经济学奖获得者萨缪尔森 (Paul Samuelson) 对巴切利尔的模型进行了修正, 以股票的回报代替原模型中的股票价格. 基于这个模型, 萨缪尔森研究了看涨期权的定价问题. 1973 年, 布莱克 (Fischer Black) 和斯科尔斯 (Myron Scholes) 在题为《期权价格和公司负债》[17] 的文章中提出了第一个期权定价模型, 并利用伊藤随机分析给出了欧式看涨期权的定价公式 (即布莱克–斯科尔斯公式). 其后, 默顿 (Robert Merton) 对这一理论做了进一步的推广. 1997 年, 由于这个光辉的公式以及由此产生的期权定价理论方面一系列的贡献, 斯科尔斯与默顿获得了诺贝尔经济学奖. 遗憾的是, 已故的布莱克无法分享这一崇高的荣誉.

假设原生资产 (如股票) 的价格随时间的演化满足几何布朗运动

$$dS_t = S_t \left(\mu dt + \sigma dW_t \right), \tag{8}$$

其中 μ 为期望回报率 (expected return rate), σ 为波动率 (volatility), 均为常数, W_t

为一维标准布朗运动. 事实上, 布莱克–斯科尔斯随机微分方程 (8) 有显式解

$$S_t = S_0 \exp\left\{\sigma W_t + \left(\mu - \frac{\sigma^2}{2}\right)t\right\}.$$

设 $V = V(S,t)$ 是期权价格, 其终端条件为

$$V(S,T) = \begin{cases} (S-K)^+, & \text{看涨期权,} \\ (K-S)^+, & \text{看跌期权,} \end{cases}$$

这里 K 是期权的敲定价. 问 $V = V(S,t)$ (其中 $0 \leqslant t \leqslant T$) 应该如何确定?

布莱克和斯科尔斯的理论认为: V 的价格应该按照以下 Δ-对冲原理确定, 即考虑投资组合

$$\Pi = V - \Delta S, \tag{9}$$

其中 Δ 为购买原生资产 (股票) 的份额, S 为原生资产 (股票) 价格, 则在时间间隔 $(t, t+\Delta t)$ 内, 通过适当选取 Δ 的值 (假设 Δ 在 $(t, t+\Delta t)$ 内不改变), 可以使得投资组合 Π 满足

$$\Pi_{t+\Delta t} - \Pi_t = r\Pi_t \Delta t,$$

其中 r 为无风险利率常数. 对应的微分方程是

$$d\Pi_t = r\Pi_t dt. \tag{10}$$

事实上, 由伊藤公式, $V = V(S,t)$ 满足

$$dV = \left(\frac{\partial V}{\partial t} + \frac{1}{2}\sigma^2 S^2 \frac{\partial^2 V}{\partial S^2} + \mu S \frac{\partial V}{\partial S}\right)dt + \sigma S \frac{\partial V}{\partial S}dW_t, \tag{11}$$

利用 Δ- 对冲技巧, 将 (9) 与 (10) 代入 (11), 对比等式两边 dt 及 dW_t 的各项系数, 可得

$$\Delta = \frac{\partial V}{\partial S}$$

及刻画期权价格变化的布莱克–斯科尔斯方程

$$\frac{\partial V}{\partial t} + \frac{1}{2}\sigma^2 S^2 \frac{\partial^2 V}{\partial S^2} + rS \frac{\partial V}{\partial S} = rV. \tag{12}$$

令 $x = \ln S$, $U(x,t) = V(S, T-t)$, $0 \leqslant t \leqslant T$, $x \in \mathbb{R}$. 则方程 (12) 等价于

$$\frac{\partial U}{\partial t} = \frac{1}{2}\sigma^2 \frac{\partial^2 U}{\partial x^2} + \left(r - \frac{\sigma^2}{2}\right)\frac{\partial U}{\partial x} - rU, \tag{13}$$

且满足初值条件

$$U(x,0) = \begin{cases} (e^x - K)^+, & \text{看涨期权}, \\ (K - e^x)^+, & \text{看跌期权}. \end{cases}$$

方程 (13) 对应的扩散算子是

$$L = \frac{1}{2}\sigma^2 \frac{\partial^2}{\partial x^2} + \left(r - \frac{\sigma^2}{2}\right)\frac{\partial}{\partial x},$$

对应的扩散过程为

$$X_t = x + \sigma B_t + \left(r - \frac{\sigma^2}{2}\right)t,$$

其中 (B_t) 为标准布朗运动.

由费曼–卡克公式, 对于看涨期权, 可得方程 (13) 的解的概率表达式

$$U(x,t) = \mathbb{E}\left[U\left(x + \sigma B_t + \left(r - \frac{\sigma^2}{2}\right)t, 0\right)e^{-rt}\right]$$

$$= \mathbb{E}\left[\left(\exp\left\{x + \sigma B_t + \left(r - \frac{\sigma^2}{2}\right)t\right\} - K\right)^+ e^{-rt}\right]$$

$$= \mathbb{E}\left[\left(S\exp\left\{\sigma B_t - \frac{\sigma^2}{2}t\right\} - Ke^{-rt}\right)^+\right].$$

经计算并由 $V(S,t) = U(x, T-t)$, 可得到欧式看涨期权的布莱克–斯科尔斯定价公式

$$V(S,t) = S\Psi(d_1) - Ke^{-r(T-t)}\Psi(d_2),$$

其中

$$d_1 = \frac{\ln(S/K) + \left(r + \sigma^2/2\right)(T-t)}{\sigma\sqrt{T-t}},$$

$$d_2 = \frac{\ln(S/K) + \left(r - \sigma^2/2\right)(T-t)}{\sigma\sqrt{T-t}},$$

$$\Psi(x) = \frac{1}{\sqrt{2\pi}}\int_{-\infty}^{x} e^{-u^2/2}du.$$

布莱克–斯科尔斯方程能够以显式的方式解出, 原因是布莱克–斯科尔斯模型中的波动率 σ、期望回报率 μ 和无风险利率 r 均为常数.

　　为考察期权价格对于股票市场的初始价格及市场波动率等参数的灵敏度及风险依赖, 经济学家引入了以下数学量

$$\Delta = \frac{\partial V}{\partial S}, \quad \Gamma = \frac{\partial^2 V}{\partial S^2}, \quad \mathrm{Vega} = \frac{\partial V}{\partial \sigma}.$$

对于布莱克–斯科尔斯模型, 可证明

$$\Delta = \Psi(d_1), \quad \Gamma = \frac{\Psi'(d_1)}{S\sigma\sqrt{T-t}}, \quad \mathrm{Vega} = S\Psi'(d_1)\sqrt{T-t}.$$

利用马利亚万计算, 菲尔兹奖得主里翁斯 (P. L. Lions) 等在 1999 年和 2001 年的文章 [40,41] 中给出了满足一致椭圆条件的一般的股票市场中欧式期权价格关于股票价格、波动率参数及期望回报率参数的灵敏度风险的计算公式. 限于篇幅, 我们在此不作详细介绍.

7.5　随机微分几何

　　随机分析与微分几何的相互交融和相互渗透, 就产生了随机微分几何这门学科. 就像微分几何是用微积分的方法研究几何的一门学科, 随机微分几何是用随机分析的方法研究微分几何, 其主要研究内容是流形上的几何、拓扑、偏微分方程及流形上的布朗运动、扩散过程的概率性质之间的相互联系.

7.5.1　流形上的随机微分方程与扩散过程

　　随机微分几何中的第一个关键问题是: 在什么样的流形上可以定义布朗运动? 类似于欧氏空间的情形, 流形上的布朗运动最自然的定义应该是流形上以拉普拉斯算子为无穷小生成元的连续马尔可夫过程 (即扩散过程). 因此, 流形上必须要能够定义拉普拉斯算子, 这就要求流形具有黎曼度量. 由定义, 给定一个黎曼流形 (M,g), 其上的布朗运动是 M 上的扩散过程, 其转移密度函数是黎曼流形 (M,g) 上的热方程

$$\partial_t u = \frac{1}{2}\Delta u$$

的基本解.

　　第二个关键问题是: 黎曼流形上的布朗运动和扩散过程又是如何构造的? 历史上柯尔莫哥洛夫 (1933), F. Hille (1949), K. Yosida(1949), W. Feller(1952) 及 E. B. Dynkin, Itô-McKean, Ray, Hunt, Yushkevitch, Maruyama 等利用 PDE 和半群方法研究过一般的二阶微分算子对应的扩散过程的构造及相关问题, 在吉田耕作 (K. Yosida) 的著作 [86] 及论文 [88] 中就有关于齐性黎曼流形上布朗运动的研究,

特别地, 吉田耕作 [87] 证明 3 维球面 S^3 上关于旋转群 SO(3) 不变 (空齐) 的唯一强连续时齐马尔可夫过程 (即空齐和时齐的扩散过程) 就是 S^3 上的布朗运动, 其生成元为 SO(3) 上的拉普拉斯–贝尔特拉米算子

$$\Delta = \frac{1}{\sin\theta} \frac{\partial}{\partial\theta} \sin\theta \frac{\partial}{\partial\theta} + \frac{1}{\sin\theta^2} \frac{\partial^2}{\partial\phi^2}.$$

伊藤在 1950 年《名古屋大学数学学报》(*Nagoya J. Math*) 的论文 [53] 中证明了一般微分流形上随机微分方程解的存在唯一性及其转移概率所满足的查普曼–柯尔莫哥洛夫 (Chapman-Kolmogorov) 方程 (又称为福克尔–普朗克 (Fokker-Planck) 方程). 他的方法是在局部坐标系下写出随机微分方程, 然后利用欧氏空间上随机微分方程解的存在唯一性定理及密度函数与福克尔–普朗克方程之间的对应关系, 再把局部坐标系中定义的扩散过程粘连起来, 就得到了整个流形上随机微分方程所定义的扩散过程.

一般地, 设 $A_0, A_1, \cdots, A_m$ 为微分流形 M 上的光滑向量场, 则由流形 M 上的随机微分方程

$$dX_t = \sum_{i=1}^{m} A_i(X_t) \circ dB_t^i + A_0(X_t)dt, \quad X_0 = x \tag{14}$$

的解 X_t 是流形上以

$$L = \frac{1}{2} \sum_{i=1}^{n} A_i^2 + A_0$$

为无穷小生成元的扩散过程.

7.5.2 旋转群和李群上布朗运动的构造

F. Perrin(1928) 计算了旋转群 SO(3) 上的高斯分布和泊松分布, 其结果可参见莱维的著作[55]. 伊藤在其 1950 年的论文[52] 中通过随机微分方程研究了李群上的左不变或右不变布朗运动. 吉田耕作 1952 年的论文[88] 证明了具有可迁李群作用的齐性黎曼空间上的时齐和空齐马氏过程对应的生成元为该空间上的二阶微分算子. 1960 年, H.P. McKean[65] 利用指数映射定义 SO(3) 上的随机游动, 证明其几乎处处的轨道在 $\mathbb{R}^+$ 的任意紧区间上一致收敛到 SO(3) 上的布朗运动. 在这篇文章中, McKean 提出了用无滑动的滚动 (rolling without slipping) 构造布朗运动的思想和方法. Gorman[44] 也利用无滑动的滚动构造了 SO(3) 上的布朗运动. 关于李群上的布朗运动及更一般扩散过程的研究, 有兴趣的读者可以参阅 Malliavin 的著作[68] 和 Rogers-Williams 的著作[77].

7.5.3 流形上沿布朗运动的随机平行移动

由于一般的黎曼流形 M 上的拉普拉斯–贝尔特拉米算子无法表示成形如 $L = \sum_{i=1}^{n} A_i^2 + A_0$ 的平方场算子 (square operator) 的形式, 所以无法直接在 M 上利用随机微分方程给出 M 上布朗运动的整体构造. 在局部坐标系中, 拉普拉斯–贝尔特拉米算子有以下表达式

$$\Delta = \sum_{i,j=1}^{n} g^{ij} \nabla_i \nabla_j$$

$$= g^{ij} \frac{\partial^2}{\partial x^i \partial x^j} - g^{ij} \Gamma_{ij}^k \frac{\partial}{\partial x^k},$$

其中 Γ_{ij}^k 为 (M, g) 上的莱维–西维塔 (Levi-Civita) 联络所对应的克里斯多夫 (Christofell) 符号. 定义 σ_k^i 与 b^k, 使得

$$\sum_k \sigma_k^i \sigma_k^j = g^{ij}, \quad b^k = -\frac{1}{2} g^{ij} \Gamma_{ij}^k.$$

在这个坐标系中就可以写出布朗运动所满足的随机微分方程

$$dx^i(t) = \sigma_k^i(x(t)) dB^k(t) + b^i(x(t)) dt, \quad x(0) = x,$$

其中 $B(t) = (B^1(t), \cdots, B^n(t))$ 为 n 维标准布朗运动. 利用随机微分方程的一般理论, 就可以构造出黎曼流形的局部邻域系上的布朗运动的轨道, 然后把它们粘连起来, 就得到了整个黎曼流形上的布朗运动的轨道.

在 1962 年斯德哥尔摩举办的国际数学家大会上, 伊藤应邀作题为 "黎曼流形上的布朗运动与张量场" (The Brownian motion and tensor fields on a Riemannian manifold) 的邀请报告. 在伊藤的报告中, 他首先利用分段测地线来替代流形上的布朗运动, 然后将初始位置任意给定的张量沿着分段测地线进行平行移动, 得到了平移张量场的一阶常微分方程组. 其后, 他证明平移张量场的方程组依照概率收敛到一个随机微分方程组, 这就得到了张量场沿流形上的布朗运动轨道的随机平行移动方程组. 写成伊藤随机微分方程的形式, 设 $\alpha_{k_1 \cdots k_p}$ 为 $(0, p)$-张量场沿着布朗运动的轨道随机平行移动所得到的过程, 则

$$d\alpha_{k_1 \cdots k_p}(t)$$
$$= -\sum_{\nu} \Gamma_{ik_\nu}^k(x(t)) \alpha_{k_1 \cdots k_{\nu-1} k k_{\nu+1} k_p}(t) dx^i(t)$$
$$- \frac{1}{2} \sum_{\nu} g^{mi}(x(t)) \left[\frac{\partial \Gamma_{ik_\nu}^k}{\partial x^m}(x(t)) + \Gamma_{ik_\nu}^l(x(t)) \Gamma_{ml}^k(x(t)) \right] \alpha_{k_1 \cdots k_{\nu-1} k k_{\nu+1} k_p}(t) dt$$

$$-\frac{1}{2}\sum_{\mu\neq\nu}g^{mi}(x(t))\Gamma^k_{mk_\mu}(x(t))\Gamma^l_{ik_\nu}(x(t))\alpha_{k_1\cdots k_{\mu-1}kk_{\mu+1}\cdots k_{\nu-1}kk_{\nu+1}k_p}(t)dt,$$

或简记为

$$d\alpha = -\sum_i\Gamma_i\alpha dx^i - \sum_{m,i}\frac{1}{2}g^{mi}\left[\partial_m\Gamma_i + \Gamma_i\Gamma_m\right]\alpha dt,$$

初值条件为

$$\alpha_{k_1\cdots k_p}(0) = \alpha_{k_1\cdots k_p}.$$

如果写成斯特拉托诺维奇随机微分方程的形式, 则

$$d\alpha_{k_1\cdots k_p}(t) + \sum_\nu\Gamma^k_{ik_\nu}\alpha_{k_1\cdots k_{\nu-1}kk_{\nu+1}k_p}(t)\circ dx^i(t) = 0,$$

或简记为

$$\nabla_{\circ dx(t)}\alpha_{k_1\cdots k_p}(t) = 0,$$

初值条件为

$$\alpha_{k_1\cdots k_p}(0) = \alpha_{k_1\cdots k_p}.$$

利用流形上随机微分方程的理论, 伊藤证明了随机平行移动的存在唯一性. 借助随机平行移动, 伊藤给出了黎曼流形上关于张量场的热方程

$$\partial_t u = \frac{1}{2}\Delta u, \quad u(0,\cdot) = f$$

解的概率表达式

$$u(t,x) = \mathbb{E}[T^{-1}_{x,t}f(x(t))],$$

其中 f 和 u 是流形上的 $(0,p)$ 张量场, $\Delta = \sum_{i,j}g^{ij}\nabla_i\nabla_j$ 为黎曼流形上的协变拉普拉斯算子, $x(t)$ 为流形上的布朗运动, $T_{x,t}$ 为沿着布朗运动运动的轨道从初始位置 $x(0) = x$ 到 $x(t)$ 的随机平行移动, $T^{-1}_{x,t}$ 为其逆. 1968 年, 邓肯 (E.B. Dynkin) 在具有仿射联络的流形上沿着一般的扩散过程定义了 (k,p) 张量场的随机平行移动并给出了张量场的热方程解的概率表示 [27].

1970—1974 年, 伊尔斯–艾尔沃西 (Elles-Elworthy) 和马利亚万利用随机嘉当展开 (Cartan development) 和正规标架丛上随机微分方程的方法给出了一般黎曼

流形上布朗运动的整体构造[29,30,31,66], 在此之前的 1964 年, 刚果里 (R. Gangolli) 在其论文①中利用流形上的随机游动 (通过指数映射定义) 逼近和局部随机微分方程的方法给出了具有仿射联络的微分流形上扩散过程的构造.

首先我们介绍一下微分几何中的嘉当展开. 给定一个微分流形和其上某个仿射联络, 我们可以定于所谓的嘉当展开映射, 在这个映射下, 我们可以将流形上某点的切空间上的一条光滑曲线做"无滑动的滚动"而得到流形上的一条光滑曲线. 确切地说, 给定一个光滑流形 M 及其上某个仿射联络 ∇, 固定 M 上一点, 记为 o, 在切空间 T_oM 上给定一条光滑曲线 $x : [0,1] \to T_oM$, 嘉当展开映射定义为 $I : x \to \gamma$, 其中 γ 满足以下嘉当展开方程

$$\dot{\gamma}(t) = U(\gamma)(t)\dot{x}(t), \tag{15}$$

而 $U(\gamma)(t) : T_{\gamma(0)}M \to T_{\gamma(t)}M$ 是沿着光滑曲线 $\gamma : [0,1] \to M$ 的平行移动, 由微分几何中的平移方程所定义

$$\nabla_{\dot{\gamma}(t)}U(\gamma)(t) = 0, \quad U(0) = \mathrm{Id}_{T_oM}. \tag{16}$$

将嘉当展开中的光滑曲线 $x(t)$ 用切空间 T_oM 上的布朗运动 $B(t)$ 代替, 用斯特拉托诺维奇随机微分方程代替常微分方程, 就得到了随机嘉当展开方程

$$d\gamma(t) = U(\gamma)(t) \circ dB(t), \quad \gamma(0) = o, \tag{17}$$

其中 $U(\gamma)(t) : T_{\gamma(0)}M \to T_{\gamma(t)}M$ 是沿着曲线 $\gamma : [0,1] \to M$ 的随机平行移动, 由随机平移方程所定义

$$\nabla_{\circ\gamma(t)}U(\gamma)(t) = 0, \quad U(0) = \mathrm{Id}_{T_oM}. \tag{18}$$

按照随机嘉当展开在流形 M 所得到的曲线 γ 就称为布朗运动 B 在 M 上关于仿射联络 ∇ 的随机嘉当展开, 或称为伊藤展开. 特别地, 如果取 ∇ 为黎曼流形 (M,g) 上的列维–西维塔联络, 所得到的 $\{\gamma(t), t \in [0,1]\}$ 就是黎曼流形 (M,g) 上的布朗运动, 其生成元为 (M,g) 上的拉普拉斯–贝尔特拉米算子. 见 Elles-Elworthy[29,31]. M 上所定义的随机嘉当展开, 实际上定义了两条曲线 $\gamma(t)$ 与 $U(\gamma(t))$, 其中 $U(\gamma)(t)$ 实际上是沿着 $\gamma(t)$ 的随机平行移动. 直观地说, 我们在黑板上用粉笔画一条平面布朗运动的轨道, 拿一个吹足了气的气球 (视之为二维球面), 让气球沿着黑板上的这个布朗运动的轨道做"无滑动的滚动"(沿着切空间上布朗运动的轨道在流

---

① On the construction of certain diffusions on a differential manifold. Z. Wahr. Verw. Geb., 1964, 2(5): 406-419.

形上做无滑动的滚动 (rolling without slipping)), 那么黑板上的粉笔会在气球上描出一条轨道, 这条轨道就是二维球面上的布朗运动的一条轨道.

在黎曼流形的情形, $U(\gamma)(t)$ 是 M 上的曲线 γ 到 M 的正规标架丛 $O(M)$ 上的水平提升. 马利亚万就是基于这个事实利用正规标架丛 $O(M)$ 上的随机微分方程来定义流形上的布朗运动. 事实上, 设 (M, g) 为 n 维紧致黎曼流形, $\pi : O(M) \to M$ 为 (M, g) 上的正规标架丛, $A_1, \cdots, A_n$ 为由 (M, g) 上的列维–西维塔联络在 $O(M)$ 上定义的典则水平向量场, 满足

$$d\pi(A_i)(r) = re_i, \quad r \in O(M),$$

其中 $e_1, \cdots, e_n$ 为 $\mathbb{R}^n$ 上的典则正交基. 定义 $O(M)$ 上水平方向的博克纳拉普拉斯算子

$$\Delta_{O(M)} = \sum_{i=1}^{n} A_i^2.$$

则对任意 $f \in C^\infty(M)$, 我们有以下的转换公式 (transfer formula)

$$\Delta_{O(M)}(f \circ \pi) = (\Delta f) \circ \pi. \tag{19}$$

在正规标架丛 $O(M)$ 上可以利用随机微分方程定义水平扩散过程

$$dU_t = \sum_{i=1}^{n} A_i(U_t) \circ dB_t^i, \quad U_0 = u \in O(M).$$

则其生成元为 $\frac{1}{2}\Delta_{O(M)} = \frac{1}{2}\sum_{i=1}^{n} A_i^2$. 利用转换公式和伊藤公式, 可以证明 $O(M)$-值过程 U_t 在 M 上的投影过程

$$X_t = \pi(U_t)$$

就是 (M, g) 上从 $x = \pi(u)$ 点出发的布朗运动. 一般地, 给定 (M, g) 上的光滑向量场 Z, 利用列维–西维塔联络将其水平提升到 $O(M)$ 上得到 $\tilde{Z}$, 定义 $O(M)$- 值扩散过程

$$dU_t = \sum_{i=1}^{n} A_i(U_t) \circ dB_t^i + \tilde{Z}(U_t), \quad U_0 = u \in O(M).$$

则其投影过程 $X_t = \pi(U_t)$ 是 (M, g) 上从 $x = \pi(u)$ 点出发以 $L = \frac{1}{2}\Delta + Z$ 为生成元的扩散过程.

需要指出的是, 上述两种定义黎曼流形上布朗运动的方法本质上是等价的. 此外, 斯图克 (D. Stroock) 给出了球面上布朗运动的外蕴 (extrinsic) 构造. 利用著名的纳什等距嵌入定理, 可用外蕴方法定义紧致黎曼流形上的布朗运动, 详见 Rogers–Williams 及 Hsu 的专著 [47,77].

图 2   马利亚万

注: 2010 年 4 月 22 日至 5 月 8 日, 法国科学院马利亚万院士应邀访问中国科学院数学与系统科学研究院, 作两次报告, 每次九十分钟. 其后, 参加随机分析国际会议并作一小时大会特邀报告. 这张照片摄于马利亚万教授的第一次报告. 未经许可, 不可复制使用.

7.5.4   流形上的布朗运动与测地线

把上述关于流形上布朗运动的构造用分段测地线逼近的方法来描述, 就给出了流形上布朗运动的随机游动构造. 如前所述, 伊藤在 1962 年斯德哥尔摩国际数学家大会的邀请报告中实际上就是用了这种分段测地线逼近的方法定义张量场沿流形上布朗运动轨道的随机平移, 邓肯 1968 年的论文也是如此. 在此, 我们简要介绍如下: 设 (M,g) 为黎曼流形, 回顾指数映射的定义, 设 $x \in M$, 则指数映射定义为 $\exp_x : T_x M \to M$, $\xi \mapsto \exp_x \xi = \gamma_{x,\xi}(1)$, 其中 $t \mapsto \gamma_{x,\xi}(t)$ 为 M 上关于列维–西维塔联络所定义的测地线, 满足 $\gamma_{x,\xi}(0) = x$, $\dot\gamma_{x,\xi}(0) = \xi \in T_x M$.

固定 $x_0 \in M$, 设 (ξ_m) 为 $T_{x_0} M$ 上的独立同分布 (i.i.d) $N(0,I)$ 随机变量序列, 其中 $I = IT_{x_0}M$. 定义

$$X^0(0) = x_0,$$
$$X^m(t) = \exp_{x_0}(t\xi_0), \quad 0 < t \leqslant 2^{-m},$$

$$X^m(t) = \exp_{X^m(2^{-m})}((t - 2^{-m})U_1\xi_1), \quad 2^{-m} < t \leqslant 2 \cdot 2^{-m},$$

$$\vdots$$

$$X^m(t) = \exp_{X^m(k2^{-m})}((t - k2^{-m})U_k\xi_k), \quad k2^{-m} < t \leqslant (k+1)2^{-m}, \quad 1 \leqslant k \leqslant 2^m - 1,$$

其中 U_k 为沿轨道 $\left(X_t^m, t \in \left[\dfrac{k-1}{2^m}, \dfrac{k}{2^m}\right]\right)$ 的平行移动. 则可以证明: 当 m 趋于 ∞ 时, $(X^m(t), t \in [0,1])$ 依概率收敛到流形 (M, g) 上的布朗运动. 详见毕斯穆的专著 [11].

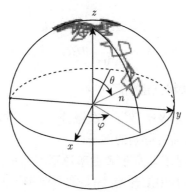

图 3 球面上的布朗运动

注: 图片取自网络, 因时间久远, 无法明确出处及图片制作者姓名.

7.5.5 双曲空间上的布朗运动

我们来看一个例子 [77]: 在上半平面 $\mathbb{H} = \{(x, y) \in \mathbb{R}^2 : y > 0\}$ 上, 考虑双曲度量

$$ds^2 = \frac{dx^2 + dy^2}{y^2},$$

则对应的拉普拉斯–贝尔特拉米算子为

$$\Delta_{\mathbb{H}} = y^2 \Delta_{\mathbb{R}^2}.$$

因此, $\mathbb{H}$ 上的布朗运动 (X_t, Y_t) 所满足的随机微分方程为

$$dX_t = Y_t dB_t^1,$$

$$dY_t = Y_t dB_t^2,$$

其中 $B_t = (B_t^1, B_t^2)$ 为 $\mathbb{R}^2$ 上标准布朗运动.

在极坐标系 (r, θ) 中, 可以将上面的双曲度量写成

$$ds^2 = dr^2 + (\sinh r)^2 d\theta^2,$$

在极坐标系中, 对应的拉普拉斯-贝尔特拉米算子可以表示为

$$\Delta_{\mathbb{H}} = \frac{\partial^2}{\partial r^2} + \coth r \frac{\partial}{\partial r} + \frac{1}{(\sinh r)^2} \frac{\partial^2}{\partial \theta^2},$$

因此, 在极坐标系中双曲平面上的布朗运动所对应的随机微分方程为

$$dr_t = dB_t^1 + \coth r_t dt,$$
$$d\theta_t = \frac{1}{\sinh r_t} dB_t^2.$$

7.5.6　负曲率流形上的狄利克雷问题

关于流形上的布朗运动及扩散过程在微分几何中的应用, 我们举出两个在随机微分几何的发展中重要而有影响的例子.

第一个例子是利用随机分析研究负曲率流形上非平凡有界调和函数的存在性与概率构造. 20 世纪 70 年代中期开始, 完备非紧流形上的调和函数理论受到了很多数学家的高度关注. 丘成桐证明: 对于任意一个完备非紧黎曼流形上的拉普拉斯-贝尔特拉米算子, 对任意 $p \in (1, \infty)$, 不存在关于黎曼体积元测度 L^p 可积的调和函数. 对于 $p = +\infty$, 丘成桐证明: 对于具有非负里奇曲率的任意完备非紧黎曼流形上的拉普拉斯-贝尔特拉米算子, 不存在非常数有界调和函数. 人们猜测: 如果 M 为完备、连通且单连通的黎曼流形, 其截面曲率 K 满足

$$-a^2 \leqslant K \leqslant -b^2,$$

其中 $a > b \geqslant 0$ 为常数, 则 M 上存在非常数有界调和函数. 这一猜测在 1983 年为沙利文 (D. Sullivan) 和安德森 (M. T. Anderson) 分别用随机方法和偏微分方程方法各自独立证明. 在二维情形, 则由普拉特 (J. Prat)[1]用随机方法所解决.

事实上, 满足上述截曲率条件的黎曼流形在拓扑上微分同胚于 $\mathbb{R}^n$, 在无穷远处有几何边界 (sphere at infinity), 记为 ∂M. 将 M 紧化而得到带边的流形 $\bar{M} = M \cup \partial M$, 则可以将 M 看成是以 ∂M 为边界的区域. 这个问题本质上就是满足上述曲率条件的黎曼流形上狄利克雷问题的可解性, 使得

$$\Delta u = 0 \text{ 在 } M,$$

---

[1] C.R.Acad. Sci. Paris 280, Sér. A, 1975: 1539-1542.

$$u = f \quad 在 \quad \partial M,$$

其中 f 为流形 M 的无穷远几何边界 ∂M 上任意给定的连续函数.

回顾欧氏空间上狄利克雷问题的庞加莱扫除方法在概率论中的表现形式就是以下的角谷静夫 (Kakutani) 定理: 设 $D \subset \mathbb{R}^n$ 为有界区域, ∂D 光滑, X_t 为 $\mathbb{R}^n$ 上从 x_0 出发的布朗运动, 令

$$\tau = \inf\{t > 0 : X_t \in \partial D\},$$

即 τ 为布朗运动首次抵达边界的时间, 称为 ∂D 的首中时 (hitting time). 给定函数 $f \in C(\partial D, \mathbb{R})$, 考虑 D 上的狄利克雷问题

$$\Delta u = 0 \quad 在 \quad D,$$
$$u = f \quad 在 \quad \partial D.$$

则有

$$u(x) = \mathbb{E}_x[f(X_\tau)].$$

利用狄利克雷问题概率解的思想, 沙利文 (1983) 证明了满足上述的负曲率流形上非平凡有界调和函数的存在性, 并给出了其概率构造. 安德森 (1983) 用偏微分方程方法给出了同样的结论. 进一步, 安德森与孙理查 (R. Schoen) 证明了满足上述条件的流形的马丁 (Martin) 边界就是其无穷远几何边界 ∂M, 从而证明了非平凡正调和函数的存在性与马丁表示. 参见丘成桐与孙理察的著作 [78]. 关于这一问题的研究, 还可以参看安科纳 (A. Ancona) (1987)、基弗 (Y. Kifer) (1995)、徐佩 (E. Hsu)[47] 及 Arnaudon-Thalmaier[5] 等后续的工作.

7.5.7 微分形式上的热半群及博克纳零化定理的推广

第二个例子是利用随机分析研究黎曼流形上微分形式的热方程及博克纳 (Bochner) 零化定理. 设 (M, g) 为完备黎曼流形, d 为 M 上的外微分算子, $d^* = *d*$, 其中 $*$ 为霍奇星算子, 定义霍奇–拉普拉斯算子

$$\Box = dd^* + d^*d.$$

微分几何中著名的博克纳公式给出了这个算子的代数分解

$$\Box = -\Delta + \text{Ric},$$

其中 $\Delta = \text{Tr}\nabla^2$ 为协变拉普拉斯算子, Ric 为黎曼流形的里奇曲率.

1974 年, 马利亚万给出了由霍奇–拉普拉斯算子在微分 1- 形式上定义的热半群的概率表达式. 设 M 为紧致黎曼流形, X_t 为其上的布朗运动, 令 $M_t \in \mathrm{Ent}(T_{X_0}M, T_{X_t}M)$ 满足流形上沿布朗运动轨道 X_t 的协变随机微分方程

$$\frac{D}{\partial t}M_t = -\frac{1}{2}\mathrm{Ric}_{X_t}M_t,$$
$$M_0 = \mathrm{Id}_{T_{X_0}M},$$

其中 $\dfrac{D}{\partial t} = U_t\dfrac{\partial}{\partial t}U_t^{-1}$ 为沿 X_t 的协变微分. 利用纤维丛上的伊藤随机计算和博克纳公式, 马利亚万 (1974) 证明了霍奇–拉普拉斯算子的热方程

$$\partial_t \omega = -\square\omega \tag{20}$$

的柯西问题解的费因曼–卡克概率表达公式

$$\omega(t,x) = \mathbb{E}_x\left[M_t^*\omega_0(X_t)\right], \tag{21}$$

其中 $M_t^* : T_{X_t}^* \to T_{X_0}^*M$ 表示 $M_t : T_{X_0} \to T_{X_t}M$ 的伴随算子, $\omega_0 = \omega(0, \cdot)$. 利用此表达式, 马利亚万证明了博克纳零化定理的推广形式: 若 M 为 $\mathrm{Ric} \geqslant 0$ 的紧致黎曼流形, 且存在 $x_0 \in M$ 使得 $\mathrm{Ric}(x_0) > 0$, 则 M 上第一德拉姆 (de Rham) 上同调群等于 0, 即 [66,67]

$$H_1(M, \mathbb{R}) = \mathrm{Ker}\square = 0.$$

这个定理在微分几何中也有简单的证明, 参见伍鸿熙的《微分几何选讲》. 但概率方法的优点是给出了霍奇–拉普拉斯在微分 1-形式上所生成的热半群的概率表示. 马利亚万的这一研究方法被埃尔沃西等进一步发展. 在具有 "一小片" 负曲率的流形上, 埃尔沃西与其合作者证明了德拉姆上同调群的零化定理. 直观地说, 如果流形 M 在某一小部分的曲率为负, 而在更大的部分曲率为正, 则只要负曲率部分的体积充分小, 或负曲率的某个 L^p-范数充分小 (被正曲率部分控制), 则仍有可能证明 M 上的调和形式恒等于零 [34]. 利用这个思想, 我们证明了一类具有负里奇 (Ricci) 曲率的完备非紧黎曼流形上里斯变换的 L^p-有界性 [57].

7.5.8 流形上的泛函不等式

在完备和随机完备黎曼流形上, 利用霍奇–拉普拉斯算子的热方程 (20) 解的概率表达公式 (21), 可以证明半群的控制不等式 (semigroup domination inequalities). 例如, 对 $\omega = df$ 利用公式 (21), 可得

$$e^{-t\square}df(x) = \mathbb{E}_x\left[M_t^*df(X_t)\right].$$

注意到 $e^{-t\square}df = de^{t\Delta}f$, 故得

$$de^{t\Delta}f(x) = \mathbb{E}_x\left[M_t^* df(X_t)\right].$$

两边取范数, 当 $Ric \geqslant K$ 时, 可证明

$$|\nabla P_t f(x)| \leqslant e^{-Kt} P_t |\nabla f|(x), \quad \forall\, x \in M,\, t \geqslant 0,$$

其中 $P_t = e^{t\Delta}$ 是流形上拉普拉斯–贝尔特拉米算子在 $L^2(M, v)$ 上生成的热半群.

这个结果都可以推广到完备黎曼流形上对称扩散算子的情形. 设 M 为完备黎曼流形, $\phi \in C^2(M)$, $L = \Delta - \nabla\phi \cdot \nabla$, $d\mu = e^{-\phi}dv$, $P_t = e^{tL}$ 为对称扩散算子 L 在 $L^2(M, \mu)$ 上生成的热半群. 假定 $Ric + \nabla^2\phi \geqslant K$, $K \in \mathbb{R}$ 为常数, 巴克瑞 (D. Bakry) 证明了

$$|\nabla P_t f(x)| \leqslant e^{-Kt} P_t |\nabla f|(x), \quad \forall\, x \in M,\, t \geqslant 0. \tag{22}$$

利用 (22) 这个著名的半群控制不等式, 巴克瑞与埃默瑞 (E. Emery) 对流形上具有无穷维正曲率条件的对称扩散算子证明了庞加莱不等式与对数索伯列夫不等式; 巴克瑞与勒杜 (M. Ledoux) 对具有无穷维正曲率条件的对称扩散算子证明了格罗莫夫–勒维 (Gromov-Lévy) 等周不等式; 王凤雨证明了流形上与维数无关 (free dimensional) 的哈纳克 (Harnack) 不等式. 参见 [7-9, 82].

流形上的泛函不等式是随机分析和随机微分几何中研究成果非常丰富的一个领域. 除上述已经提到的结果外, 还有许多重要的研究成果. 例如, 陈木法与王凤雨 [20] 利用耦合方法证明了关于紧致黎曼流形上拉普拉斯–贝尔特拉米算子第一特征值下界的一般变分公式, 巴克瑞与钱忠民 [10] 证明了关于紧致黎曼流形上加权拉普拉斯第一特征值和特征函数的比较定理等. 限于篇幅, 我们将在另外一篇文章中对此领域的重要成果作详细的介绍.

最后, 关于毕斯穆、巴赫杜 - 彭实戈的倒向随机微分方程理论及其与调和映照之间的联系, 请读者参阅 [13, 33, 72-74].

7.6 路径空间与环空间上的随机分析

受量子场论研究的影响与驱动, 路径空间与环空间上的随机分析的研究在 20 世纪 90 年代以来受到了随机分析界高度的重视. 设 M 为紧黎曼流形, $o \in M$ 为固定点, 考虑 $\mathbb{P}_o(M) = \{\gamma \in C([0,1], M) : \gamma(0) = o\}$ 及 $\mathbb{L}_o(M) = \{\gamma \in C([0,1], M) : \gamma(0) = \gamma(1) = o\}$. 在路径空间 $\mathbb{P}_o(M)$ 及环空间 $\mathbb{L}_o(M)$ 上, 我们可以自然地定义

两个概率测度, 分别是从 o 点出发的布朗运动的分布 (即维纳测度) 和以 o 点为起点和终点的布朗桥的分布 (pinned 维纳测度).

回顾维纳空间上著名的喀麦隆–马丁 (Cameron-Martin) 定理: 设 $\varphi_\epsilon : W_0(\mathbb{R}^n) \to W_0(\mathbb{R}^n)$, $\omega \mapsto \omega_\varepsilon$, 其中 $\omega_\varepsilon(t) = \omega(t) + \varepsilon h(t)$, $t \in [0,1]$. 对任意的 $h \in \mathbb{H} = W_0^{1,2}([0,1], \mathbb{R}^n)$, 维纳测度 μ 与像测度 $\varphi_{\varepsilon*}\mu$ 相互等价, 即 $(\varphi_\varepsilon\mu)_* \approx \mu$, 且

$$\frac{d(\varphi_\varepsilon\mu)}{d\mu}(\omega) = \exp\left(\varepsilon \int_0^1 \dot{h}(s)d\omega(s) - \frac{\varepsilon^2}{2}\int_0^1 |\dot{h}(s)|^2 ds\right).$$

设 $h \in \mathbb{H} = W_0^{1,2}([0,1], \mathbb{R}^n)$. 在 $\mathbb{P}_o(M)$ 和 $\mathbb{L}_o(M)$ 上可以自然定义向量场

$$D_h(\gamma) = U(\gamma)h,$$

其中 $U(\gamma) : [0,1] \to O(M)$ 为 γ 在 $O(M)$ 中的水平提升. 一个自然而基本的问题是喀麦隆–马丁向量场 D_h 是否在 $\mathbb{P}_o(M)$ 和 $\mathbb{L}_o(M)$ 上生成一条积分曲线, 且与这个积分曲线对应的流 (φ_ε) 是否保持测度 μ 的拟不变性, 即使得像测度 $\varphi_{\varepsilon*}\mu$ 与 μ 是相互等价的?

20 世纪 90 年代, 德赖弗 [24,25] (B. Driver)、徐佩 [48] (E. Hsu)、斯图克 [35,36] (D. W. Stroock)、方诗赞–马利亚万 [39] 等相继证明了 $\mathbb{P}_o(M)$ 和 $\mathbb{L}_o(M)$ 上的对应于喀麦隆–马丁向量场 D_h 的流 (φ_ε) 的存在唯一性并推广了喀麦隆–马丁定理及一般柱形函数上的 Bismut 分部积分公式 [12]. 进一步, 利用分部积分公式可以定义梯度算子 D 在 $L^2(\mu)$ 上的伴随算子 D^*, 从而可以合理定义 $\mathbb{P}_o(M)$ 和 $\mathbb{L}_o(M)$ 上的奥恩斯坦–乌伦贝克算子:

$$L = -D^*D.$$

这个算子 L 是 $W_0(\mathbb{R}^n)$ 上奥恩斯坦–乌伦贝克算子的推广. 在 $W_0(\mathbb{R}^n)$ 上, 形式地, 有以下表达式:

$$L = \sum_{i=1}^\infty \frac{\partial^2}{\partial x_i^2} - x_i \frac{\partial}{\partial x_i}.$$

可以证明 $W_0(\mathbb{R}^n)$ 上的奥恩斯坦–乌伦贝克算子对应的奥恩斯坦卡克–乌伦贝克过程

$$\begin{cases} dX_t = -X_t dt + \sqrt{2}dW_t, \\ X_0 = x \end{cases}$$

的解为

$$X_t = xe^{-t} + \sqrt{2}\int_0^T e^{-(t-s)}dW_s,$$

其中 W_t 为 $W_0(\mathbb{R}^n)$ 上的布朗运动.

对于黎曼流形上的 $\mathbb{P}_o(M)$ 和 $\mathbb{L}_o(M)$ 是否可以构造其上的奥恩斯坦–乌伦贝克过程? 1992 年, 德赖弗和洛克勒 [26] (Röckner) 利用阿尔贝弗里奥–马志明–洛克勒 (Albeverio-Ma-Röckner) 的拟正则狄氏理论 [70], 给出了 $\mathbb{P}_o(M)$ 和 $\mathbb{L}_o(M)$ 上奥恩斯坦–乌伦贝克过程的构造. 然而, 是否可以用无穷维随机微分方程的方法构造这些空间上的奥恩斯坦–乌伦贝克过程, 一直是未解决的基本问题之一. 近年来, 菲尔兹奖获得者马丁海尔 (M. Hairer) 发展了一套正则结构理论, 利用此理论是否可以构造这些空间上的奥恩斯坦–乌伦贝克过程? 这是一个值得研究的问题.

在紧黎曼流形上的路径空间 $\mathbb{P}_o(M)$ 上, 方诗赞 [38] 证明了关于维纳测度的庞加莱不等式:

$$||F - \mathbb{E}F||_{L^2(\mu)} \leqslant C_1 \int_{\mathbb{P}_o(M)} ||DF(r)||^2 d\mu(r).$$

徐佩 [49]、Aida-Elworthy [2] 分别独立地证明了 $\mathbb{P}_o(M)$ 上的对数索伯列夫不等式

$$\mathbb{E}(F^2 \log F^2 / ||F||_{L^2}^2) \leqslant C_2 \int_{\mathbb{P}_o(M)} ||DF(r)||^2 d\mu(r).$$

王凤雨 [83] 证明了路径空间上的弱庞加莱不等式. 在 $\mathbb{L}_o(M)$ 上这些不等式是否成立, 是这一项工作中基本而重要的课题之一. 在这一问题的研究中, 会田 [1] (S. Aida)、巩馥洲–马志明 [45] 证明了带位势项的对数索伯列夫不等式. 埃贝勒 [28] (A. Eberle) 给出了 $\mathbb{L}_o(M)$ 上庞加莱不等式不成立的例子, 陈昕–李雪梅–吴波 [18] 在负曲率紧致流形上证明了 $\mathbb{L}_o(M)$ 上的庞加莱不等式. 限于篇幅, 我们在此不作详细介绍.

在 $\mathbb{P}_o(M)$ 上, 克鲁泽罗 (A.B. Cruzeiro)-马利亚万引进了莱维–西维塔联络和马尔可夫联络, 他们提出一个基本的问题: 关于马尔可夫联络是否可以证明测地线的存在性、唯一性, 并证明维纳测度关于这些测地线的拟不变性 [21–23]. 在笔者发表于 *J. Funct. Anal* (2000) 的文章中, 我们给出了这个问题肯定的答案. 在发表于 *Probab. Theorg Related Field* (2002) 的文章中, 我们还证明了伊藤映射 $I: W_0(\mathbb{R}^n) \to \mathbb{P}_o(M)$ 不是 $W^{1,2}$ 意义 (即狄氏型意义) 下的同胚映射 (除非 M 是局部平坦的黎曼流形), 但具有某种索伯列夫空间意义下的有界性. 在发表于 *Ann. of Probab* (2004) 的文章中, 我们还利用马利亚万的拟必然分析 (quasi-sure analysis) 的方法, 重新构造了环空间 $\mathbb{L}_o(M)$ 上喀麦隆–马丁向量场生成的单参数流并证明了环空间上维纳测度的拟不变性. 与 T. Lyons 合作, 我们证明了 p粗 (rough) 路径空间上伊藤映射在 Fréchet-Gâteaux 意义下的可微性 [63], 其中 $p \in [1, 2)$.

7.7 流形上的 L^p-霍奇理论

7.7.1 流形上的里斯变换 L^p-有界性的概率研究

熟知, $\mathbb{R}^n$ 上的里斯变换 ($n = 1$ 时为 $\mathbb{R}$ 上的希尔伯特变换)

$$R_j = \frac{\partial}{\partial x_j}(-\Delta)^{-\frac{1}{2}}, \quad j = 1, \cdots, n$$

为奇异积分算子. 调和分析中一个重要的结果是: 希尔伯特变换及 $\mathbb{R}^n$ 上的里斯变换是 L^p- 有界算子, 即满足

$$\left\| \frac{\partial}{\partial x_j}(-\Delta)^{-\frac{1}{2}} f \right\|_p \leqslant C_p \|f\|_p,$$

这一结果在调和分析和偏微分方程中都有重要应用, 是调和分析中著名的卡尔德龙–齐格蒙德 (Calderon-Zygmund) 奇异积分算子理论的基石.

在几何分析的研究中, 受斯坦恩 (E. M. Stein) 等工作的影响, 斯特哈茨 (R. Strichartz)、洛厄 (N. Lohoué) 等提出并研究了完备非紧黎曼流形上的里斯变换的 L^p 有界性问题. 由定义

$$\nabla(-\Delta)^{-\frac{1}{2}} f(x) = \frac{1}{\Gamma\left(\frac{1}{2}\right)} \int_0^\infty \nabla_x P_t f(x) \frac{dt}{\sqrt{t}},$$

其中 $P_t = e^{t\Delta}$ 为 M 上拉普拉斯算子对应的热半群. 记 $p_t(x, y)$ 为其热核, 则

$$\nabla P_t f(x) = \int_M \nabla_x p_t(x, y) f(y) dy.$$

因此

$$\nabla(-\Delta)^{-\frac{1}{2}} f(x) = \frac{1}{\Gamma\left(\frac{1}{2}\right)} \int_0^\infty \int_M \nabla_x p_t(x, y) f(y) \frac{dt}{\sqrt{t}}.$$

如果按照卡尔德龙–齐格蒙德奇异积分算子理论研究里斯变换的 L^p 有界性问题, 则需对流形 M 进行卡尔德龙–齐格蒙德分解, 且需估计

$$|\nabla_x p_t(x, y) - \nabla_x p_t(x, y')|,$$

即需对热核的梯度进行求差估计. 利用这种方法, 陈杰诚 [19]、李嘉禹 [56] 研究了黎曼流形上的里斯变换及里斯位势的 L^p 有界性问题.

另一方面, 法国数学家梅耶 (P.A. Meyer) 在 20 世纪 70 年代发展了一套研究调和分析中李特尔伍德–佩利 (Littlewood-Paley) 不等式的概率方法. 他利用关于布朗运动的随机积分和鞅论, 给出了 $\mathbb{R}^n$ 上李特尔伍德–佩利不等式的概率证明. 梅耶还在无穷维高斯空间 (即维纳空间) 上证明了相应于奥恩斯坦–乌伦贝克算子的里斯变换关于高斯测度的 L^p- 有界性. 等价地说, 对于任意 $1 < p < \infty$, 存在常数 $C_p > 0$, 使得对于 $\mathbb{R}^n$ 上任意 "足够好" 的函数 f, 如 $f \in C_0^\infty(\mathbb{R}^n)$, 有

$$\|f\|_p + \|\nabla f\|_p \leqslant C_p \|(I - L)^{\frac{1}{2}} f\|_p,$$

其中 $L = \Delta - x \cdot \nabla$ 为 $\mathbb{R}^n$ 上的奥恩斯坦–乌伦贝克算子, $\|\cdot\|_p$ 为关于 $\mathbb{R}^n$ 上高斯测度 γ_n 的 L^p 范数. 这个不等式表明高斯空间上由梯度算子所定义的索伯列夫范数等价于由奥恩斯坦–乌伦斯坦所对应的的 Bessel 位势所定义的索伯列夫范数. 注意到常数 C_p 与维数 n 无关, 因此上述不等式在 $(\mathbb{R}^\infty, \gamma_\infty)$ 中成立, 称为梅耶不等式. 它在无穷维维纳空间上的马里亚万分析中有十分重要的作用.

关于欧氏空间上里斯变换的概率研究, 冈迪 (F. Gundy) 与瓦洛普洛斯 (N. Varopoulos) 于 1979 年证明了里斯变换的概率表达式. 利用此公式, 巴努洛斯 (R. Bañulos) 与王刚 (G. Wang) 于 1995 年证明了: 对任意 $p \in (1, \infty)$ 和 $n \in \mathbb{N}$, $\mathbb{R}^n$ 上的里斯变换满足

$$\|\nabla(-\Delta)^{-\frac{1}{2}}\|_{p,p} \leqslant 2(p^* - 1),$$

其中 $\|\nabla(-\Delta)^{-\frac{1}{2}}\|_{p,p}$ 表示里斯变换 $\nabla(-L)^{-\frac{1}{2}}$ 关于勒贝格测度的 L^p-范数,

$$p^* = \max\left\{ p, \frac{p}{p-1} \right\}.$$

1986 年, 巴克瑞 (D. Bakry) 将梅耶等概率方法推广到完备黎曼流形上, 证明了关于完备黎曼流形上的利特伍德–佩利不等式和里斯变换的 L^p-有界性. 设 M 为具有非负里奇曲率的完备黎曼流形, 则对于任意 $p \in (1, \infty)$, 巴克瑞证明: 存在正常数 C_p, 使得对任意 $f \in C_0^\infty(M)$, 有

$$\left\| \nabla(-\Delta)^{-\frac{1}{2}} f \right\|_p \leqslant C_p \|f\|_p.$$

即对任意 $p \in (1, \infty)$, 里兹变换 $\nabla(-\Delta)^{-1/2}$ 在 L^p 中有界, 且其 L^p- 范数小于仅依赖于 p 的常数 C_p.

自 2006 起, 笔者对完备黎曼流形上的里斯变换的 L^p 有界性问题发展了一套新的、有效的随机方法, 取得了一些新的结果, 仅列其三如下:

• 在一类具有负里奇曲率的完备黎曼流形或一类具有负巴克瑞–埃默瑞–里奇曲率的完备加权黎曼流形上, 我们证明了里兹变换 $\nabla(-\Delta)^{-1/2}$ 或 $\nabla(-L)^{-1/2}$ 的 L^p-有界性[57].

• 在 [58] 中, 我们证明了完备黎曼流形与完备加权黎曼流形上里兹变换的冈迪–瓦洛普洛斯概率表达式, 并在非负里奇曲率的完备黎曼流形及非负巴克瑞–埃默瑞–里奇曲率的完备加权黎曼流形上证明了里兹变换 L^p-范数的最佳渐近估计:

设 M 为完备黎曼流形, $\phi \in C^2(M)$, $L = \Delta - \nabla\phi \cdot \nabla$, $d\mu = e^{-\phi}dv$. 假定 $Ric + \nabla^2\phi \geqslant 0$. 则对于任意 $p \in (1, \infty)$, 有

$$\|\nabla(-L)^{-1/2}\|_{p,p} \leqslant 2(p^* - 1),$$

其中 $\|\nabla(-L)^{-1/2}\|_{p,p}$ 表示里兹变换 $\nabla(-L)^{-1/2}$ 关于测度 μ 的 L^p-范数.

• 在 [60] 中, 我们证明了完备 Kähler 流形上的 Kodaira Laplace 的里兹变换的冈迪–瓦洛普洛斯概率表达式, 并在相应的非负曲率条件下证明了里兹变换 L^p-范数的显式估计.

7.7.2 完备黎曼流形上的 L^p-霍奇理论

紧流形上的霍奇理论是数学中的瑰宝, 不仅在几何与拓扑的研究中起着不可缺少的作用, 而且在研究流体力学中的纳维–斯托克斯 (Navier-Stokes) 方程及电磁场论中的麦克斯韦 (Maxwell) 方程等问题的研究中也有十分关键的应用.

紧流形上的霍奇理论是基于椭圆算子的谱理论和泛函分析中伴随算子的推理. 在什么条件下能够建立非紧完备黎曼流形上的霍奇理论? 这是几何分析中十分基本又十分重要的研究课题. 当 $p = 2$ 时, 自 1970 年以来. 包括奇格 (J. Cheeger) 与格罗莫夫 (M. Gromov) 等许多微分几何学家研究过非紧完备黎曼流形上的 L^2-霍奇理论. 但当 $p \neq 2$ 时, 非紧完备黎曼流形上的 L^p-霍奇理论则没有很深入的研究. 特别地, 以往没有任何文献给出使得非紧完备黎曼流形上的强 L^p-霍奇分解成立的条件. 这个问题的困难, 一方面当然是因为非紧, 另一方面是 $p = 2$ 与 $p \neq 2$ 的情形有着本质的区别.

与完备黎曼流形上的 L^p-霍奇分解有关的一个问题是完备黎曼流形上德拉姆方程的 L^p-估计问题: 给定完备黎曼流形 M 上的 k-阶闭微分式 α, 即满足

$$d\alpha = 0,$$

问: 是否存在某个 $(k-1)$-阶闭微分式 ω, 满足

$$d\omega = \alpha,$$

且满足某种整体可积性增长条件?

在 [59] 中, 我们利用霍奇–拉普拉斯算子的里斯变换和里斯位势的 L^p-有界性给出了非紧完备黎曼流形上的强 L^p-霍奇分解定理成立的充分必要条件, 作为应用我们建立了非紧完备黎曼流形上德拉姆方程的 L^p-理论, 证明了关于微分形式的庞加莱不等式. 在笔者 2009 年发表于 *J. Geom. Anal* 的文章中, 我们建立了非紧完备黎曼流形上德拉姆方程 $L^{p,q}$ 理论, 证明了关于微分形式的索伯列夫不等式.

7.7.3 完备 Kähler 流形上 $\bar{\partial}$-算子的 L^p-估计

20 世纪 70 年代, 马利亚万、G. Henkin 及 H. Skoda 证明了多复变函数论中一个重要而基本的结果, 即拟凸域上 Nevennilla 函数类刻画的充分必要条件. 其中, 马利亚万利用随机方法给出了这个刻画的必要性条件, Henkin 及 Skoda 分别独立证明了该条件的充分性. 1979 年, 加沃 (B. Gaveau)、西博尼 (N. Sibony) 给出了拟凸域上 Silov 边界的概率刻画. 加沃还用随机控制方法给出了强拟凸域上蒙日–安培算子的狄利克雷问题的概率解法.

随机方法与实几何的结合在研究上取得了丰硕的成果, 然而与复几何结合的研究成果却显得很少. 英国资深的随机微分几何专家埃尔沃西 (D. Elworthy) 教授在总结 1950—2000 年随机分析发展的成果的一篇综述性文章中指出 [33]: "关于复分析的几何随机分析还没有得到预期的那样的发展, 特别是考虑到人们对复微分几何越来越普遍的兴趣" (Geometry stochastic analysis on complex analysis has not been developed as much as might have been expected, especially in view of the increasing general interest in complex differential geometry). 事实上, 除了马利亚万等的上述研究成果外, 文献中似乎很少对复流形上的随机分析进行深入的研究. 究其主要原因, 笔者认为一是复流形比黎曼流形具有更精细的几何结构, 二是现有的随机分析方法与复流形上几何问题的研究没有很好的结合.

在[60]中, 利用博克纳–小平邦彦–中野公式(Bochner-Kodaira-Nakona formula), 我们证明了完备 Kähler 流形上全纯 Hermitian 向量丛上的全纯 Kodaira 拉普拉斯算子的热半群的费曼–卡克概率表达式. 在此基础上, 我们证明了完备凯勒 (Kähler) 流形上关于全纯拉普拉斯算子的里兹变换和里兹位势的冈迪–瓦洛普洛斯概率表达式, 并证明了完备凯勒流形上全纯埃尔米特 (Hermitian) 向量丛上的全纯 Kodaira 拉普拉斯算子的里兹变换和里兹位势的 L^p-有界性及其 L^p-范数估计. 利用此结果, 我们在完备凯勒流形上建立了 $\bar{\partial}$-算子的 L^p-估计和 L^p-存在性定理, 证明了关于 $\bar{\partial}$-算子所定义的 L^p-上同调 (cohomology) 的零化定理 (vanishing theorem). 在此工作中, 我们在复流形上的随机分析中发展了新的技术和方法.

7.7.4   复流形的研究中一个著名的猜想

最后, 我们向读者介绍复流形的研究中一个著名的猜想: 设 M 为完备、连通、单连通凯勒流形, 其截面曲率 K 满足

$$-a^2 \leqslant K \leqslant -b^2,$$

其中 $a > b \geqslant 0$ 为常数. 萧荫堂 (Y.T. Siu)-丘成桐 (S.T. Yau)-伍鸿熙 (H. Wu) 等猜想这样的复流形上存在非平凡有界全纯函数. 萧荫堂与莫毅明 (N. Mok) 曾建议笔者用 Kähler 流形上的布朗运动研究这个猜想. 这是一个很有挑战性的问题. 参见丘成桐[85] 及萧荫堂[80] 关于这个问题的介绍与讨论, 以及格林与伍鸿熙的专著[46] 中关于这类复流形是某种强拟凸域的相关猜想.

7.8   跋

自 1942 年伊藤清创立随机分析这门学科以来, 经过几代数学家数近八十年的探索, 随机分析与概率论、位势论、调和分析、偏微分方程、微分几何、遍历论等数学领域及控制论、量子场论、统计物理、通讯与信息理论、生物数学、金融数学等其他学科相互交融和相互促动, 已发展成为现代数学的核心领域之一.

随机分析与偏微分方程之间的深刻联系是随机分析闪耀的篇章. 伊藤正是因为研究柯尔莫哥洛夫问题而给出了随机积分的合理定义从而创立了随机分析. 当扩散系数和漂移系数满足利普希兹条件时, 伊藤证明了随机微分方程强解的存在性、轨道唯一性和马氏性, 并利用随机微分方程的解给出了柯尔莫哥洛夫方程解的概率表达式. 1969 年, Stroock 与 Varadhan 提出了随机微分方程对应的鞅问题等价刻画. Skorohod(1965)、Stroock 与 Varadhan(1969) 在扩散系数和漂移系数连续有界或线性增长的条件下证明了随机微分方程弱解的存在性, Stroock 与 Varadhan(1969) 在扩散系数连续有界一致正定及漂移系数有界可测的条件下证明了随机微分方程解的分布唯一性, Krylov(1969) 对于随机微分方程解的分布唯一性也有类似的结果. 作为偏微分方程理论中关于具有可测系数的散度型一致椭圆二阶微分算子的 De Giorgi-Nash-Moser 理论的对应, 克瑞洛夫 (N.V. Krylov) 与萨佛洛夫 (M.V. Safonov) 在 1979-1981 年利用随机方法首次对具有可测系数的非散度型一致椭圆二阶微分算子的椭圆和抛物方程证明了哈纳克 (Harnack) 不等式与赫尔德 (Hölder) 估计及完全非线性方程的 $C^{1,\alpha}$-估计. 1976 年, 马利亚万创立了无穷维维纳空间上的随机变分学 (现被称为马利亚万计算), 并给出了偏微分方程理论中著名的霍曼德 (L. Hörmander) 亚椭圆定理的概率证明, 开辟了无穷维空间上的随机分析这一新的研究方向.

马利亚万与埃尔沃西等在 1970 年代创立的随机微分几何是随机分析与微分几何相互交融、交相辉印的光辉篇章之一, 为随机分析的研究注入了新的思想和活力, 为微分几何和几何分析的研究提出并发展了新的方法. 1984 年, 毕斯穆[14] (J.-M. Bismut) 利用马利亚万计算及大偏差理论给出了几何拓扑中著名的阿蒂亚–辛格指标定理的概率证明. 1990 年以来, 取值于黎曼流形的路径空间和环空间上的随机分析与微分几何的研究受到了国际上很多著名学者的高度关注. 1991-1992 年, 阿尔贝弗里奥、马志明和洛克勒[3, 70] 建立了拟正则狄氏型理论, 突破了正则狄氏型理论中局部紧和对称的限制, 为无穷维随机分析和随机微分几何的研究提供了有力工具. 2000 年以来, 毕斯穆[15, 16] 研究了流形的余切丛上亚椭圆 Laplace 算子的 Witten 形变和 Hodge 理论. 这一研究体现了经典的 Hodge 理论、Witten 形变、指标理论、亚椭圆算子、辛几何及 Hamilton 系统的完美结合, 与马利亚万计算及构造性量子场论中所期待的环空间上的 Hodge 理论[91] 有着深刻的联系.

随机分析与控制问题相结合产生了随机控制理论. 克瑞洛夫与萨佛洛夫等正是从随机控制的角度研究了完全非线性偏微分方程. 1978 年, 毕斯穆利用 Girsanov 变换证明了随机最优控制中的极大值原理. 在此工作中, 毕斯穆[13] 引进并研究了线性倒向随机微分方程. 1990 年, 彭实戈将随机最优控制极大值原理推广到扩散系数包含控制变量且控制区域非凸的情形. 其后, 巴赫杜与彭实戈 [72,73] 证明了非线性倒向随机微分方程的存在唯一性定理, 彭实戈 [74] 证明了拟线性偏微分方程的费曼–卡克公式. 如同正向随机微分方程在 Black-Scholes-Merton 理论中所起到的重要作用, 倒向随机微分方程在金融数学中期权定价问题的研究中也有着重要的应用.

近二十年, 随机分析与几何分析、量子场论、共形量子场、统计力学、最优传输问题、KPZ 方程等研究领域进一步结合, 产生了令人瞩目的成就. 2002 年, 俄国数学家 G. Perelman 从量子场论的角度给出了几何分析中由美国数学家 R. Hamilton 所引进的 Ricci 曲率流的梯度流刻画, 并从统计力学的角度引进了 $\mathcal{F}$-熵、$\mathcal{W}$-熵及约化距离 (reduced distance)、约化体积 (reduced volume) 等新的数学量, 证明了这些数学量沿 Ricci 曲率流的单调性, 进而证明了关于 Ricci 流的非局部坍塌 (no local collapsing) 定理, 并最终证明了由伟大的法国数学家庞加莱在一百年前所提出的庞加莱猜想和几何拓扑中著名的 Thurston 几何化猜想. 2006 年, G. Perelman 因其对几何学的贡献及其对 Ricci 流的分析和几何结构上的革命性洞察力 (for his contributions to geometry and his revolutionary insights into the analytical and geometric structure of the Ricci flow) 而被国际数学联盟授予菲尔兹奖. 2000 年, 以色列数学家 O. Schramm 将随机分析与复分析相结合引进了随机 Loewner 演化 (stochastic Loewner evolution, SLE) 方程. 利用 SLE, 美国数学家

G. Lawler, O. Schramm 与法国数学家 W. Werner 合作证明了共形量子场论中关于二维布朗运动的边界的 Hausdroff 维数等于 $\frac{4}{3}$ 的 Mandelbrot 猜想. 2006 年, W. Werner 因其在随机 Loewner 演化、二维布朗运动的几何及共性量子场论方面的贡献 (for his contributions to the development of stochastic Loewner evolution, the geometry of two-dimensional Brownian motion, and conformal field theory) 而获得菲尔兹奖. 2010 年, 俄国数学家 S. Smirnov 因证明统计物理中渗流和平面伊辛模型的共形不变性 (for the proof of conformal invariance of percolation and the planar Ising model in statistical physics) 而获得菲尔兹奖. 1998 年, 英国数学家 T. Lyons 建立了 Rough path 理论, 证明了随机微分方程的解所定义的伊藤映射在 $p-$ 变差拓扑下的连续性. 在 Rough path 理论基础上, 奥地利籍数学家 M. Hairer 提出了正则结构理论并利用该理论解决了物理学中提出的 KPZ 奇异随机偏微分方程解的重整化问题. 2014 年, M. Hairer 因其在随机偏微分方程的杰出贡献特别是因提出随机偏微分方程的正则结构理论 (for his outstanding contributions to the theory of stochastic partial differential equations, and in particular for the creation of a theory of regularity structures for such equations) 而获得菲尔兹奖.

1781 年, 法国数学家蒙日 (G. Monge) 从实际工程问题中提出了著名的最优传输问题. 1942 年, 前苏联数学家康托洛维奇 (L. Kantorovich) 对蒙日问题做了合理的修正并证明了最优传输计划的存在性. 在此研究中, 康托洛维奇提出了对偶化原理并将其用于研究国民经济资源的最佳分配. 1975 年, 康托洛维奇与美国经济学家 T. Koopmans 共同分享了诺贝尔经济学奖. 1992 年, 法国数学家布热涅 (Y. Brenier) 在康托诺维奇等人工作的基础上, 解决了以距离的平方函数为费用函数的蒙日最优传输问题, 重新点燃和引发了人们对最优传输问题这一研究方向的高度兴趣. 目前, 最优传输问题的研究已成为联系概率论、随机分析、偏微分方程、流体力学、微分几何、度量几何等不同领域的一个重要研究领域. 2010 年, 法国数学家维拉尼 (C. Villani) 因其在非线性朗道阻尼和玻尔兹曼方程收敛到平衡态的证明 (for his proofs of nonlinear Landau damping and convergence to equilibrium for the Boltzmann equation) 而获得菲尔兹奖, 其研究工作与最优传输问题密切有关. 2018 年, 意大利数学家费加利 (A. Figalli) 因其在最优传输理论及其在偏微分方程、度量几何和概率论中的应用中的贡献 (for his contributions to the theory of optimal transport, and its application to partial differential equations, metric geometry, and probability) 而获得菲尔兹奖.

熵 (entropy) 是热力学和统计力学中描述热力学过程不可逆性的一个重要的物理量. 1772 年, 奥地利物理学家 L. Boltzmann 在理想气体的动理学 (Kinetic theory) 研究中引进了著名的 H-量 (H-quantity), 并对描述理想气体的分布密度函数随时间演化的动理学方程 (即 Boltzmann 方程) 形式上证明了著名的 H-定理. 这个重要的数学量 H 就是源自热力学和统计力学研究的熵. 在俄国数学家 G. Perelman 利用里奇流解决庞加莱猜想和几何化猜想的工作中, $\mathcal{F}$-熵和 $\mathcal{W}$-熵的单调性起到了重要的作用. 在近年来的最优传输理论的研究中, 熵同样起到了十分重要的作用. 有兴趣的读者可以参阅维拉尼 (C. Villani) 的著作 [89, 90] 和笔者与合作者近年来的相关论文 [61, 62] 及所引文献. 1948 年, 美国信息论学家香农 (Claude Shannon) 在其《关于通讯的数学理论》一文 [79] 中再次引进了熵这个重要的数学量, 并利用熵定义了通讯信道的互信息 (the mutual information) 的概念. 借助这两个基本而重要的数学量, 香农证明了现代通讯理论中著名的信道容量公式. 近年来, 与香农信道容量公式有关, 随机矩阵的数学研究在无线通讯的研究中也起到了着重要的应用. 值得一提的是, 土耳其信息论学家 E. Arikan 于 2009 年在 5G 无线通讯技术的研究中提出了 Polar 码, 其数学原理就是概率论与随机分析中的鞅收敛定理, 见 [4, 71].

陈寅恪先生有言: "一时代之学术, 必有其新材料与新问题. 取用此材料, 以研究问题, 则为此时代学术之新潮流." 我们相信, 随着概率论、随机分析与其他数学分支及其他科学领域进一步相互渗透与相互推动, 我们将会迎来更加令人期待的辉煌前景.

2016 年 11 月, 我应邀在中科院数学与系统科学研究院作数学所报告, 介绍随机分析与几何. 本文就是在这个报告的基础上完成的. 作为一名数学研究人员, 我在本文写作中尽可能地尊重历史原貌, 但因学识所限, 有许多学者的研究成果未能一一介绍, 在此深表歉意. 文中不足之处, 敬请同行和读者指正. 最后, 感谢方诗赞教授在本文最后完成阶段所提供的帮助, 感谢科学出版社李欣女士认真负责的编辑工作.

参 考 文 献

[1] Aida S. Logarithmic Sobolev inequalities on loop spaces over compact Riemannian manifolds. Stochastic Analysis and Applications (Powys, 1995): 1-19. River Edge, NJ: World Sci. Publ., 1996.

[2] Aida S, Elworthy K D. Differential calculus on path and loop spaces. I. Logarithmic Sobolev Inequalities on Path Spaces. C. R. Acad. Sci. Paris Sr. I Math, 1995, 321(1): 97-102.

[3] Albeverio S, Ma Z M. Necessary and sufficient conditions for the existence of m-perfect processes associated with Dirichlet forms. Séminaire de Probabilités, XXV: 374-406.

Lecture Notes in Math., 1485. Berlin: Springer, 1991.

[4] Arikan E. Channel polarization: A method for constructing capacity-achieving codes for symmetric binary-input memoryless channels. IEEE Trans. Theory, 2009, 55(7): 3051-3073.

[5] Arnaudon M, Thalmaier A. Brownian motion and negative curvature. Random Walks, Boundaries and Spectra: 143-161, Progr. Probab., 64. Birkhäuser/Springer Basel AG, 2011.

[6] Bachelier L. Théorie de la Spéculation. Ann Sci ENS, 1900, 17: 21-86.

[7] Bakry D, Emery M. Diffusions hypercontractives. Séminaire de Probabilités, XIX, 1983/84: 177-206, Lecture Notes in Math., 1123. Berlin: Springer, 1985.

[8] Bakry D, Gentil Y, Ledoux M. Analysis and Geometry of Marko Diffusion Operators. New York: Springer, 2014.

[9] Bakry D, Ledoux M. Lévy-Gromov's isoperimetric inequality for infinite dimensional diffusion generator. Invent. Math., 1996, 123: 259-281.

[10] Bakry D, Qian Z M. Some new results on eigenvectors via dimension, diameter, and Ricci curvature. Adv. in Math., 2000, 155: 98-153.

[11] Bismut J M. Mécanique Aléatoire. Lecture Notes in Math., 866. Springer-Verlag, 1981.

[12] Bismut J M. Large Deviations and Malliavin Calculus. Birkhäuser, 1984.

[13] Bismut J M. An introductory approach to duality in optimal stochasticcontrol. SIAM Rev., 1978, 20: 62-78.

[14] Bismut J M. The Atiyah-Singer theorems: A probabilistic approach. J. Funct. Ananl., 1984, 57(1): 56-99, 1984, II: 57: 329-348.

[15] Bismut J M. The hypoelliptic Laplacian on the cotangent bundle. J. Amer. Math. Soc., 2005, 18(2): 379-476.

[16] Bismut J M. Hypoelliptic Laplacian and orbital integrals. Annals of Mathematics Studies, 177. Princeton, NJ: Princeton University Press, 2011.

[17] Black F, Scholes M. The pricing of options and corporate liabilities. J. Polit. Econ, 1973, 81: 637-654.

[18] Chen X, Li X M, Wu B. A Poincaré inequality on loop spaces. J. Funct. Anal, 2010, 259(6): 1421-1442.

[19] Chen, J C. Weak type (1, 1)-boundedness of Riesz transform on positively curved manifolds. Chinese Ann. Math. Ser. B, 1992, 13(1): 1-5.

[20] Chen M F, Wang F Y. General formula for lower bound of the first eigenvalue on Riemannian manifolds. Sci. China (A), 1997, 40: 384-394.

[21] Cruzeiro A B, Malliavin P. Repère mobile et géométrie riemanienne sur les espaces des chemins. C. R. Acad. Sci. Paris Sér. I Math., 1994, 319(8): 859-864.

[22] Cruzeiro A B, Malliavin P. Courbures de l'espace de probabilités d'un mouvement brownien riemannien. C. R. Acad. Sci. Paris Sér. I Math., 1995, 320(5): 603-607.

[23] Cruzeiro A B, Malliavin P. Renormalization differential geometry on path spaces: Structural equation, curvature. J. Funct. Anal., 1996, 139: 119-181.

[24] Driver B K. A Cameron-Martin type quasi-invariance theorem for Brownian motion on a compact manifold. J. Funct. Anal., 1992, 109: 272-376.

[25] Driver B K. A Cameron-Martin type quasi-invariance theorem for pinned Brownian motion on a compact Riemannian manifold. Trans. Amer. Math. Soc., 1994, 342(1): 375-395.

[26] Driver B K, Röckner M. Construction of diffusions on path and loop spaces of compact Riemannian manifolds. C. R. Acad. Sci. Paris Sér. I Math., 1992, 315(5): 603-608.

[27] Dynkin E B. Diffusion of tensors. Dokl. Akad. Nauk SSR Tom, 1968, 179(6): 532-535.

[28] Eberle A. Absence of spectral gaps on a class of loop spaces. J. Math. Pures Appl., 2002, 81: 915-955.

[29] Eells J, Elworthy K D. Wiener integration on certain manifolds. G. Prodi. Problems in Nonlinear Analysis: 64-94. Centro Intern. Math. Estivo, IV Ciclo, 1971.

[30] Eells J, Malliavin P. Diffusion processes in Riemannian buldles, 1973, unpublished.

[31] Eells J, Elworthy K D. Stochastic dynamic systems. Control Theory and Topics in Functional Analysis Vol III: 179-185. Vienna Intern. Atomic Energy Agency, 1976.

[32] Elworthy K D. Stochastic Differential Equations on Manifolds. Cambridge: Cambridge University Press, 1982.

[33] Elworthy K D. Geometric aspects of stochastic analysis. Development of Mathematics, 1950-2000: 437-484. Basel: Birkhäuser, 2000.

[34] Elworthy K D, Li X M, Rosenberg S. Bounded and L2 Harmonic forms on universal covers. Geom. and Funct. Anal., 1998, 8: 283-303.

[35] Enchev O, Stroock D W. Towards a Riemannian geometry on the path space over a Riemannian manifold. J. Funct. Anal., 1996, 134: 329-416.

[36] Enchev O, Stroock D W. Pinned Brownian motion and its perturbations. Adv. Math., 1996, 119(2): 127-154.

[37] 方诗赞. 流形上的随机分析与 Malliavin 变分理论. 严加安, 彭实戈, 方诗赞, 吴黎明. 随机分析选讲. 北京: 科学出版社, 1997.

[38] Fang S. Inégalité du type de Poincaré sur l' espace des chemins riemanniens. C. R. Acad. Sci. Paris Sr. I Math., 1994, 318: 257-260.

[39] Fang S, Malliavin P. Stochastic analysis on the path space of a Riemannian manifold. I. Markovian stochastic calculus. J. Funct. Anal., 1993, 118(1): 249-274.

[40] Fournié E, Lasry J M, Lebuchoux J, Lions P L, Touzi N. Applications of Malliavin calculus to Monte Carlo methods in finance. Finance Stoch., 1999, 3(4): 391-412.

[41] Fournié E, Lasry J M, Lebuchoux J, Lions P L. Applications of Malliavin calculus to Monte-Carlo methods in finance. II. Finance Stoch., 2001, 5(2): 201-236.

[42] Friedman A. Stochastic Differential Equations and Applications, Vol.1, 2. New York:

Dover Publications, 1975.

[43] Gangolli R. On the construction of certain diffusions on a differential manifold. Z. Wahr. Verw. Geb., 1964, 2: 406-419.

[44] Gorman C D. Brownian motion of rotation. Trans. Amer. Math. Soc., 1960: 103-117.

[45] Gong F Z, Ma Z M. The log-Sobolev inequality on loop space over a compact Riemannian manifold. J. Funct. Anal., 1998, 157: 599-623.

[46] Green R, Wu H. Function Theory on Manifolds Which Possess a Pole. Lecture Note in Math., 699. Springer: New York, 1979.

[47] Hsu E. Stochastic Analysis on Manifolds, Graduate Studies in Mathematics, Vol. 38. American Mathematical Society, 2002.

[48] Hsu E P. Quasi-invariance of the Wiener measure on the path space over a compact Riemann manifold. J. Funct. Anal., 1995, 134: 417-450.

[49] Hsu E P. Logarithmic Sobolev inequalities on path spaces over Riemannian manifolds. Commun. Math. Phys., 1997, 189: 9-16.

[50] 黄志远. 随机分析学基础. 科学出版社, 2001.

[51] Ikeda N, Watanabe S. Stochastic Differential Equations and Diffusion Processes, 2nd edition. North-Holland/Kodansha, 1989.

[52] Itô K. Brownian motions in a Lie group. Proc. Japan Acad., 1950, 26: 4-10.

[53] Ito K. Selected Papers. Stroock D W, Varadhan S S R. Springer Collected Works in Mathematics. New York: Springer, 1987.

[54] Itô K, McKean Jr H P. Diffusion Processes and their Sample Paths. Berlin: Springer, 1974.

[55] Lévy P. Processus Stochastiques et Mouvement Brownien. Paris: Gauthier-Villars, 1948.

[56] Li J Y. Gradient estimate for the heat kernel of a complete Riemannian manifold and its applications. J. Funct. Anal., 1991, 97(2): 293-310.

[57] Li X D. Riesz transforms for symmetric diffusion operators on complete Riemannian manifolds. Rev. Mat. Iberoam, 2006, 22(2): 591-648.

[58] Li X D. Martingale transforms and L^p-norm estimates of Riesz transforms on complete Riemannian manifolds. Probab. Theory Relat. Fields, 2008, 141: 247-281. Erratum, Probab. Theory Relat. Fields, 2014, 159: 405-408.

[59] Li X D. On the strong L^p-Hodge decomposition over complete Riemannian manifolds. J. Funct. Anal., 2009, 257(11): 3617-3646.

[60] Li X D. L^p-estimates and existence theorems for the $\bar{\partial}$-operator on complete Kähler manifolds. Adv. Math., 2010, 224(2): 620-647.

[61] Li X D. Perelman's entropy formula for the Witten Laplacian on Riemannian manifolds via Bakry-Emery Ricci curvature. Math. Ann., 2012, 353(2): 403-437.

[62] Li S, Li X D. Hamilton differential Harnack inequality and W-entropy for Witten

Laplacian on Riemannian manifolds. J. Funct. Anal., 2018, 274(11): 3263-3290.

W-entropy formulas on super Ricci flows and Langevin deformation on Wasserstein space over Riemannian manifolds. Sci China Math, 2018, 61: 1385-1406.

[63] Li X D, Lyons T. Smoothness of Itô maps and diffusion processes on path spaces. I. Ann. Sci. École Norm. Sup., 2006, 39(4): 649-677.

[64] 姜礼尚. 期权定价的数学模型和方法. 第二版. 北京: 高等教育出版社, 2008.

[65] McKean H P Jr. Brownian motions on the 3-dimensional rotation group. Mem. Coll. Sci. Kyoto Univ., 1960, 33: 25-38.

[66] Malliavin P. Formule de la moyenne, calcul des perturbations et théorie d' annulation pour les formes harmoniques. J. Funct. Anal., 1974, 17: 274-291.

[67] Malliavin P. Géometrie Différentielle Stochastique. Les Presses de l' Univ. Montréal., 1978.

[68] Malliavin P. Stochastic Analysis. Berilin: Speinger-Verlag, 1997.

[69] Malliavin P, Thalmaier A. Stochastic Calculus of Variations in Mathematical Finance. Berlin: Springer, 2000.

[70] Ma Z M, Röckner M. Introduction to the theory of (nonsymmetric) Dirichlet forms. Universitext. Berlin: Springer-Verlag, 1992.

[71] 马志明. Polar 码编译码的概率基础. 私人讨论, 2019.

[72] Pardoux E, Peng S. Adapted solution of a backward stochastic differential equation. Systems and Control Letters, 1990, 14: 55-61.

[73] Pardoux E, Peng S. Backward stochastic differential equations and quasilinear parabolic partial differential equations. Lecture Notes in CIS, 1992, 176: 200-217.

[74] Peng S. Probabilistic interpretation for systems of quasilinear parabolic partial differential equations. Stoch and Stoch Reports, 1991, 37: 61-74.

[75] Perrin F. Étude mathématique du mouvement Brownien de rotation. Ann. Sci. École Norm. Sup., 1928, 45(3): 1-51.

[76] Nelson E. Dynamical Theory of Brownian Motion. Second Edition. Princeton: Princeton University Press, 2001.

[77] Rogers L C G, Williams D. Diffusions, Markov Processes and Martingales, Vol 2, Itô Calculus. 2nd Edition. Cambridge University Press, 2000.

[78] 丘成桐, 孙理察. 微分几何讲义. 高等教育出版社, 2004.

[79] Shannon C. A Mathematical theory of communication. Bell System Tech. J., 1948, 27: 379-423, 623-656.

[80] Siu Y T. Strong rigidity for Kähler manifolds and the construction of bounded holomorphic functions. Discrete groups in geometry and analysis (New Haven, Conn., 1984): 124-151, Progr. Math., 67. Boston, MA: Birkhäuser Boston, 1987.

[81] Stroock D W, Varadhan S R S. Multidimensional Diffusion Processes. Berlin: Springer, 1979.

[82] Wang F Y. Logarithmic Sobolev inequalities on noncompact Riemannian manifolds. Probab. Theory Related Fields, 1997, 109(3): 417-424.

[83] Wang F Y. Weak Poincaré inequalities on path spaces. Int. Math. Res. Not, 2004, (2): 89-108.

[84] Yan J A. Introduction to Stochastic Finance. Science Press & Springer, 2018.

[85] 丘成桐. 几何中未解决的问题. 丘成桐. 孙理察. 微分几何讲义. 高等教育出版社, 2004.

[86] Yosida K, Functional Analysis. Berlin: Springer, 1965.

[87] Yosida K. Brownian motion on the surface of 3-sphere. Ann. of Math. Statist, 1949, 20: 292-296.

[88] Yosida K. Brownian motion in a homogenuous Riemannian space. Pacific J. Math, 1952, 2: 263-270.

[89] Villani C. Topics in Optimal Transportation, Graduate Studies in Mathematics, Vol 58. American Mathematical Society. 2003.

[90] Villani C. Optimal Transport: Old and New. Berlin: Springer, 2009.

[91] Witten E. Supersymmetry and Morse theory. J. Diff. Geom., 1982, 17(4): 661-692.

8 引力的全息性质及其应用[①]

蔡荣根[②]　　杨润秋

8.1　引力与时空弯曲

宇宙的起源、生命的起源和物质的起源是现代科学的三个基本问题. 人们对这些问题的思考贯穿了整个人类的历史. 直到最近几百年, 尤其是在近代物理学兴起之后, 人们对身边的物质世界的起源才开始有了较为清晰的认识. 以现代物理学为工具, 我们对从小到构成物质的基本单元 —— 夸克 —— 到大整个宇宙都有了一个基本的认识. 其中一个让人们深深为人类理性的胜利而激动的成就就是我们认识到了物质世界中最基本的组成单元和相互作用. 尽管实际的客观世界丰富多彩, 它们之间的相互依赖和影响又千变万化, 但是现代物理学告诉我们自然界中只存在四种基本的相互作用: 强相互作用、弱相互作用、电磁相互作用和引力相互作用. 传递这四种相互作用的 13 种规范玻色子以及六味夸克、六种轻子, 再加上 Higgs 玻色子构成了物质世界的基本粒子. 这其中每一味夸克都有三"色"以及相应的反粒子, 因此严格说来夸克有 36 种. 同样地, 每一个轻子都具有相对应的反粒子, 因此严格来说具有 12 种轻子. 粒子物理学标准模型预言了除引力子外的 61 种基本粒子. 2012 年在欧洲的 LHC(大型强子对撞机) 上, 人们找到了这61 个粒子中最后一个: Higgs 玻色子. 这就补全了标准模型所预言的构成物质世界拼图的最后一角. 在这四种基本相互作用中, 虽然弱相互作用冠之"弱", 但是真正相互作用强度最弱的却是引力. 引力相互作用是如之弱, 以至于一个人在地面上可以轻松地抗拒整个地球对一个小石块的引力而将之拿起. 与之相反, 宏观世界中物质由于电磁相互作用却可以轻易地结合成坚硬的岩石和金属. 在基本粒子的世界里不见任何踪影的引力相互作用, 却在尺度的另一个极端 —— 宇宙尺度上扮演着决定性的角色. 从宇宙的诞生到现在的加速膨胀, 从星系的形成到恒星的演化, 引力在其中都扮演者决定性的作用. 所以要想对我们所在的这个宇宙有一个清晰的认识, 我们就必须对引力本质有一个深刻的理解 (图 1).

---

① 本文根据蔡荣根的报告整理. 感谢数学所王莉老师的记录.

② email: cairg@itp.ac.cn.

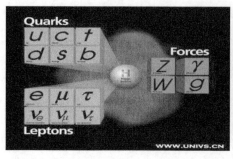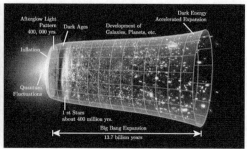

图 1　当代粒子物理学中的基本粒子与相互作用和标准宇宙学模型对宇宙演化的基本认识

　　说起引力, 就不得不提到它一个显著的特征: 引力无处不在. 任何一个物体, 只要它有质量, 就必定会产生引力; 同时也必定会被其他具有质量的物体所吸引. 在三百多年前, 牛顿注意到了引力的这一个基本却并不寻常的特征. 他在深入思考后提出了第一个描述引力相互作用的理论: 万有引力定律. 万有引力定律的提出是人类认识自然的一次伟大的胜利, 它把地面上物体的运动规律和天体运动规律统一起来, 对后世的物理学和天文学的发展产生了深远的影响. 在牛顿之后, 经过 200 多年的研究, 人类对引力的认识再一次发生了质的飞跃. 1915 年, 年轻的爱因斯坦 "颠覆" 了牛顿的引力观: 事实上根本不存在引力, 所谓的 "引力" 事实上就是时空的弯曲效应 (图 2). 任何一个新的物理理论的提出都将会接受实验的严格检验, 爱因斯坦的广义相对论也是如此. 在广义相对论提出至今 100 年的时间里, 所有的实验都表明广义相对论是一个非常成功的理论. 对于广义相对论的实验检验分为两类. 其中一类包括广义相对论的四大著名检验 —— 水星进动、光线弯曲、引力红移和时间延迟现象. 在这些检验中, 由于引力源的速度远小于光速, 同时引力源分布的尺度又远大于其质量相对应的特征尺度[①], 因而它们属于广义相对论的弱场检验. 与之相对应的, 比如, 脉冲双星、引力波等则是属于广义相

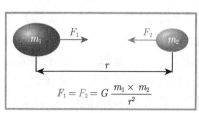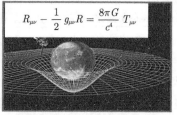

图 2　牛顿的万有引力定律和爱因斯坦的广义相对论

　　[①] 对于一个质量为 M 的引力源, 它的特征尺度通常用具有相同质量的施瓦西真空解的视界半径来衡量, 在国际制单位下这个半径的大小为 $2GM/c^2$, 这里 $G \approx 6.67 \times 10^{-11} \mathrm{Nm}^2/\mathrm{kg}^2$ 代表牛顿引力常数, $c \approx 3.00 \times 10^8 \mathrm{m/s}$ 代表真空光速.

对论的强场检验. 在强场检验中, 引力源的运动速度可以达到接近光速的程度或者它的质量分布的尺度与相应质量的临界尺度在同一个量级上. 比如说, 脉冲双星, 它们是一对相互缠绕的高速旋转的星体. 广义相对论预言了这样的系统会因为向外辐射引力波而损失能量, 从而导致绕转周期的变化. 通过广义相对论, 人们可以准确地计算出这个周期的变化. 天文观测的结果和广义相对给出的理论计算结果符合得非常好[1]. 图 3(a) 展示的是对于脉冲双星 B1913+16 的 30 年试验观测. 根据广义相对论预言的绕转周期的变化和试验测量的结果完美地匹配. 最近观测的引力波事件则是强场检验的另外一个情况: 质量分布集中在临界半径尺度中. 在 2015 年, LIGO 试验组在位于美国华盛顿州汉福德和路易斯安那州利文斯顿的两个观测站首次观测到了来自双黑洞合并的引力波. 图 3(b) 是两个观测站当时记录的信号曲线[2]. 关于黑洞, 我们会在后文中来详细讨论. 这里可以姑且将黑洞理解为质量分布足够集中的一种引力源. 虽然引力波从离开波源到传递到地球被我们探测到的这样一个过程是一个弱场现象, 但是引力波的产生确实发生在强场区域. 因此引力波的探测, 实际上同时涉及了广义相对论的强场和弱场的检验. 还有一个重要的成果是基于广义相对论建立的宇宙和谐模型. 目前的宇宙学观测表明: 从宇宙的诞生到现在经历了 138 亿年的演化与根据广义相对论构造的这一个模型符合得非常好.

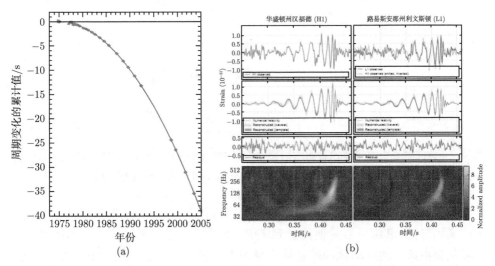

图 3 (a) 对于脉冲双星 B1913+16 的 30 年试验观测, 其中红色的点为实验观测值, 蓝色的线为根据广义相对论计算得到的值[1]. (b) LIGO 位于华盛顿州汉福德站和路易斯安那州文斯顿站接收到的引力波信号[2] (后附彩图)

　　大家知道, 2015 年是广义相对论诞生 100 周年. 广义相对论从某种意义上说是人类智慧的一个杰出成就. 为什么这么说? 因为物理学的发展通常是基于实验基础建立起来的, 而广义相对论纯粹是通过一个理论的内部逻辑自洽性而建立起来的. 在建立广义相对论时没有一个实验观测的需求. 当初爱因斯坦建立了狭义相对论后, 便开始用狭义相对论的时空观来审视牛顿的引力理论. 这个时候他发现了两者之间深刻的矛盾. 牛顿的引力理论告诉我们两个物体之间的引力大小和它们的质量乘积成正比, 和距离的平方成反比. 通常我们把这个引力表示成为空间距离的函数. 我们现在来设想, 如果其中一个物体的质量 M 是时间 t 的函数, 那么另外一个物体是如何感受到来自这个物体质量变化的引力变化呢? 根据牛顿的引力论, 另外一个物体能够瞬时地感受到这个变化的质量产生的变化的引力. 这与狭义相对论是矛盾的. 因为狭义相对论告诉我们任何信息传播的速度都不可能超过光速, 所以一个物体的质量发生变化这一 "消息" 必然需要经过一定的时间后才能被另外一个物体察觉. 这就导致它们之间的引力是不会在瞬时发生变化的. 狭义相对论被提出来以后, 有很多物理学家就想发展相对性的引力理论. 当时提出了包括广义相对论在内的很多理论. 但是我们知道爱因斯坦的理论最终战胜了其他理论 (图 4).

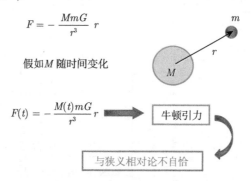

图 4　牛顿的万有引力定律预言随时间变化的引力源会使得别处的物体瞬时察觉到它的变化, 从而与狭义相对论中信息的传播不可能大于光速相矛盾

　　爱因斯坦在思考引力理论的时候有两点与他人不同, 正是这两点使得他发现了广义相对论. 其中一点是他注意到了引力的普适性和等价原理. 引力的普适性可以从自由落体的运动轨迹跟物体本身的内禀属性无关这一点看得非常清楚, 无论自由落体是什么, 它们的轨迹都是一样的. 这说明引力似乎是一种独立于物体内禀性质的背景, 爱因斯坦就想是不是引力的这种效应完全可以用时空描述出来. 另一方面, 爱因斯坦用一个很有名的电梯实验来揭示引力和非惯性力的关系. 我们在高中时就接触到了这个例子. 一个人被封闭在电梯里面, 考虑如下两种情况:

在第一种情况中电梯放在地球的表面, 此时他平抛一个球, 他会看到球的轨迹是一个抛物线; 在第二种的情况中设想电梯下面没有地球, 但是电梯加速向上运行. 此时他平抛一个球后, 他也会看到球的轨迹是抛物线. 这表明如果电梯内部的人观测不到外面的话, 他是无法通过这两个实验区分这个电梯是静止在地球上还是以地球加速度加速往上运动. 实际上不管在这里面做力学还是电磁学实验, 都是无法区分电梯是静止在地球的引力中还是在做以地球引力加速度加速向上运动. 还有一个事情非常有意思. 现在假设一个人从一个楼顶上往下跳 (当然不要太高, 太高的话会出人命的, 哈哈)(图 5). 对地面的观测者而言, 他会落下来是因为地球的引力. 可是对于这个正在下落的人来说, 他反倒是会觉得轻飘飘地, 完全没有感觉到任何的力. 所以同样一件事情, 两个不同的观测者, 他们的结论是不一样的. 这里讲的是一个非常简单的思想实验. 也就是说引力的效应完全可以由加速运动的参考系来替换①.

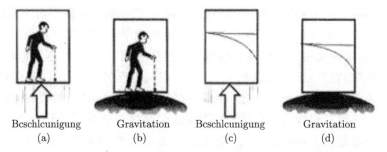

Bcschlcunigung   Gravitation   Bcschlcunigung   Gravitation
(a)   (b)   (c)   (d)

图 5　爱因斯坦电梯思想实验揭示了引力相互作用和非惯性运动之间的关系

还有一个重要的问题, 就是马赫原理. 这一个原理是在试图阐述物体为什么会有惯性. 马赫认为物体的惯性运动是由宇宙中所有物质所引起的. 惯性, 这并不是一个非常陌生的名词. 我们在高中物理里面就知道牛顿三定律 —— 惯性定律, 它说一个物体在不受外力或者所受合力为零的情况下总是保持静止或者匀速直线运动. 大家都会背这个定律, 然而如果我们仔细审视这个定律就会发现, 它是一个描述性的定律. 牛顿第三定律并没有解释物体为什么会具有惯性. 马赫认为这个惯性是由整个宇宙对它施加作用力而导致的. 在狭义相对论中, 时空的结构是给定的, 不会因为物质额外存在而变化. 这一点遭到了马赫等许多哲学家和学者的反对. 爱因斯坦接受了马赫的观点, 他认为时空中的物质存在会影响时空的结构. 这是一个非常重要的认识上的突破, 成为爱因斯坦创立广义相对论的敲门砖.

引力可以被等效地看成时空的属性, 但是狭义相对论的时空却是固定的. 这

---

① 严格来说, 引力效应只有在局部与一个加速参考系等价.

使得狭义相对论容不下引力理论. 在爱因斯坦创立狭义相对论两年后, 他开始思考把引力纳入到他的相对论时空观的这个框架里面. 为此他经过了大概八年的思考, 终于在 1915 年建立了这个著名的爱因斯坦引力场方程:

$$R_{\mu\nu} - \frac{1}{2}Rg_{\mu\nu} = \frac{8\pi G}{c^4}T_{\mu\nu}. \tag{1}$$

这个方程有一个非常显著的特征: 它的左边完全是几何的, 右边是时空中的物质. 因此, 这个方程给出了时空的几何与其中物质的关系. 广义相对论是关于时间、空间和引力的理论, 在这个理论中引力就是时空的弯曲. Wheeler 有一句很有名的话:

物质告诉时空如何弯曲, 时空告诉物质如何运动.

这是 Wheeler 对爱因斯坦引力场方程一个经典的解读. 从这个方程里面我们可以看到它简洁的形式却包含了丰富的哲理: 世界上是没有所谓平坦的时空, 因为你要去看这个时空是不是平坦就必须要用探测器, 而探测器会影响时空几何. 所以平坦时空实际上是不存在的. 苏联著名的理论物理学家朗道对广义相对论有个高度的评价, 他说广义相对论可能是世界上最漂亮的理论. 通常西方人也好, 中国人也好, 一般都会在"最"的后面加上"之一"以免自己把话说过了头, 但是朗道对广义相对论的评价中这个"最"后面是没有加"之一"的. 我的理解他为什么对爱因斯坦广义相对论有这么高度的评价来源于这样一个思想背景: 一般而言, 新的物理理论都是在旧的理论无法解释新的实验观测事实时才不得不提出来, 但是广义相对论不是这样的. 我们通常讲创新, 事实上科学共同体是最保守的, 不到遇到旧的理论无法解释的现象时是不会轻易地提出新的理论的, 即便遇到了也是希望把原有的理论修修改改, 使之能够与实验相符合. 但是大家知道, 爱因斯坦提出广义相对论的时候, 牛顿的引力理论还不曾遇到任何实验挑战, 爱因斯坦提出广义相对论完全是理论自身的需要. 狭义相对论描述的是所有惯性参照系都遵循的物理规律, 这就排除了它在所谓的非惯性参照系中应用. 为什么"惯性参照系"是如此的特殊呢? 物理的规律应该具有普适性, 对所有的参照系应该具有相同的属性. 为了将狭义相对论的原理推广到非惯性系, 爱因斯坦提出了广义相对论, 当时他并不是想解决牛顿引力问题而思考广义相对论的, 但是很偶然他发现了非惯性参考系和引力之间的关系, 所以他的广义相对论就成为一个描述引力的理论.

目前这样一个与实验测量符合得非常好, 又兼具理论上的优美性的广义相对论却不是一个关于引力的终极理论, 因为广义相对论自己暴露了它的缺陷: 广义相对论预言时空的奇异性是无法避免的. 比如说, 广义相对论预言在宇宙大爆炸的时候和黑洞内部存在时空的奇点 —— 一个物质密度无限大的区域. 时空奇异性在广义相对论中出现预示着这一理论本身在这里已经不再适用了, 我们需要一个新的更为基本的理论替代它. 另外一个表明广义相对论不是关于引力的终极理论的是广义相对论是一个经典理论, 它与描述基本粒子的量子理论存在着深刻的矛盾. 因此广义相对论并不是关于引力的一个终极理论. 随着人们对于引力本质认识的加深, 肯定还有很多新的理论发展出来. 到目前为止引力的本质仍然是一个谜, 仍然是现代物理学中最有魅力的基本问题之一.

2005 年, 美国《科学》杂志为了庆祝创刊 125 周年, 邀请许多科学家提出了 125 个自然科学中基本问题, 其中一个就是关于引力本质的问题以及如何协调它与量子理论之间矛盾. 事实上 125 个基本问题中还有很多问题与引力相关, 比如说, 宇宙的唯一性、什么驱动了宇宙暴涨、黑洞的本质、时空的维度为什么是四维、时间为什么与其他的维度不一样等. 这些都是 125 个问题中的问题, 虽然它们不是直接询问引力的本质, 却和引力的本质息息相关. 从 2015 年开始,《科学通报》邀请了很多国内科学家来解读这 125 个问题, 有部分文章已经发表了, 大家有兴趣可以看一看.

在这四种相互作用中, 最先被人们观察到的就是引力了. 自从人类诞生的时候开始, 人类就已经意识到了水往低处流, 抛起的石头会落下. 即便是在近代物理学中, 描述引力的第一个物理理论 —— 万有引力定律, 也远远比描述另外三种相互作用的理论要早. 那么为什么在牛顿的引力理论提出了近 300 多年后, 其他的三种相互作用已经被人类认识得很清楚了之后, 唯独引力相互作用依旧神秘呢? 问题的关键在于引力的本质问题实际上就是关于时间和空间的本质的问题. 就像我们中国人常说的: 不识庐山真面目, 只缘身在此山中. 通常物理学的实验中, 观察者都是外部观察者. 但是对于引力的实验则不同, 观察者本身就处于时空中. 那么时空又是什么呢? 什么是时间? 时间像一条川流不息的长河吗? 如同当年孔子所感叹的 "逝者如斯夫, 不舍昼夜"? 早在约 1700 年前, 著名的哲学家圣·奥古斯丁 (St. Augustinus) 就曾感叹道: "时间是什么, 如果没有人问我, 我很清楚; 可是当有人问我时, 我却很茫然. " 虽然在这之后的 1700 多年的时间里, 物理学的发展使得人们对以前许多先哲的困惑有了深刻的回答, 但是对于时间是什么这个问题却并没有超越圣·奥古斯丁当年的感叹 —— 时间与空间的本质依旧令人困惑. 当然, 我们现在对于时间和空间本质的认识较古人还是有了一些进步, 其中一个便是我们意识到回答时间与空间是什么本质上是要回答引力是什么.

除了理论的不完善外, 广义相对论也面临着来自宇宙学观测的挑战. 基于广义相对的和谐宇宙模型中, 我们的宇宙中含有除了能够被粒子物理标准模型所描述的 5% 的重子 (发光) 物质外, 还有 27% 的暗物质和 68% 的暗能量. 现代物理学对于占整个宇宙 95% 的暗物质和暗能量并不清楚. 人们甚至不清楚暗物质和暗能量是什么. 一种解释是暗物质是一些非常重的、相互作用很弱的粒子组成, 这些暗物质粒子可以通过它与已知粒子发生相互作用时推断出来. 基于这样一个假设, 人们已经进行大量的实验观测, 现在的实验结果已经排除了一个很大的参数空间. 对于暗物质是什么的回答之所以和引力相关, 是因为这是将广义相对论应用到宇宙学后而产生的一个问题. 现代粒子物理标准模型和广义相对论相结合的和谐宇宙模型无法圆满解决暗能量与暗物质问题, 这也表明广义相对论不是一个最终的引力理论 (图 6).

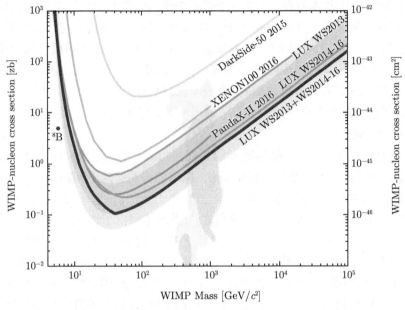

图 6 基于暗物质是 "弱相互作用的重粒子 (weakly interacting massive particle/WIMP)" 的假设而测量得到的质量和散射截面的限制. 不同的实验观测已将大部分参数空间排除[3]

8.2 从黑洞热力学到全息原理

广义相对论的一个重要预言是黑洞的存在性, 这个预言来自于广义相对论的第一个严格解: 施瓦西 (Schwarzschild) 真空解. 爱因斯坦场方程形式上看起来优美简洁, 但是实际上它是一个高度非线性的复杂的偏微分方程组. 施瓦西在思考爱因斯坦场方程解的时候, 首先假设时空具有球对称而且是不随时间演化的. 这样他就得到了第一个, 也是在后来广义相对论研究中大有作用的解析解 —— 施瓦西真空解. 在这个解当中只有一个参数: 系统的总质量 M. 施瓦西解描写的是质量为 M 的天体外部引力场或者是一个在中心具有奇性的真空引力场解. 虽然施瓦西解在广义相对论发表不久就已经得到了, 但是在很长的一段时间里, 大家对这个解所描述的奇异性是什么含义却并不清楚. 实际上, 尽管广义相对论在提出之时就已经轰动世界了, 但是对它真正的系统研究却是在 20 世纪 50—60 年代才开始的. 对于施瓦西解所描述的这具有奇异性的解是在 1968 年左右才把它真正搞清楚的. 人们发现真空施瓦西解实际上描写的是一个"黑洞". 所谓"黑洞"是指一类特殊的天体, 它可以简单理解为一个具有单向边界的时空区域, 物体一旦穿越了这个单向边界就再也无法回到边界外部去. 黑洞的这个单向边界就叫做"视界". "黑洞"这一名字是由 Wheeler 给出的.

根据广义相对论, 最一般的黑洞就是科尔–纽曼黑洞. 这种黑洞只有三个参数: 质量、电荷和角动量. 除了这三个参数外你无法通过任何其他实验, 比如说力学实验和电磁学实验等, 去探测到这个黑洞是由什么物质组成的. 我们无法知道它的量子数. 黑洞的这个性质也叫黑洞的"唯一性定理". 广义相对论的黑洞解的唯一性定理是在 60—70 年代由做数学物理的人所证明的. 在实际的天体环境当中, 因为电荷"中性化"的原因, 星体会自发地将它的电荷抛出星体内部. 所以实际的天文环境中黑洞是不携带电荷的. 黑洞可以通过星体的引力塌缩而形成. 由于引力使得物体会向中心坍缩, 一个恒星之所以能够保持稳定的构形, 是由于其内部的氢原子的核反应产生的压力和自身的引力抗衡. 一旦星体的氢聚变的反应燃料燃烧殆尽, 星体在引力的作用下将会坍塌. 引力的坍塌会使得中心的温度升高, 最终会再次点燃内部的氦原子核聚变的核反应, 直到所有的氦元素都消耗殆尽从而结束核反应, 此时星体就是一颗白矮星. 在它的内部抗拒引力坍塌的不再是由于核反应而产生的压力, 而是来自内部电子的简并压强. 如果坍塌形成的白矮星的质量大于太阳质量的 1.4 倍 (这个临界质量叫做钱德拉塞卡极限), 那么电子的简并压强也无法抗衡引力吸引引起的坍塌, 就连电子也会被强大的引力无情的塞入质子之中而合并为一个中子. 这种星体的内部不再具有正常的原子结构了, 而是完全由中子组成一堆致密的"中子粥", 这种星体叫做"中子星". 在中子星内部中子的简并压强抗衡着引力的坍塌. 可是如果中子星的质量太大, 大于太阳质量的 3.2 倍 (这称作奥本海默–沃尔科夫极限), 那么就连中子的简并压强也无法阻止引力的坍塌了. 此时就再也没有什么能够阻止星体义无反顾地向中心坍缩. 强大的引力场会将所有的物质压缩成一个奇点, 并最终产生一个黑洞.

首先获得白矮星形成条件的人叫做钱德拉塞卡, 他是印度人. 他在获得那个著名的钱德拉塞卡极限的时候, 刚刚大学毕业准备去英国, 这个结果是他从印度坐轮船到英国去读书的时候在轮船上没事情推出来的. 他去了英国之后, 就在会上报告了他这个结果. 当时英国人对他一顿地冷嘲热讽, 根本不相信这个结果. 因此他博士毕业之后觉得英国太保守, 离开了英国, 后来他一直在美国芝加哥大学任教. 但是就是这个工作使得他在 1983 年获得了诺贝尔物理学奖.

　　我们现在来看一下不同致密星体的表面的引力大小. 在图 7 的表格中展示了太阳和几种典型的致密星体的质量、半径和表面引力的大小的数量级对比. 为了形成一个直观的感受, 我们将太阳的质量和半径想象成 1, 将黑洞的表面的引力大小想象成 1. 那么太阳表面的引力有多大呢? 只有 10^{-6} 这么小, 也就是一个黑洞表面引力的一百万分之一. 白矮星质量大概是 1~1.4, 但是半径只有太阳的 1/100, 它的引力相对于黑洞来说也是很小的. 中子星的质量至少是太阳的 1 到 3 倍之间, 但是半径却只有太阳的十万分之一, 它的表面的引力已经很强大了, 几乎达到了接近黑洞的程度. 从上面的对比可以看出, 中子星和黑洞就是强引力场, 而像恒星、太阳、白矮星还是比较松散, 不算强引力场. 像太阳这样质量的物体要想变成一个黑洞, 至少要把它的半径从原来的 70 万公里压缩到 3 公里的大小才行; 而地球要想形成黑洞则需要把它的半径从 6400 公里压缩到 5 毫米才行. 这样压缩后的密度几乎是我们不可想象的. 这也给我们一个直观的感受, 让我们能够感觉到黑洞是非常非常致密的. 虽然很难想象物质居然能够被压缩得如此致密, 但是我们的宇宙当中确实存在着大量黑洞. 每一个星系中都至少存在着一个黑洞. 我们银河系中就有黑洞, 在银河系中心附近就有一个. 这个黑洞的质量大概有 400 万个太阳质量, 离我们太阳系 26000 光年.

引力塌缩和致密星

天体	质量	半径	表面引力
太阳	1	1	10^{-6}
白矮星	< 1.4	10^{-2}	10^{-4}
中子星	1.4—3.2	10^{-5}	10^{-1}
黑洞	> 3.2	$2GM/c^2$	1

(1983)

(钱德拉塞卡, 1910—1995)

图 7　表格中的数据是不同的致密星体的质量、半径和表面的引力大小的相对比较. 图中右
　　　上图是钱德拉塞卡青年时期的照片, 右下图是他获得诺贝尔奖的现场照片

　　由于黑洞本身并不发射光也不反射任何光, 因此我们无法直接通过天文学望远镜来看到黑洞, 但是我们仍然有办法来确认某一区域是否存在黑洞. 比如说, 我们可以根据某一个星体绕转速度和轨道半径, 从而推算引力源的质量. 如果发现引力源的质量超过太阳质量的三倍, 公转轨道内又没有任何可以观测到的天体, 那

么就可以推断出内部一定有一个黑洞了, 图 8 展示的银河系中心的超大黑洞就是通过这种办法来确认的. 另外一个方法是通过 X 射线辐射. 当物体靠近黑洞附近, 并绕着黑洞公转的时候, 由于公转的速度会非常大, 因此会产生 X 射线辐射. 我们可以根据这个 X 射线辐射的特征来推断是否有黑洞的存在. 除了这些间接的观测外, 我们还可以通过引力波辐射来直接验证某一区域内部是否存在黑洞.

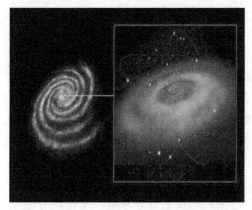 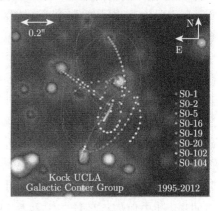

图 8 银河系中心存在一个超大质量的黑洞. 通过它周围的恒星绕转的轨道可以推断黑洞的存在以及黑洞的质量

虽然都是黑洞, 但是由于黑洞质量的不同, 黑洞大致可以分为四大类: 一类是"恒星质量黑洞", 它们的质量大概在太阳质量的 3 到 300 倍之间. 这一类黑洞是通过恒星演化的末期引力塌缩形成的. 第二类是"中等质量黑洞", 它们的质量大概在太阳的 1000 到 1 万倍之间. 第三类叫做"超大质量黑洞", 它们的质量是太阳的一百万到一亿倍甚至更大. 已经有一些超大质量黑洞的观测证据, 但是中等质量的观测事例还比较少. 为了能够得到超大质量的黑洞, 天文学家预测需要有中等质量黑洞的存在, 中等质量的黑洞合并形成了超大质量的黑洞, 但是目前天文学家还不知道中等质量的黑洞是如何形成的. 中等质量黑洞是通过恒星塌缩形成黑洞后, 经过不断的吞噬周围的物质而逐渐长成的呢, 还是有可能通过什么机制直接形成的? 这目前还是一个悬而未决的问题. 除了这三种天文学上的黑洞外, 还有一种叫做"原初黑洞". 这种黑洞和前面三种黑洞在天文数量级的质量不同, 它们的质量非常的小. 这种黑洞起源于宇宙诞生时强烈的量子涨落, 它们的质量只有 10^{-8}kg, 半径在普朗克量级上 (约为 10^{-34}m). 最新的研究表明, 事实上原初黑洞的质量可以小到普朗克质量也可以很大. 它们起源于宇宙早期量子涨落, 通过引力坍塌而成.

关于黑洞经典性质的研究从 20 世纪 60 年代开始. 我把在 1974 年以前的这一段时期叫黑洞的"黑暗时期", 因为这一时期人们认为黑洞是一种只吸收而从不发生出任何物体的天体. 那段时期在黑洞物理和广义相对论领域有三个很重要的人: 美国的 J. Wheeler、苏联的 Y. Zeldovich 和英国的 D. Sciama. 他们三个人领导了三个团队, 进行广义相对论的研究. 他们三个人领导了三个地方. Wheeler 在美国培养了许多学生, 现在美国很多 70 岁左右的, 在国际上做广义相对论比较有名的大多是 Wheeler 的学生. Y. Zeldovich 是天才的物理学家, 他工作过许多领域. Y.Zelovich 从 50 岁开始研究广义相对论, 现在宇宙学和广义相对论中的许多方程都以他的名字命名, 他也被称为苏联宇宙学校的校长, 现在很多国际著名的宇宙学家都是他的学生. 对 Sciama 大家可能更熟悉一些, 英国的霍金等都是他的门徒. 在他们三个人之后的年轻一代中, 霍金和彭罗斯对广义相对论和黑洞物理的贡献非常大. 霍金等的最主要工作就是利用经典的广义相对论发现了黑洞的四个基本性质, 也就是如图 9 所示的"黑洞经典四定律". 简单说来, 这四个定律漂亮的地方在于它们仅仅是根据黑洞的定义和广义相对论本身就可以得到非常普适和简洁的物理结论. 这四个定律中第一个是说一个稳态黑洞的表面引力是一个常数. 这里"稳态"一词的含义是指的黑洞本身不随时间变化. 第二个是说黑洞的质量 —— 角动量, 和电荷满足这样一个关系. 这个定律从形式上看非常类似于能量守恒定律. 第三个定理说黑洞的面积在任何物理过程总是增加的. 第四个定理是说你无法通过一个物理的过程将黑洞的表面引力在有限的时间内降低到零. 大家看到这四个式子的时候, 学过热力学的话, 马上就会想到它们与热力学中的四个基本定律非常相似. 当时霍金等总结这四个定律时, 文章中专门强调了这四个定律与热力学的四个定理相似完全是一种数学上的巧合性, 没有任何本质的联系[4].

The 0th law	κ 在黑洞的视界上是常数
The 1st law	$dM = \kappa dA/8\pi G + \Omega dJ + \Phi dQ$
The 2nd law	$dA > 0$
The 3rd law	κ 在有限的时间内不可能被减少为 0

图 9   黑洞的经典四定律

这里 κ 是黑洞的表面引力, A 是黑洞的视界的面积, J 是黑洞的角动量, Ω 是它的角速度, Q 是黑洞的总电荷, Φ 是黑洞的电势能

黑洞的四定律是黑洞的"黑暗时期"最为辉煌的成就之一, 它同时也孕育了黑洞的"光明时代"的到来. 当时身在普林斯顿的 Wheeler 让他的博士生 Bekenstein 去研究黑洞的经典四定律和热力学四定律之间是否存在着本质关系. 他让 Bekenstein 思考这样一个理想实验: 既然黑洞会将任何东西都吸收进去, 那么比如说, 我们往黑洞里面倒入一杯水, 对于黑洞外部的观测者而言, 这杯水消失了, 伴随着水一起消失的还有这杯水所含有的熵. 于是外部的熵减少了, 这不是和热力学第二定律 (系统的熵总是增加的) 矛盾了吗? 在黑洞物理中热力学第二定律成立吗? Wheeler 把这个问题交给 Bekenstein 去思考, 如图 10 所示. 我们知道热力学第二定律像能量守恒定律一样, 是物理学的基本定律之一, 经历了无数实践的检验. 违背这些定律不一定 100% 错了, 但也可能 99% 是错的. 所以 Bekenstein 经过研究后认为, 一个黑洞应该有一个热力学熵, 不然的话就违背热力学第二定律. 进一步他提出这个熵应该正比于黑洞视界的面积. Bekenstein 的文章在当时能够发表出来非常不容易. 因为将黑洞看成一个热力学系统, 并且认为黑洞具有熵是和当时人们对黑洞的普遍认识相违背. 在当时很多人认为黑洞完全是一个经典的几何解, 它没有温度, 因而就不会有热力学性质, 更不会具有熵了. 因此即便在 Bekenstein 的文章发表出来后, 霍金仍然不以为然, 并大力反对 Bekenstein 的观点. 实际上, 如果 Bekenstein 的文章是投递到英国的杂志, 是很难发表的. 但是在美国他写的这篇文章发表了出来[5], 所以美国人比英国人还是要开明很多.

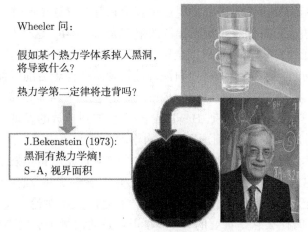

图 10 Wheeler 对黑洞的力学四定律是否和热力学矛盾的思想实验

1974 年, 霍金为了反对 Bekenstein 的观点, 研究了黑洞周围的量子力学, 但是霍金得到的结论刚好和他的初衷相反. 他发现黑洞其实并不黑 —— 黑洞有热辐射, 辐射温度确实正比于黑洞的表面引力强度:

$$T = \frac{\kappa \hbar}{2\pi k_B c}, \tag{2}$$

这里 c 是真空光速, κ 代表黑洞的表面引力, $\hbar$ 代表约化的普朗克常数, k_B 是玻尔兹曼常数. 霍金在牛津大学 1974 年的一次量子引力会议上报告了这个结果[6]. 这在当时是一个轰动的发现, 吸引了很多人的注意. 当时会议主席 Y. Zeldovich 在开始时也很反对霍金的观点, 几年之后才接受, 因为不同的专家用不同的方法得到了相同的结论.

这里说一段小插曲. 事实上在这个会议上还有一个非常重要的工作, 这就是 M. Duff 做的所谓的"Weyl Anomaly". "Weyl Anomaly"是指的像电磁场这样的场, 它的能动张量迹的经典值为零, 但是量子化后的值不再为零. M. Duff 的这个工作事实上是非常重要的, 在统计物理和量子场论等中都非常重要. 但是他的发现完全被霍金的结果淹没了, 没有引起大家的重视, 在几年以后别的科学家也独立地发现了这个结果后才引起重视. 所以提出了"Weyl Anomaly"20 年后, 也就是 1994 年的时候, M. Duff 写了一篇文章[7], 他说对物理学家而言 (事实上对所有科学家而言都适用), 面对任何特别创新的结果出现后都会有这样三种不同阶段的反应: 第一阶段是认为它错了, 肯定错了, 因为跟传统观点不一致; 第二阶段是经过考虑, 发现这个结论是对的, 但认为结果没啥意思, 好像没什么新意, 很平凡; 第三阶段是意识到这个结论是对的, 具有很大的创新性, 但是对这个问题他是最早考虑的. Duff 所说的科学界对待新发现的这三种反应确实是普遍存在的.

现在回到刚才所讨论的霍金发现黑洞真的具有温度这事情上来. 一旦确认了黑洞具有温度, 那么就能够发现黑洞的熵就是 $A/4G\hbar$, 这个与 Bekenstein 所提出的熵正比于黑洞的视界面积完全相符合. 因此, 现在通常把黑洞的熵也称为 Bekenstein-Hawking 熵. 当年我在中科院理论物理所做博士后的时候跟 Bekenstein 有过交流: 把黑洞熵叫 Bekenstein-Hawking 熵, 他感到非常难以接受. 霍金当年是激烈反对他的这个观点, 现在把 Hawking 的名字加到了他的发现上, 这让他非常不乐意. 有了温度和熵之后, 前面的黑洞力学四定律就变成了黑洞热力学四定律. 另外, 因为具有温度, 黑洞也会有热辐射. 这个辐射首先由霍金发现, 因而被称之为霍金辐射. 这样我们看到, 黑洞和一个普通热力学系统并没有什么实质的区别了. 从 20 世纪 70 年代开始, 黑洞热力学一直是广义相对论、量子引力研究的一个重要内容. 为什么它是重要的? 关键在于它是通向量子引力理论的一扇窗口. 其原因在于黑洞热力学中出现了量子现象的标志 —— 约化普朗克常数 $\hbar$. 由于它的出现, 黑洞热力学事实上是一个量子引力的效应. 一个经典的物体, 是没有温度也没有熵的. 黑洞具有温度和熵, 就说明量子力学在这里面起了作用. 不过这里的 Bekenstein-Hawking 熵和黑洞温度并不是在一个完全的量子引力框架下得到的, 而是仅仅将黑洞周围的物质场进行了量子化, 黑洞本身和引力作为经典的背景进行考虑. 这样处理得到的结果通常被称作半经典量子引力理论. 虽然 Bekenstein 和 Hawking 的工作并没有建立起一个量子引力理论, 但是却成为检验量子引力理论的重要指标: 一个成功的量子引力理论, 首先必须能够得到 Bekenstein

和 Hawking 所得到的关于黑洞的熵和温度. 比如说, 超弦理论被认为是一个很有希望的量子引力理论, 一个重要的原因就是在 1996 年的时候超弦理论第一次精确地给出了黑洞熵的微观起源解释.

Bekenstein-Hawking 熵的一个重要特征是黑洞熵是正比于其视界面积的. 这是一个非常重要启示. 在普通的热力学系统中, 由于熵和能量等都是广延量, 因此系统总熵一般正比于系统的体积, 如图 11 所示. 这是容易理解的, 因为如果系统体积增加一倍, 意味着系统总的自由度增加了一倍, 从而导致系统熵增加了一倍; 黑洞的熵却不是这样的. 这种差别蕴含着及其深刻的原因. 由于黑洞是一个纯粹的引力系统, 黑洞熵并不正比于体积这一事实预示着引力微观自由度并不是一个空间的广延量. 这其中所蕴含的原因耐人寻味. 1993 年, 诺贝尔物理奖获得者 Gerardus't Hooft 在这一现象的启发下提出引力具有全息性质的观点[8]. 全息本身是激光物理里面的一个概念, 即所谓的立体照相. 在照相中, 我们通常是平面照相, 这种照相只是记录光的强度, 光的相位信息是没有的. 所谓立体照相就是能够同时记录光的强度和相位, 此时你如果用激光投影成像的话, 会得到一个立体的图像, 所以所有信息就通过一个 "照片" 保留下来. 如果要简单理解全息性质的话, 可以打一个形象的比方: 我们这些人坐在教室里, 我只看到四周墙上的信息, 我就有办法知道, 某某人坐在什么位置上, 穿什么衣服; 我完全通过二维的屏幕就可以看出整个三维空间中的信息来. Gerardus't Hooft 认为引力就有这么一个特点. 他认为引力系统的自由度就像分布在系统的表面上. 这个想法一经提出就吸引了很多人的关注. 不过那时 Gerardus't Hooft 提出的纯粹是一种思想, 还不具有理论上具体的可操作性. 第一个真正在理论上实现引力全息性质的可操作模型是在 1997 年由 J. Maldacena 通过研究超弦理论而提出的[9]. 他提出在反德西特时空 (带一个紧致空间) 上的超弦理论 (或 M 理论) 等价 (对偶) 于在这个反德西特时空边界上的一个共形场论, 其中一个典型的例子就是: $AdS_5 \times S^5$ 时空中 IIB 超弦理论和 $\mathcal{N} = 4$ 的超对称 Yang-Mills 场论对偶:

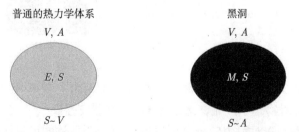

图 11 对于给定体积 V 和面积 A 的情况, 普通的热力学系统, 系统总熵 S 正比于系统的体积, 即 $S \sim V$; 黑洞的熵 S 正比于黑洞视界的面积 A, 即 $S \sim A$

在反德西特时空 (带一个紧致空间) 上的
超弦理论 (或 M 理论) 等价 (对偶) 于在
这个反德西特时空边界上的一个共形场论

典型例子:

$$\begin{array}{c} \text{IIB superstring theory on AdS}_5 \times S^5 \\ \longleftrightarrow \\ \mathcal{N} = 4 \ SYM \ \text{Theory} \end{array}$$

(J. Maldacena)

图 12　引力全息性质的第一个实现在反德西特时空 (带一个紧致空间) 上的超弦理论 (或
　　　M 理论) 等价 (对偶) 于在这个反德西特时空边界上的一个共形场论

这个对偶有四个特点: 第一, 它是一个十维时空和四维时空的对偶, 对偶两边的时空维度是不一样; 第二, 对偶的一边包含引力, 另外一边不包含引力; 第三, 在 IIB 弦理论中引力是一个弱耦合理论, 但是对偶的另一边的场论是一个强耦合理论, 因此是一个强弱对偶; 第四, 在这个对偶中, 超弦理论的低能近似是引力理论, 它是一个经典理论, 但是它的对偶却描述了一个量子理论. 其中第四点之所以能够实现, 是由弦论中的一个开弦–闭弦对偶性造成的. 正是这四个特点使得这个对偶在理论上显得非常漂亮. 随后将这个对偶性推向高潮的要数 Witten, Gubser, Klebanov 和 Polyakov 等提出的一个描述这个对偶的精确的数学关系:

$$Z_{\text{AdS}_5 \times S^5} = Z_{\mathcal{N}=4, \ \text{CFT}_4} \tag{3}$$

这个等式的两边分别是 $\text{AdS}_5 \times S^5$ 时空中 IIB 超弦理论的配分函数和 $\mathcal{N} = 4$ 的超对称 Yang-Mills 理论的配分函数, 即两个理论的配分函数是一样的. Witten 曾在 *Science* 上写过一篇文章对这个等式做了非常高的评价, 如图 13 所示, 他认为这个等式是对引力本质认识的观念性变革.

"*Real conceptual change in our
thinking about Gravity.*"
(E. Witten, *Science* 285 (1999) 512)

E. Witten

图 13

在物理学上真正的大发展实际上都是来自于观念的变革, 因此他认为这个关系式的提出将会对物理学产生深远的影响. 这里需要强调一下, 公式 (3) 最为重要的地方在于它第一次对引力的全息原理给出了一个具体的可以计算的例子. 它告诉我们边界场论的动力学完全可以从对偶的高一个维度的引力理论来获得. 在引力这边, 由于它是一个弱耦合理论, 因此配分函数的计算完全是经典的, 这就大大地简化了对偶场论的配分函数的计算. 一旦我们得到了配分函数, 就可以通过它来获得对偶场论的各种信息. 这个数学关系就将一个引力理论和非引力理论联系起来. 具体地, 基于这个等式我们可以得到如图 14 所示的对偶关系:

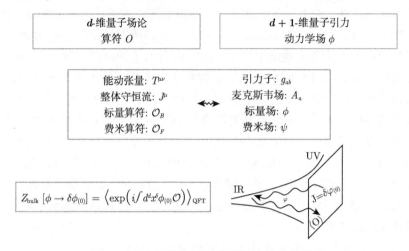

图 14 引力理论和对偶共形场论的对偶关系

比如说, 对偶共形场论的能动张量对偶于引力理论中的时空度规, 其他共形场论的物理量也能够通过图 14 中的对应关系联系起来, 这样一种对应关系也叫做 "AdS/CFT 对偶". 这个对偶具有两方面的意义: 一个是它揭示了引力的本质属性, 即引力是具有全息性质的. 这一点也从一个方面回答了引力为什么与其他三个基本相互作用不一样, 引力的量子化为什么那么困难等基本问题. 另一点是它提供了一个重要的方法从不同的角度来研究引力和低一个维度的场论. 这个对偶关系告诉我们, 一个引力理论和对偶的场论, 虽然它们处于不同的时空维度, 但是通过一个数学关系我们可以把两个完全不同的理论相互转化. 尤其是一些强耦合场论问题, 在场论中难以计算, 但是通过这个对偶我们可以将它转化为一个弱耦合的引力理论从而使得问题容易解决. 关于这个方面的应用已经有三本专著出版了, 其中一本是剑桥出版社的 *Gauge/Gravity Duality: Foundations and Applications*, 是德国马普所的一个女科学家 J. Erdmenger 和她的合作者写的, 这本书主要介绍了 AdS/CFT 对偶性的基础和一些应用.

在量子色动力学 (QCD) 中, 存在 "渐近自由" 和夸克禁闭. 这个性质使得在能量较低时这个理论是一个强耦合的理论, 导致通常的微扰方法不可用.

图 15 所示是 QCD 的大致相图. 核物理学家和研究 QCD 的高能物理学家的一个主要研究课题就是搞清楚这个相图的各种具体细节. 如果从 AdS/CFT 对偶来理解的话, 通常有两种研究方法: 一种叫做 "Top-down" 的研究方法, 也就是从

超弦理论或者超引力理论出发往下做, 约化出想要研究的对偶场论. 这种方法的好处是与所要研究的对偶场论的关系是清楚的. 另外一种方法叫做"Bottom-up", 即从所要研究的场论出发往上走, 构造出相应的引力理论, 这样做的好处是得到结果更具有普适性. 在这个方面也有一个不错的理论专著: *Gauge/String Duality, Hot QCD and Heavy Ion Collisions*, 这是 2014 年剑桥大学出版社出版的, 它的内容主要是利用引力的全息性质来研究 QCD 和重离子碰撞的问题. 重离子碰撞是一个很重要的问题, 比如, 两个金原子碰撞就会产生夸克胶子等离子体. 这是一种新的物态. 当年李政道先生建议了这个实验研究. 夸克胶子等离子体可以借助流体力学的相关概念描述. 两个重要的参数分别是黏滞系数 η 和熵密度 s. 实验发现夸克胶子等离子体的黏滞系数与熵密度之比接近于一个常数, 不同方法给出的 η/s 大致在 $1/3\pi$ 到 $1/2\pi$ 之间. 但是, 如果按照微扰 QCD 来算的话, 你会发现微扰计算的结果表明这个比值反比于耦合常数 (QCD 的无量纲耦合常数), 所以微扰计算的结果相对于实验测量得到的值而言非常大, 与实验值完全不相符. 然而全息对偶原理却能够给出一个 $1/4\pi$ 的理论值, 这个已经和实验值很接近了. 这是 AdS/CFT 应用到非引力系统当中非常成功的一个例子.

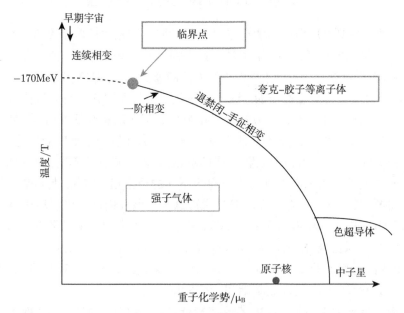

图 15　QCD 的大致相图

　　AdS/CFT 对偶还有一个非常重要的应用就是应用到流体力学的研究当中. 我们知道, 从物理起源来说, 爱因斯坦引力场方程跟 Navier-Stokes 方程完全是没有关系的. 然而实际上在 20 世纪 80 年代的时候, 物理学家就发现: 对于外部观测者而言, 黑洞对外部的响应可以把黑洞看作视界外的一层膜, 黑洞的动力学行为可以用这个膜来模拟, 进一步研究发现这个假想膜的动力学完全满足 Navier-Stokes 方程. 这在当时也是一个令人吃惊的结论, 不过我们现在根据 AdS/CFT 的理解就很清楚了. 因为根据这个对偶, 黑洞本身对应于一个场论, 在长波极限下场论就可以用流体力学来描述了. 在这个方面中科院数学和系统科学研究院的吴小宁与他的合作者做了许多非常有意义的工作, 这里我就不再单独详细介绍了. 另外我们知道, Navier-Stokes 的解存在性和唯一性也是克莱研究所七大千禧年问题之一. 虽然这个 Navier-Stokes 方程有很长的历史, 但是其中所蕴含的秘密还没有被完全揭示出来. 我们是不是能利用引力对偶关系来窥探 Navier-Stokes 方程中尚未被发掘的隐秘呢? 这也是非常有意思的一个研究问题.

8.3 全息对偶在超导模型中的应用

AdS/CFT 对偶性另一个重要的应用就是利用它来理解凝聚态中强关联系统的物理现象, 这其中一个比较成功的例子就是将其应用到对高温超导的理解上. 所谓超导, 简单来说就是当一个物体在温度降低到一定程度的时候电阻突然地变成了零这样一个现象. 除了零电阻外, 超导体还有许多其他不同寻常的性质. 比如, 材料的比热会在发生超导的时候有一个跃变, 在发生超导后材料会呈现抗磁效应而将磁场排出体外等[①]. 证明一个材料确实处于超导态一般需要验证零电阻和小磁场时的完全抗磁性. 超导现象在发现之后的很长一段时间里, 人们一直无法找到满意的理论解释. Landau 和 Ginzburg 在 20 世纪 50 年代提出了一个非常成功的唯象模型来描述超导现象, 这就是在相变理论中非常有名的"平均场论模型". 这个模型认为在超导态附近, 系统的自由能 F 随温度 T 的变化可以写成如下的形式:

$$F(T, \phi) = F_0 + \alpha(T - T_c)|\phi|^2 + \frac{\beta}{2}|\phi|^4 + \cdots, \tag{4}$$

这里 α 和 β 是两个大于零的参数, T_c 是临界温度, ϕ 是描述系统的序参数. 在物理上真实出现的构型是自由能极小的构型. 图 16 展示了平均场自由能在不同温度下自由能随温度的变化示意图. 我们可以看到, 当温度大于临界温度时自由能的极小值出现在序参数等于零的位置. 而当温度小于临界温度时, 自由能取极小值的序参数并不是零. 在超导相变中, 序参量不等于零就意味着相变的发生. 利用这样一个模型还可以进一步解释超导相变时比热不连续、零电阻和抗磁性等一些

---

① 严格说来, 只有第一类超导体会在超导态的时候将磁场完全排出体外. 第二类超导体在磁场达到一定的强度后会允许部分磁场进入体内, 但仍然保持超导态. 另外, 无论第一类还是第二类超导体都存在一个临界磁场. 当磁场强度大于这个临界磁场时超导态会消失.

性质, 所以说平均场论模型在解释常规超导体上是一个比较成功的唯象模型. 当然, 平均场论模型并没有告诉我们为什么超导会发生. 真正理解超导产生的机理需要深入到它的微观机制当中去, 这个漂亮的工作由 John Bardeen, Leon Cooper 和 John Robert Schrieffer 三个人在 1957 年完成, 即我们现在所熟知的 BCS 理论. BCS 理论非常成功地解释了许多金属超导体的超导性的起源问题, 一度让人们认为它已经是超导现象的终极理论了, 但是 1986 年铜基高温超导体的发现打破了人们的这一想法, 在 21 世纪初人们又发现了铁基超导体. 铜基超导体和铁基超导体是 BCS 理论所无法解释的, 这也成为凝聚态领域近 30 年来的研究热点. 时至今日, 高温超导体的微观机制依旧是一个悬而未决的难题. 在我们提到的这两类非常规超导材料中, 人们发现系统是处在强耦合状态的, 而 BCS 理论是基于弱耦合和微扰理论建立起来的, 这就是 BCS 理论不适用于这些非常规超导体的原因. 强耦合系统不仅在场论中是一个困难的问题, 它在凝聚态物理中也是一个极具挑战的理论难题, 全息对偶或者说是 AdS/CFT 对偶在这方面就具有先天的优势. 正如前文所讲的, 一个强耦合的场论模型可以通过这个对偶而变成一个弱耦合的引力模型. 这一优势使得利用引力对偶模型来探索高温超导的机制很快成为一个热门领域. 在这个研究方向剑桥大学出版社在 2015 年出版了一部专著 —— *Holographic Duality in Condensed Matter Physics*. 这本书是荷兰莱顿大学的凝聚态物理专家 J. Zaanen 教授和我以前的两个学生孙亚文和刘焱合著的. 这里我简单介绍一下如何将引力全息对偶应用到高温超导的研究中.

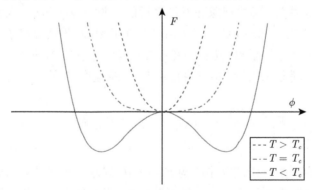

图 16　不同温度下的平均场自由能示意图

　　如果想构建一个描述超导的全息对偶模型, 首先我们需要分析对偶两边的物理量的对应关系. 这个对应关系往往被称作 "字典". 我们已经在图 14 中展示部分对应 "字典". 在构建全息超导模型的时候, 我们需要用到如图 17 所示的对应 "字典":

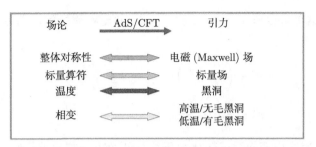

图 17　构建全息超导的引力对偶模型中用到的场论和引力理论之间的对偶 "字典"

　　首先, 由于超导体内的电子波函数有一个 U(1) 对称性, 这个就需要我们在引力理论中引入一个 Maxwell 场; 其次, 描述超导相变的序参量是一个标量算符 (这里我们先限定 s-波超导), 那么对应的引力系统中就需要引入一个标量场; 最后, 在场论那边系统是一个非零温的系统, 这就需要我们在引力这边引入一个黑洞. 这样我们就把两边的物理量都搭建好了. 在这个对应下, 超导相变就对应于引力这边的 "无毛" 解和 "有毛" 解的相变了. 第一个描述超导相变的全息模型就是在这样的框架下于 2008 年由 S. Hartnoll, C. P. Herzog 和 G. Horowitz[10] 三个人提出来的. 在他们的模型中, 一个场论中超导相变可以由如下的引力模型来描述:

$$S_{\text{gravity}} = \frac{1}{16\pi G}\int \mathrm{d}^4 x\sqrt{-g}\left[R - \frac{6}{L^2} - \frac{1}{4}F_{\mu\nu}F^{\mu\nu} - (D_\mu\psi)(D_\mu\psi)^\dagger - m^2|\psi|^2\right], \quad (5)$$

这里 g 是时空度规的行列式, R 是时空的标量曲率, L 是 AdS(反德西特时空) 半径, ψ 是一个复标量场, $F_{\mu\nu} = \partial_\mu A_\nu - \partial_\nu A_\mu$ 是 Maxwell 场强, A_μ 是 Maxwell 场的规范势, $D_\mu = \partial_\mu - iqA_\mu$, q 是复标量场所带的电荷, m^2 是复标量场的质量平方参数. 为了能够迅速抓住模型的本质属性, Hartnoll 等首先做了一个假设: 在引力理论这边物质场对于背景几何的反作用可以被忽略. 这个假设也往往被叫做 "探子极限", 因为在这个假设下物质场相当于被添加进时空的一个 "探子" —— 它们可以感受到时空的几何却不会改变时空的几何. 在探子极限下, 我们可以直接写出背景几何的时空度规:

$$\mathrm{d}s^2 = -f(r)\mathrm{d}t^2 + \frac{\mathrm{d}r^2}{f(r)} + r^2(\mathrm{d}x^2 + \mathrm{d}y^2), \quad f(r) = \frac{r^2}{L^2} - \frac{M}{r}. \quad (6)$$

这个度规描述一个 AdS 时空中的黑洞解, 这里 M 是黑洞的质量参数. 不同的黑洞质量会给出不同的对偶温度. 质量越大, 系统对偶的温度就越高. 在考虑平面对称且无磁场的情况下, 规范势只有 t 分量非零, 复标量场的相位可以被约定为零, 即

$$A_\mu = [\phi, 0, 0, 0], \quad \mathrm{Im}\,\psi = 0. \quad (7)$$

不失一般性, 这里可以取 $m^2 = -2$ 和 $q = 1$. 此时物质场的运动方程简化为两个耦合的常微分方程组,

$$\psi'' + \left(\frac{f'}{f} + \frac{2}{r}\right)\psi' + \frac{\phi^2}{f^2}\psi + \frac{2\psi}{L^2 f} = 0,$$
$$\phi'' + \frac{2}{r}\phi' - \frac{2\psi^2}{f}\phi = 0, \tag{8}$$

此时场论中的超导相变问题就转化为研究这两个方程的求解问题了. 要求解这两个方程, 我们需要给定适当的边界条件. 为此我们来看看物质场在 AdS 边界处的渐近行为. 将方程 (8) 在边界 $r \to \infty$ 附近作展开, 可以得到如下渐近行为:

$$\psi = \frac{\psi^{(1)}}{r} + \frac{\psi^{(2)}}{r^2} + \cdots, \quad \phi = \mu - \frac{\rho}{r} + \cdots. \tag{9}$$

我们可以看到标量场的展开中领头阶有两项: $\psi^{(1)}$ 和 $\psi^{(2)}$. 根据全息对偶原理我们可以发现其中的第一项表示场论中算符的源. 相变中序参量的自发凝聚对应在引力这边取边界条件 $\psi^{(1)} = 0$、第二项 $\psi^{(2)}$ 表示序参量对源的响应. 这个算符的源和响应的对应关系告诉我们, 在 $\psi^{(1)} = 0$ 的边界条件下如果出现了 $\psi^{(2)} \neq 0$ 的解, 就意味着对偶的场论中序参量出现了自发非零态. 这就是相变已经发生的标志. 而规范场的方程中也有两个自由参数: μ 和 ρ, 这两个参数分别对应于场论的化学势和电荷密度. 如果我们考虑巨正则系综的话, 就需要固定化学势的大小. 另外, 在黑洞的视界上方程 (8) 存在一个自然边界条件 (有限性). 这些限制正好给出了求解过程中需要的边界条件. 因此, 对于不同的温度, 我们就可以对方程 (8) 进行求解了. 由于这个求解是一个边值问题, 因此根据不同情况, 方程可能有唯一解也可能有多个解.

实际上对方程 (8) 进行求解就可以看到, 当温度比较高的时候系统只有 $\psi = 0, \phi = 0$ 这样一个平凡解, 即 "无毛" 解. 但是当我们慢慢降低温度时, 会出现一个临界温度 T_c, 当温度低于这个温度时除了平凡的解外, 系统还允许存在非平凡的 $\psi \neq 0$ 的解. 虽然系统此时同时允许这两类解的存在, 但是进一步分析它们的自由能后可以发现, 一旦非平凡解出现, 那么它的自由能会比平凡解更低. 由于真实的物理系统倾向于选择自由能更低的态, 此时引力这边物理稳定的解是标量场非零的 "有毛" 解.

为了证明引力这边随着温度降低系统从 "无毛" 解到 "有毛" 解的一个转变对应于对偶场论的一个超导相变, 我们可以来计算相变附近的临界指数和系统的电导率. 首先对方程 (8) 的数值和准确的解分析都表明在临界温度附近存在如下普适关系:

$$\psi^{(2)} \propto (T_c - T)^{1/2}, \tag{10}$$

这表明这个相变的临界指数是 1/2. 这个临界指数与前面所讲的平均场理论给出的临界指数是一致的. 另外, 由于复标量场一旦具有了非零的值就会破缺了系统的整体 U(1) 对称性, 这和超导相变发生的对称性变化也是一致的. 我们也可以计算出在 "无毛" 解和 "有毛" 解中引力所对偶的边界场论的电导率. 如果这个模型真的能够描述超导相变, 那么它就应该能够给出相变发生后系统的直流电导率是无穷大的. 引力对偶的电导率可以通过求解电磁场的扰动方程来给出. 一般情况下电导率是一个二阶张量, 并且是电流频率 ω 的函数. 不过在这里由于系统具有平面对称性, 我们可以只是计算这个张量的 x 分量 $\sigma_{xx}(\omega)$, 这个可以通过计算电磁场 x 分量的扰动方程来获得. 现在假设规范势 A_μ 的 x 分量不再是零而是 $\varepsilon A_x(r)e^{-i\omega t}$, 这里 ε 是一个无穷小量. 将电磁场的方程求解到 ε 的一阶就可以得到如下的扰动方程:

$$A_x'' + \frac{f'}{f}A_x' + \left(\frac{\omega^2}{f^2} - \frac{2\psi^2}{f}\right)A_x = 0, \tag{11}$$

求解这个方程也需要给定边界条件. 首先考虑到这个方程是线性的, 因此可以约定在视界处 $A_x = 1$. 另外, 考虑真实的材料中有色散效应, 扰动最终是会衰减的, 这就需要在引力这边也有色散效应, 黑洞就可以充当这样一个产生衰减的机制. 我们在黑洞视界引入入射边界条件, 这样扰动会进入黑洞而被黑洞吸收掉, 由此就可以在视界处给出一个边界条件, 这样方程 (11) 就变成一个初值问题, 将它积分到 AdS 边界, 可以得到如下的渐近行为:

$$A_x = A_x^{(0)} + \frac{A_x^{(1)}}{r} + \cdots. \tag{12}$$

利用这个展开行为中的两个系数 $A_x^{(0)}$ 和 $A_x^{(1)}$, 系统的电导率就可以表示成如下的形式:

$$\sigma(\omega) = -i\frac{A_x^{(1)}}{\omega A_x^{(0)}}. \tag{13}$$

通过求解方程 (11) 这样一个很简单的方程, 我们马上可以把电导率算出来, 计算结果表明在相变发生后直流电导率 (即频率 $\omega = 0$ 的时候的电导率) 确实是发散的. 另外, 我们还能够得到全息超导对应的能隙和转变温度比值大概为 8. 能隙与温度的比值是刻画发生超导的系统的耦合强弱的标志. 在 BCS 理论中能隙和临界温度比值约为 3.5. 相对于 BCS 理论, 全息超导描述的系统的耦合强度要大得多. 这与我们预期的引力全息对偶描述强耦合系统相一致.

　　简单总结一下前面构造 s-波全息超导模型的主要思路. 这里可以用四点来概括: 第一, 场论中的一个整体对称性对应于 AdS 时空的一个电磁场; 第二, 场论中的一个标量算符对应于 AdS 空间的一个复标量场; 第三, 场论中的有限温度对应于 AdS 时空的一个黑洞; 第四, 超导相变对应于 AdS 黑洞从 "无毛" 解到 "有毛" 解的转变.

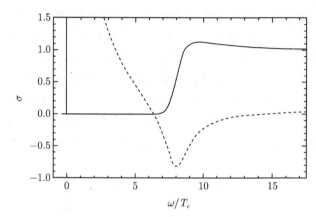

图 18 s-波全息超导模型在超导状态下 xx 分量电导率的实部 (实线) 和虚部 (虚线) 随频率的关系[10]

在强关联体系中非常规超导体除了强耦合外, 另外一个重要的特征便是电子的非常规配对机制. 超导作为一个宏观量子现象, 可以由一个宏观波函数来描述. 根据发生超导的电子的配对轨道角动量的取值, 描述超导的波函数可以分为 s-波、p-波、d-波等.

常规超导体的微观机制是基于 BCS 理论的电子 s-波自旋单态的配对原理, 就是前文所说的 "s-波" 超导. S. Hartnoll, C. P. Herzog 和 G. Horowitz 提出的第一个全息超导模型抓住了构建全息超导模型最基本思路, 但是却没有将电子的非常规配对机制考虑进来. 现在许多的实验研究表明, 铜基高温超导材料和铁基超导材料以及其他一些非常规的超导体中, 超导电子可能是以 p-波或者 d-波配对方式进行配对的, 因此很有必要研究如何在全息框架下构建一个描述非常规配对机制的全息模型. 第一个描述 p-波配对的引力对偶模型是由 S. Gubser 和 S. Pufu[11] 等提出的基于 SU(2) 规范场的 Einstein-Yang-Mills 模型, 这个模型和前面介绍的 s-波模型在模型形式最大的不同在于用一个 SU(2) 的规范场替代了 U(1) 规范场. 我们知道 s-波超导中, 发生超导相变的时候只是自发破缺了整体 U(1) 对称性. 但是如果配对的电子是 p-波, 那么在破缺整体 U(1) 对称性的同时会伴随着空间转动对称性的自发破缺. 这一点正好可以由一个 SU(2) 算符的自发凝聚来描述. 由于同时伴随着空间转动性的破缺, p-波超导可以呈现更加丰富的内容. 相对于 s-波全息超导模型只是重复出了几个典型的超导现象而言, 全息超导模型在这方面获得许多令人兴奋的结果. 在 p-波全息超导模型中发现相变的阶数依赖于物质场和引力的相互作用强度①. 当 SU(2) 场对引力的反作用比较弱的时候, 超导相变是一个二阶相变; 但是当 SU(2) 场对引力的反作用强度比较大的时候, 就会出现一阶相变. 详细的相关内容可以参阅文献 [11].

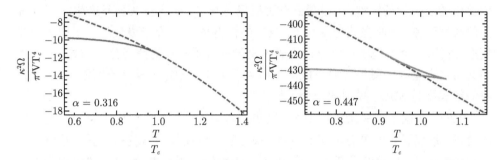

图 19 基于 SU(2) 规范场的 p-波全息超导模型中, 相变前后的自由能随温度而关系

图中实线和虚线给出来相应温度下正常态和超导态的自由能. 可以看到同一个温度下会有多个不同的态出现, 这是因为其中有一些是亚稳态. 真实的物理态是自由能最低的. α 是刻画 SU(2) 场对引力的反作用的强度的一个无量纲量. 可以看到, 因为 α 的不同, 真实的物理态的自由能在相变点会由一阶可导降低到仅仅连续, 即相变阶数从二阶降低为一阶

除了这一实现 p-波超导的引力对偶模型外, 还有另外一种更为简单和直接实现的方式 [12]——Einstein-Maxwell 复矢量模型, 这个模型是由我和我以前的博士生李理等提出来的. 这个模型也能够实现低于某个临界温度时自发凝聚, 并同时破缺 U(1) 对称性和空间转动对称性. 这个模型一个很大的优点在于它能够研究磁场对超导的影响, 磁场是破坏超导电性还是诱导超导电性在许多年前一直是有争论的, 这个在 21 世纪初的时候, 也就是 2000 年的时候伴随着一些新颖的超导材料的发现才真正搞明白. 人们意识到磁场是可以诱导超导电性的, 但是这种超导不是前面的 s-波超导, 而是个 p-波超导. 在前面我们介绍的 SU(2) 模型中, 我们并没有看到这一点, 但是在我们的模型中却可以发现磁场会诱导超导相变的发生. 在我们的模型中, 我们发现磁场的出现会导致背景不稳定性的出现, 诱导矢量算符的凝聚. 超导相变的转变温度会随着外磁场的增强而单调增加.

这个复矢量场模型除了可以用于研究全息超导外, 还可用于研究 QCD 中磁场诱导的矢量介子凝聚. 得益于实验技术的进步, 现在可以在实验室人为产生极强的磁场环境, 比如, 在相对论重离子碰撞 (RHIC) 实验和大型强子对撞机 (LHC) 实验中. 这引起了研究 QCD 在强磁场中相关性质的热潮. 一些新的现象被揭示

---

① 根据 Landau 关于相分类的理论, 相变的阶数取决于自由能对控制参数 (比如说, 温度) 的各阶导数的光滑性. 如果自由能的 $n-1$ 阶导数连续, 那么它就是一个 n 阶相变.

出来, 比如, 手征磁效应、退禁闭相变温度与手征对称性恢复相变温度的分离等. 其中一个有趣的现象是在强磁场环境下 QCD 真空会变得不稳定, 产生带电 ρ 介子的凝聚, 这个奇异的凝聚相是一个各向异性的超导态[13, 14]. 作为一个矢量玻色子, 我们也可以尝试从全息角度来实现矢量算符在外磁场诱导下的凝聚. 利用我们提出的复矢量场模型, 可以得到与强磁场诱导 QCD 真空失稳而产生 ρ 介子凝聚的类似现象. 因此在某种意义上, 我们的模型也是 ρ 介子凝聚的一个引力全息模型. 利用这个模型还可以分析由磁场诱导的矢量凝聚的空间分布结构, 结果发现其可以在垂直于磁场方向形成涡旋格点. 这点与 SU(2) 规范场模型相似, 因此我们的模型是 SU(2) 模型的一个自然推广.

另外, 在这个复矢量场模型中, 当我们考虑了复矢量场对引力背景的反作用的时候, 系统展示出更为丰富的内容. 根据物质场反作用强度和对偶矢量算符的共形维度的不同, 我们发现了二阶相变、一阶相变、零阶相变, 以及 "倒退凝聚". 这些新颖的结果都显示了利用引力的全息对偶性质, 我们可以在相对简单的理论模型中得到十分丰富的物理现象.

除了这里重点介绍的利用引力的全息对偶来研究超导现象外, 还有很多其他的凝聚态领域的强关联现象可以用全息对偶模型来研究, 比如, 与磁性相关的各种强关联现象. 事实上, 去年我和我学生花了不少精力在材料的磁性质以及量子相变等问题的研究, 相关的大部分工作总结在两篇文章中[15, 16]. 在这里我需要强调的是, 目前大多数模型讨论的仍然是很简单的超导模型, 而实际材料中可能会有不同相的竞争和混合, 比如说, 磁有序相与超导相、s-波、p-波、d-波的共存和竞争等. 另外, 量子分子霍尔效应、奇异金属、拓扑绝缘体、费米/非费米液体等也是引力全息对偶研究的热点. Kosterlitz-Thouless 相变、Weyl 半金属等现在也有不少文章利用全息对偶来讨论这些课题. 总体来说, 利用引力全息对偶来研究强关联凝聚态系统是一个非常有趣的前沿问题.

参 考 文 献

[1] Weisberg J M, Taylor J H. Relativistic binary pulsar B1913+16: Thirty years of observations and analysis. *ASP Conf.* Ser., 2004, 328: 25.

[2] Abbott B P, et al. Observation of Gravitational waves from a binary black hole Merger. *Phys. Rev. Lett.*, 2016, 116(6): 061102.

[3] Akerib D S, Alsum S, Araújo H M, et al. Results from a search for dark matter in the complete LUX exposure. *Phys. Rev. Lett.*, 2017, 118(2): 021303.

[4] Bardeen J M, Carter B, Hawking S W. The Four laws of black hole mechanics. *Commun. Math. Phys.*, 1973, 31: 161-170.

[5] Bekenstein J D. Black holes and entropy. *Phys. Rev.*, 1973, 7(8): 2333-2346.

[6] Hawking S W. Black hole explosions. *Nature*, 1974, 248: 30-31.

[7] Duff M J. Twenty years of the Weyl anomaly. *Class. Quant. Grav.*, 1994, 11: 1387-
    1404.

[8] Hooft G. Dimensional reduction in quantum gravity. *Conf. Proc.*, 1993C930308: 284-
    296.

[9] Maldacena J M. The Large N limit of superconformal field theories and supergravity.
    Int. J. Theor. Phys., 1999, 38: 1113-1133. [Adv. Theor. Math. Phys, 2, 231(1998)].

[10] Hartnoll S A, Herzog C P, Horowitz G T. Building a Holographic Superconductor.
    Phys. Rev. Lett., 2008, 101: 031601.

[11] Gubser S S, Pufu S S. The Gravity dual of a p-wave superconductor. *JHEP*, 2008, 11:
    033.

[12] Cai R G, He S, Li L, et al. A Holographic Study on Vector Condensate Induced by a
    Magnetic Field. *JHEP*, 2013, 12: 036.

[13] Chernodub M N. Superconductivity of QCD vacuum in strong magnetic field. *Phys.
    Rev.*, 2010, 82(8): 085011.

[14] Callebaut N, Dudal D. Transition temperature(s) of magnetized two-flavor holographic
    QCD. *Phys. Rev.*, 2013, D87(10): 106002.

[15] Cai R G, Li L, Li L F, et al. Introduction to Holographic Superconductor Models. *Sci.
    China Phys. Mech. Astron.*, 2015, 58(6): 060401.

[16] Cai R G, Yang R Q. Understanding strongly coupling magnetism from holographic
    duality. *Int. J. Mod. Phys.*, 2016, D25(13): 1645011.